U0216360

　　牛旭，自由撰稿人。中华诗词学会会员，中国书法家协会会员。长期服务外资企业，醉心传统文化，关注文史哲。坚持中西对比，纵向梳理，系统改进理念。先后出版《田黄学概论》《格律诗三十六讲》《赏石第一课》《反思中国书法》，受到普遍好评。

中华茶道探微

华旭

华 旭 著

厦门大学出版社

国家一级出版社
全国百佳图书出版单位

图书在版编目(CIP)数据

中华茶道探微/华旭著.—厦门:厦门大学出版社,2018.5
ISBN 978-7-5615-6863-7

Ⅰ.①中…　Ⅱ.①华…　Ⅲ.①茶文化-研究-中国　Ⅳ.①TS971.21

中国版本图书馆 CIP 数据核字(2017)第 330200 号

出 版 人　郑文礼
责 任 编 辑　王鹭鹏
封 面 设 计　李嘉彬
技 术 编 辑　朱　楷

出版发行　厦门大学出版社
社　　址　厦门市软件园二期望海路 39 号
邮政编码　361008
总 编 办　0592-2182177　0592-2181406(传真)
营销中心　0592-2184458　0592-2181365
网　　址　http://www.xmupress.com
邮　　箱　xmup@xmupress.com
印　　刷　厦门市万美兴印刷设计有限公司

开本　787 mm×1 092 mm　1/16
印张　17
插页　4
字数　280 千字
版次　2018 年 5 月第 1 版
印次　2018 年 5 月第 1 次印刷
定价　60.00 元

厦门大学出版社
微信二维码

厦门大学出版社
微博二维码

夜游蟾蜍石水库

夜游蟾蜍石水库
感赋 平水韵
向晚山幽深几许
风和曲曼任飞远
清波碎影乐安详
夜静天空徒感伤
隐约韶光近旧梦
依稀故地已他乡
半生碌碌渐迷乱
谁解归途路更长
二零一七年六月二日
六闲居主人华旭

夜游蟾蜍石水库

画心34.5×34.5厘米；诗堂33×15.5厘米

作者：六闲居主人　华旭

序

序者仅为好饮者，而非善饮者，亦非善品者，更非善鉴者，为《中华茶道探微》一书作序，内心一时颇为犹豫。

何也？茶，写出来只一字，但深入与扩展开来，它就博大而精深，这或许就是中国文化的特点。对大自然而言，茶是一种常绿植物；对茶农而言，它是自己侍弄的作物；对普通民众而言，它是一种饮料；对商家而言，它是一种商品；对农学家而言，它是一门学问；对文人雅士而言，它就不单是饮品，更能资以品评与鉴别，使人获得物质满足与感官享受，精神满足与心灵享受，生发哲学体悟、品赏交谈及吟诗作赋；在某些地方，品茶甚至成为大众生活方式和社会礼俗。序者一生关注中国传统文化，也有相关著述行世，皆属概而言之，具体领域就较少深究，茶道亦如此。华旭诚邀，或许是认为序者有长期从事对外文化交流与传播的经历，对中国传统文化的宏观层面也有一定思考，适合为本书作序。

通览《中华茶道探微》全书，笔者认为这是近年来论述茶道的一本全新著作。论及"茶道"，我们并不陌生。自唐代陆羽《茶经》发端以来，历代都有不少文献，包括诗词文赋

　　以及论茶的著作，但因受时代与认识的种种局限，对茶道的研究都停留在比较偏狭的状态。即便是在西学广泛引进之后，有关茶的研究路径与解读模式，中西两大文化体系之间其实呈现巨大差异，直至今日，二者之间的融合仍不理想。本书作者正是针对中华茶道的现状，站在"全新"的角度，运用"全新"的论述体系，试图回答"究竟中国还有没有茶道"，"若有，中华茶道究竟是什么"这两个问题。而对这两个问题的回答，非但涉及评价中华茶道的现状，也解决作者本人与众多茶事爱好者的疑惑。通过本书，作者清晰地回答了这两个问题，这就是本书的成就所在。

　　那么，"全新"的角度与论述体系，"新"在哪里？笔者认为，包含了三个方面。首先，人类已进入全新的时代，由新科技引领的互联网信息高度发达，各行各业的研究者较从前更容易获得足够资讯，可以在更广阔的范围内进行比较与交流；其次，全球化带来的各民族文化交流空前深广，这给每个研究者提供了全新的视野，研究对象不再局限于小领域、小观察，可以由小观大或由大察小；最后，从以上两点出发，研究者可以站在更高更新的角度，对前人的成果进行全局性审视与评述。本书基于这样的环境与观察，与时俱进，顺应时势，尽可能利用资源，尝试构建关于中华茶道全新的审视架构和论述体系。这个体系，在纵向的古今流变中挖掘中华茶道最富传统价值的内涵，展示它所具有的中华文化的特性；从横向的中外对比中介绍中外茶道的异同，认识中华茶道的优胜与不足，将两者结合起来进行系统梳理与评价。

　　毋庸置疑，茶道产生于中国，母体是中华文化，因此，它的精神特质与母体密不可分，如同子女与父母的亲密关系一般。茶道之所以在中国大行其道，长盛不衰，就是因为中华文化世代传承不息，活力无穷。文化的传承不依靠自然物种和自然景观，主要依靠人类活动。只有人类参与自然物种和自然景观的应用、观赏与改造，它们才有可能升华为特定文化。杭州西湖于 2011 年被列入"世界文化景观遗产名录"，单就自然山水而言，西湖是不可能成为世界文化景观遗产的，因为西湖这样的自然山水在世界许多地方都可以看到。正因为历代中国人，特别是历代精英人物，参与西湖山水的观赏生产活动，留下动人的神话传说、英烈壮举和文人遗迹，西湖就不再只是青山碧水，而演变成为鲜活生动、引人入胜的文化景观，具有中华文化的民族品格与精神气质。茶道与此同一道理，饮茶在中国出现之后，逐渐形成风气，成为社会生活与文化现象，这同样是历代中国人，特别是社会精英，参与的结果。唐代陆羽的《茶经》将之前的饮茶活动系统地加以总结，故此成为文化经典。《茶经》之后的历代茶文献，记录了一定的茶道流变，但都未超越《茶经》。其根本原因，就是未把茶道置于中华文化的母体中去审视，未分析茶道的精神特质与中华文化精神特质之间的联系。本书与一般介绍茶文化著作的不同之处，就是把茶道放在中华文化的大背景中审视其哲学源头与精神取向，分析茶道的技法、心法反映了中华文化的哪些精神感受和基本价值，论述了茶道在发展过程中与中国传统思想的紧密联系，在此基础上，进一步区分不同茶类所体现的中华文化的美学感受。在这样的语境下，作者还用两条线展开比较，一是与中华文化的其他门类（如书画篆刻美食）进行类比，以凸显中华茶道与中华文化的同一性；二是与西方文化从哲学层面到技术层面进行对比，以显示中华茶道与外国茶道的差异。笔者认为，这样的论述，已经把"究竟中国还有没有茶道"，"若有，中华茶道究竟是什么"这两个问题回答清楚了。

作者华旭是对中华文化有颇多专门研究的晚辈朋友，

对书法、绘画、金石、篆刻、诗词、收藏等都有研究与实践，而且饶有成就，先后出版《田黄学概论》《格律诗三十六讲》《赏石第一课》《反思中国书法》等书，都是理论与实践结合的成果，笔者都有幸研习，获益匪浅。我们虽未谋面，却经常沟通，发觉相互之间似乎有文心感应，对中国传统文化研究思路持有相同的理念，因此才不揣浅陋写下这些文字。据知，《中华茶道探微》只是作者关于茶道的第一部著作，所以全书的理论深度与广度尚未完全展开，古今流变与中外对比都是点到为止；在文章的叙述方面，文字的运用还有些随意，以学术语言要求，尚有更加简练与严谨的空间。我们期待未来新的著作比本书更宏观，更深刻，叙述更似行云流水。期待着那一天。

程裕祯

二〇一八年四月于京华

（序者为北京外国语大学教授，国际交流学院前院长）

自序

　　从唐代陆羽刊行《茶经》开始，茶学文献不断丰富，一部《中国古代茶学全书》收录自唐至清茶书八十五部，足见茶书之多，还不包括散落于地方志及笔记中的零散资料。就茶学的典籍资料而言，我国不可谓不丰富。

　　经数千年的培育与优化，全国各地已拥有许多茶树优良品种、特色品种。《中国茶经》中出现的名茶就有两百种以上。就加工方式而言，有绿茶、红茶、白茶、黄茶、黑茶、乌龙茶、紧压茶及花茶各类，世界上各地各类茶的烘焙加工方式，寻根溯源皆出自中国。

　　基于丰富的品种、不同的烘焙方式，再加上幅员辽阔，各地之间气候环境差异较大，经过长期的文化交融与积淀，各地逐渐形成独特的、丰富多样的冲泡、品饮方式。

　　唐时中华茶道就东传日本，南宋乾道、淳熙年间，由于荣西禅师的再次引进及大力推广，茶道在日本更是盛极一时，由此演化出日式茶道。日本成为中国之外最热衷种植、加工茶叶的国家。明晚期至清中晚期，茶叶不但逐渐成为我国对外贸易最重要的商品，更逐步成为世界饮料，广泛被欧美等国家人民接受并喜爱。中国的茶种及种植、加工方式被英国人引进至印度，启发印度、锡兰、爪哇等地大规模种植茶叶。中国茶的对外影响可谓持久、广泛。

或许因为"只在此山中，云深不知处"，抑或因为"无知者无畏"，二十世纪八九十年代，一大陆作家去了趟日本，回来后大肆感叹日式茶道之精妙，痛惜我中华已无茶道。此事一经媒体炒作，沸沸扬扬，一石激起千重浪。偶借几行白话文，薄取浮名或为其长，其本人于茶道几近于盲，自持薄名而奢谈并不熟悉的领域，可谓狂妄。相关媒体为博关注，无视最基本之事实，一味炒作跟进，实为轻薄。事后虽有资深茶人予以批驳，但触及深处、痛处者并不多。随后引发的波及大陆各地的各类茶艺表演，或旗袍、古装登场，或茶壶、杂技作秀，其中不乏地方政府搭台，借以打造所谓之文化名片；更添墨客吹鼓，美其名曰弘扬传统文化。国人的疑惑却由此滋长——究竟中国还有没有茶道？若有，中华茶道究竟是什么样的？

虽然有些说不清，道不明，感觉上总觉得此类茶艺表演与心目中的中华茶道有一定的距离。本人亦曾有类似疑惑，经历长期的体验、交流与思索，更进一步触动本书的创作。希望本书对破解上述疑惑有所助益。

解答上述两类疑惑，需要明确如下两点：

其一，虽然我们拥有丰厚的茶学典籍资料、丰富的茶叶品种、悠久的品饮历史，但传统的茶学研究与著录多为综合式理解与表述，缺乏细分与规划，缺乏概念的严格界定，西方常常诟病我们"大而化之"。一个"茶"字，既具体指茶树、茶叶，也指茶叶的烘焙加工，更涵盖冲泡技法。将所有与茶有关的，无论是具体的，还是抽象的；也不论是物质层面的，还是精神层面的，都以"茶"概之，以致其中很多内容难以细分，亦难以区分。遭遇近现代西方语境冲击之际,面临"分科治学"需要精确表述时,一时语结,仿佛拿中文与英文沟通,又仿佛拿文言文与白话文沟通,更像是习惯的传统冲泡、品鉴方式突遭西方人士的责难,却无法整合出规范的冲泡流程与严格的成分报告以反驳,故为难堪。

无视古今语境的差异,东西方治学及研究方式的差异,不通此关节,上述疑惑难以真正释疑。

其二,宋及宋以后,文人有关茶的解读越渐偏狭,多陷入细枝末节,缺乏整体观及宏观思维,只见一地一隅,未见中国,更遑论世界。

《茶经》面世,为后人研究茶提供了整体框架与基本思路,深入、细致、具体工作大可在此框架及思路下稳健推进,但宋朝的主流文人解读茶,只见建茶,未及其他,且耿耿于陆羽《茶经》不及建茶。明清两朝主流文人则多见江浙之芥茶,偶尔涉语皖南之松萝茶,同样很少触及川茶及其他地方茶。宋朝文人仅沈括一人涉语茶马贸易,明清两朝主要文人则未见涉语茶叶的海外贸易。纵使茶可令天地改色,亦难抵我汉文人之麻木。

陆羽之后,文人论茶者可分为三类。一为自己亲自种茶、加工,兼善品饮。此类资料较具深意。二为曾主政茶区,获取此地第一手资料。此类资料颇能反映一时一地之概况。三为喝了两杯茶,翻阅了两部茶书,翻炒前人冷炙以充自家门面之风雅。此类较多,乏有新意、深意。汝视茶为儿戏,茶自当弃尔如弊履。

假如当时的精英阶层——文人士大夫阶层不曾懈怠,不曾麻木,仅就茶而言,上述两大疑惑本不该产生,至少不会如此令人困扰。

真正持续有力地推进中国茶业发展的是各地各茶区的广大茶农,他们在持续不断地繁育、培养、优选新品种,更新烘焙技术，可惜历史未给予他们应有的话语权及尊重。文人不能克服自身的懈怠与麻木，不能积极与广大茶农深度融合，很难恰当、合理回答上述问题。

历史上，国人不习惯概念的细分与界定，茶文化、茶学、茶道等概念皆于近现代随西方文化渗入，由西方或日本引入，因此，要先厘清这些概念的确切内涵与外延，才能构建东西方文化之间的公共交流平台。

文化，从广义来说，指人类社会历史实践过程中创造的物质财富和精神财富的总和。确切地说，文化指一个国家或民族的历史、地理、风土人情、传统习俗、生活方式、文学艺术、行为规范、思维方式、价值观念等。任何一种文化所包含的思想意识和物质载体，都是有机统一体，必然借助语言交流、书写、绘画、雕塑等人的行为加以表现。中华民族有五千年文明，有积淀博大精深的传统文化，孕育出以茶为载体的茶文化，和其他传统文化一样，其上带有天人合一的理念，带着古朴自然和温文婉约的人性精神。

所谓"茶文化"，即在发现和利用茶作为食品、饮品、礼品和祭品的过程中，以茶为载体，承载各种理念、信仰、情感等的文化形态的总称。

茶文化包含作为载体的茶、使用茶的人、因茶而产生的各种观念形态，具有自然属性和社会属性。因此茶文化具备社会性、群众性、民族性和区域性四种属性。[①]

茶学属于农学门类一级学科园艺学的二级学科，是以茶为研究对象，集生物科学、工程技术、经济贸易与文化于一身的综合性应用学科。茶学研究茶树生长、发育的规律，与环境条件的关系及其调控途径，茶叶品质形成机理与工艺条件的关系及其调控方法，研究茶的活性成分功能

---

① 叶乃兴：《茶学概论》，中国农业出版社 2013 年版，第 179 页。

及其功能产品开发,研究茶产业中经济关系发展和经济活动规律。

茶学研究内容十分广泛,涵盖茶叶产前、产中、产后诸环节,包括茶树品种资源、茶树育种、茶树栽培、茶树保护、茶叶加工、茶叶天然产物利用、茶叶生物化学、茶叶质量安全、茶叶机械、茶叶经济管理与文化。按照学科的三维分类方法,茶学主要分涉茶自然科学、涉茶社会科学和涉茶人文科学三大类。

（一）自然科学类

从自然科学属性看,茶学主要研究茶的物质属性,涉及茶叶生产加工的各个方面,包括茶叶生物化学、茶树育种学、茶树栽培学、茶树病虫防治学、茶叶加工学、茶叶审评与检验、茶叶机械、茶叶深加工与综合利用、茶与健康等领域,为茶的人文社科体系形成奠定物质基础。

（二）社会科学类

几千年来,茶文化积淀丰富,从经济学、管理学、贸易学到哲学、教育学、消费心理学,乃至政治学、法学、人类学。如今,茶叶的生产和消费已对国民经济和全球经济产生重要影响,尤其在中国,茶业成为地区的民生产业,喝茶成为广大消费者的生活习惯。茶业经济研究成为茶学、经济学、管理学的热门话题。这方面的内容十分广泛,囊括茶产业经济、茶企业经营管理、茶叶供需特性与市场价格、茶叶营销与商贸流通、茶叶技术经济、茶叶品牌文化建设等领域,茶的生产、流通、消费及相关茶事活动的经济规律逐步明朗,研究还在逐步深化和细分化,为获取最佳的经济效益和社会效益奠定了基础。

（三）人文科学类

人文科学以人的社会存在为研究对象,以揭示人的本质和人类社会发展规律为目的,从这一意义上讲,博大精深的茶文化是人文科学的明珠。茶是健康饮品,是中国文化的传承载体,茶不仅满足人们的物质需求,也满足人们的精神诉求。茶艺、茶道、茶俗总结和传承饮茶的技艺、制度和思想,茶史见证人类的文明进程,茶文学艺术丰富人们的生活方式。①

茶艺历史悠久,从唐宋发展至今,品茗过程中,除了获得色、香、味、形等感官上的享受之外,还获得心灵的感受,发展出精神追求,获得诗意,获得审美满足。与此同时,哲理上的追求也伴随而生,其精神境界与道德风尚体现在操作茶艺过程中,和处世哲学结合,具有教化功能。这就是所谓的品茶之道,简称茶道。②

茶艺是在茶道精神和美学指导下的实践,是以茶为媒介的生活艺术。它包括茶艺的技法、品茶的艺术,茶人在茶事过程中沟通自然,内省自性,愉悦心灵,完善自我。

茶艺历史悠久,是中华民族优秀传统文化的载体。它"道心文趣兼备",集科学性、艺术性、文学性和实用性于一身:从内涵上看,文质并重,尤重意境;从形式上看,百花齐放,不拘一格;从审美上看,道法自然,崇静尚俭;从目的上看,追求怡真,注重实用。

茶艺是一门生活艺术,构成要素有六个——人、茶、水、器、境、艺,实现茶艺美,必须做到六美荟萃,相得益彰。茶艺以追求美为出发点,努力使过程美与结果美相统一。③

茶文化较为宽泛,不但包含已有认知中有关中国茶的一切物质和精神的内容,还涵盖近现代来自中国以外的茶事经验,诸如西方的茶叶研究、种植技术、管理经验、茶叶贸易、品饮方式、品鉴方式、相关文学艺术。

---

① 叶乃兴:《茶学概论》,中国农业出版社 2013 年版,第 1～2 页。
② 叶乃兴:《茶学概论》,中国农业出版社 2013 年版,第 184 页。
③ 叶乃兴:《茶学概论》,中国农业出版社 2013 年版,第 192～193 页。

　　基于西方分科治学的理念,我们从园艺学中细分出内涵、外延明确的茶学。对比传统的茶文化或茶的概念,现代茶学有以下三个特点。

　　首先,茶学概念严谨,其内涵、外延、研究领域明显较传统的茶文化概念明确。其与学科体系内上一级学科(园艺学)的从属关系明确,其内部学科细分明确、清晰。

　　其次,借助科学的研究方式及其他学科领域的成果及技术支持,构建出强大的、丰厚的、完整的、系统的有关茶学的自然科学部分内容及部分社会科学内容。这些内容,在传统茶文化中相对薄弱。

　　最后,对比于茶文化在传统文化中的地位而言,茶学在现代学科体系中的位置明显偏低,其从属于人文科学的部分内容明显被边缘化。类似现象在传统文化领域普遍存在,如古典诗词、书法、传统石文化,一旦被纳入现代学科体系,明显被置于从属位置,传统核心内容立即被边缘化。这很不合理,也是大有可为的,可以对其进行系统化、规范化、学术化,促使其系统升级,构建新的茶文化或茶学优势。

　　茶道的核心在于品饮过程中获得情感与精神体验,"技近于道",所有品饮的雅化及技术上的精细化皆属于"技"的层面,其重点在于获得期待中的、理想的"道"的体验。"道"可作两种理解:一是智慧的感悟;二是获取这类智慧感悟的途径。假如智慧是一座大山,智慧的感悟就如身处山顶获得的观感;抑或从不同方向攀登山顶的路径。日本人习惯于将这些不同路径称为道——茶道、书道、剑道、柔道……这些形式其实皆引自中国,只是变换一日式称谓而已。就茶道而言,一是借助品饮这一形式通达智慧之山山巅;二是借助品饮的方式获取体验。学海无涯,体验与感悟延续一生,没有终点,也没有最高点,切勿将其解读为某一具体目标,它更似一不断自我完善、自我挑战的过程。通过这类体验与感悟,升华到一定高度、境界,最大的收获源自内心——看到别人未曾看到的风景,体验到别人未曾体验到的大美。在智慧之山的山脉当中,这一高度与境界往往不过是通往山巅过程中的一小山头而已。即便仅仅是这样一小山头,正如孔子所言"朝闻道,夕死足矣"。因为这一标高与境界足以代表人一生所探求到的高度,所企及的境界。假如这人又恰恰属于那个时代最优秀的那一小部分,这一高度,这境界就代表了那个时代。人类文明历史的标高与境界,无论是哲学层面的,还是文学艺术层面的,正是由一代一代人,在反复的类似的探索过程中实现的。每一个伟大的、辉煌的时代,记录与印证这一时代最杰出、最优秀那部分人所企及的高度。

茶艺凸显品饮形式的艺术化与雅化,假如茶道为智慧的感悟,正如山顶的观感,茶艺则类似通往山顶之路的沿途风光。不要刻意于目标而忽视在路上的感觉,茶道与茶艺是灵魂与肉体的关系,离开茶道谈茶艺,只会沦为"形式主义"。

茶道与喝茶之间的关系颇似书法与写字。书法中包含的情感体验必须通过写字这一具体方式展开,但并非写字或拿毛笔写字就是书法,不是所有写字过程皆承载情感体验,尤其是具有一定质量与深刻内涵的情感体验。茶道的具体承载形式是喝茶,喝茶并非茶道。某人喝茶如喝水,满足的仅仅是生理需要,并未包含情感体验与精神追求,这样的喝茶不能算作茶道。

本书尝试挖掘传统茶饮中的情感体验与精神,这部分属于中华茶道;其中密不可分的部分包括茶艺;中华茶道、茶艺同样构建在茶学基础之上,茶文化背景之下。

　　中华民族是由五十六个民族组成的民族大家庭，汉族是其中的主要民族，人口占总人数的绝大部分。长期以来，汉文化亦是中华民族文化的主要组成部分。除了汉族以外，各民族皆有独特的饮茶之道，这同样属于中华茶文化，亦属于中华茶道，但本书不涉及，仅就汉茶道深入展开。

华旭

于广州花都六闲居

二〇一八年五月

前言

　　本书尝试探究两大问题：其一，是否存有中华茶道；其二，若有，何为中华茶道。

　　正如书法一定离不开写字，但写字未必就是书法一样，喝茶与茶道既有关联，又有区别。本质上，茶道与书法绝非仅仅是具体形式或方法，还应承载特殊的、特定的情感，属于物质与精神的复合体。

　　由此在第一章首先展开有关茶道与传统文化渊源之探讨。不将此大背景梳理清楚，不能将二者之间的关系梳理清楚，后续的一切恐为妄谈。

　　第二章就"天人合一"观念在茶道中的影响与作用，试做深入分析，具体表述。这可视为有关茶道心法部分的解读。

　　第三章尝试就技法部分详细展开。茶道不应只有心法，还应包含一系列成熟的、丰富的技法、技巧，否则心法部分难以具体落实。

　　第四章探索构建口感体系。这是借助书法中书体、流派的划分，尝试细分与构建口感体验的公共交流平台，如此能避免纯经验式交流的零散、破碎与片面。

以上四章共同构成本书的上编，主要通过对传统文化及茶的理解，以逻辑与思辨的方式层层剖析，以求破解中华茶道之本质。下编则以历史文献为依据，以求从历史的角度予以探究。

东西对比，纵向梳理，力求实现系统升级。这是笔者在研究、解读传统文化方面一贯的主张，本书同样秉持这一理念。

如诗所言，"不识庐山真面目，只缘身在此山中"，仅仅满足于系统内解读，不但容易陷入迷惑，更容易导致想当然，不如在系统外找一参照物，对比识读，由此了解我们的方式并非唯一的方式，不同民族、文化在面对类似问题时，有不同的解决之道。进一步对比了解各自解决方式的长短利弊，缘由所在，如此理解将更趋全面。一味求助于西方的方法与观念而无视传统的、历史的积淀，其结果往往是纠结于皮相而远离本质；一味地固持原有的方式、方法，而不能积极汲取西方的、外来的文化，这是无视世界语境，难免不沦为片面的、零碎的经验之谈，难以获得广泛认同。只有结合中西方两类方法，善用其长，避免其短，才有可能占据认知的更高点，触及更核心的部分，才有可能获得更广泛的理解与认同。纵向梳理本身即为挖掘核心、本质的重要手段；将有关认知、看法求证于历史又是必经之检验。

目前，系统升级还只是一美好愿景，大量的基础工作远未完成。这些工作会坚持下去，也希望更多有志于此、有兴趣于此的朋友加入进来，携手共振中华茶道。

目 录

上编　探微中华茶道

上编先探讨茶道与传统文化渊源，梳理背景，使二者关系清楚。然后深入分析"天人合一"观念在茶道中的影响与作用，这可视为茶道心法解读。再展示技法，茶道不应只有心法，还应包含一系列成熟的、丰富的技法、技巧。最后探索构建口感体系，借助书法中书体、流派的划分，尝试细分与构建口感体验，避免纯经验式交流的零散、破碎与片面。

第一章 中华茶道与传统文化之渊源

自唐以后，我们未再澄清中华茶道与传统文化之间的渊源与关系，因而茶道的核心渐被遗忘，庶出的日式茶道却凭借仪式感找到皇太子的感觉。在此首先正本清源。

第一节 传统文化的模式与特征

传统文化强于辩证思维、形象思维、具象思维，善于感知与体验；强调动态与宏观；研究模型、模式趋于模糊。

溯源中国传统文化，就有文字可查的历史而言，早期的两类资料不容忽视。其一，以《易经》为核心及代表，由此衍生出的中国传统哲学思想；其二，以甲骨文为源头，衍生出的汉字体系。

《易经》出自何时，尚难定论，其中不少内容是春秋战国及两汉文人添加的。但综合春秋及更早期的相关历史资料，梳理其与后世各家思想学说的渊源，不难看出其在中国传统哲学思想中的地位及影响。

今人解读《易经》，往往走极端，或据西方实证的观点予以彻底否定；或以占卜为需要，拘泥于其中的操作枝节。如将其放至华夏文明早期语境下解读，将其视为辩证思想的形象表述，则更容易明了各类文化现象、历史现象之间的关系。

易："蜥蜴，蝘蜓，守宫也。象形。"《秘书》说："日月为易，象阴阳也。"一曰：

"从勿。凡易之属皆从易。羊益切。"①

"易"原本就包含变化的意思,指向日月之类大的自然变化。中国古代哲学从一开始即呈现动态观照的特点,这与西方以形式逻辑为基础的实证思维明显不同,形式逻辑的本质及最初形态属于静态观照。

在研究模型的构建、主要研究方式方面,《易经》也提供了与当今西方学术界及后世中国学人不同的方式。当今西方学术界在展开研究之前,首先构建研究模型,剥离所有次要因素,厘清模型中的要素、主因,提出研究课题,进而展开具体工作。概念内涵与外延的确定,同为建立研究模型的一部分。最初的研究模型多为静态的,此后逐步考虑时间因素,进而构建出动态研究模型及更复杂的模型系统。这类模式化研究是当今东西方学术界的主流方式,将西方近现代文明带入崭新的境界,取得辉煌的成就。但所有的研究模型,哪怕构建再完善,其与现实之间一定存有差距。在西方的传统中,弥补方式多为以工补理,理工分科,但维持较好的互动。

《易经》出现甚早,可以证明中国人至少在两千年前即已使用另一类研究模式——动态的模糊的宏观模式。由于研究主题是客观世界整体的变化规律,同时涉及人类社会的变化规律,颇为宏大。西方研究多由微观、局部渐至宏观、整体。以《易经》为代表的研究模式则直接从宏观切入,近乎已知的最大的宏观。因此,此一研究模型很难像西方那样界定清晰,此外,客观的已知世界本身即为其研究模型,因此我们称其为动态的模糊的宏观模式。

后世,尤其是宋元以后,我们文人的研究与解读,渐趋远离宏观思维与整体思维,更着意于微观的枝节问题,加之研究方式不够精确、严谨,《易经》式的整体观、宏观思维渐趋淡薄,模糊性的表述越发明显。

从以甲骨文为源头的汉字体系的发展过程中,容易获得由文字之表及含义之里的直觉感悟。汉字属于象形文字,其他民族的文字最后多走向字母文字,主要文字体系中只有汉字一直沿着象形文字的方向发展延续至今。象形文字始终保留了文字符号与所指物象本身之间的原始的直观的形象的血脉关系,即便这种直观的形象的关系日趋弱化,但依旧明显强于字母文字。基于象形文字的背景,其使用族群的形象思维、具象思维与直觉感悟容易被强化;字母文字剥离文字符号与所指物象本身之间的直观联系,成为纯符号,基于字母文字

---

① (东汉)许慎著,汤可敬撰:《说文解字今释》,岳麓书社1997年版,第1309页。

背景,其使用族群更容易强化逻辑思维、抽象思维与概念的界定。

借助于以《易经》为代表的传统核心思想及以象形文字为代表的重要沟通形式,我们的研究方式趋向感知型与体验型(经验型),西方则更近于抽象的理论型(逻辑型)。因此我们的研究传统更强调知行合一,少有纯理论或纯实践的;西方较多为理论与实践的剥离,部分从事较纯粹的理论工作,为保证理论研究的纯粹,甚至有意回避具体实践。实践部分工作多交由后续的技术性单位完成。所谓中国人的敏感也罢,聪明也罢,小聪明也罢,多源于此感知型与体验型;在中国人看来,西方人的轴实也罢,呆板也罢,亦多源于其较纯粹的理论型。中国人往往是边干边调整思路,不少事情一开始思路并不十分清晰;西方人则不同,在理论问题明确解决之前,很难接受所谓"边干边调整"。

概括而言,早期的中国传统文化以《易经》、甲骨文为代表,特征有两个:

一,辩证思维,强调动态与宏观,研究模型、模式趋于模糊(西方则更近于实证思维,注重微观,本质上接近静态思维,研究模型及表述明显更趋精确与严谨)。

二,重形象思维、具象思维,更近于感知型与体验型(或经验型)(西方则更重逻辑思维、抽象思维,更近于纯理论型,或逻辑型,理论与实践区别对待)。

类似的庞大的文化体系之间很难做出长短评价。在较长的一个历史时期内,基于地理及交通技术的阻隔,中西方两大文化体系难以展开大规模的深度交流,基本上处于相对独立的发展状态。基于上述特性,中华文化明显呈现出早熟的态势,领先西方一千余年。西方文化的后发优势同样与其特性相关。相对于我们传统文化,西方文化在完成基本知识体系构建与积累之前,很难展现其优势,一旦实现基本体系的构建,其后发系统整合优势、系统自我更新完善等优势越发明显。

文化发展的萌芽期,在面对外部强势文化的逼压之下,还会通过横向移植,迅速提高自身质量,中国的北魏孝文帝改革、日本的大化改新无不是横向大规模移植汉文化,借以提高自身。文化进入成熟期之后,很难通过类似的大规模单纯横向移植的方式实现自身的快速提高;多采取以自身原有文化为蓝本,广泛汲取外来文化,更新自我,以实现系统的升级。西方的近现代化过程即如此,并不一味横向移植,而是在其自身文化蓝本的基础之上,广泛积极地汲取其他文化的优质元素,推动其原有文化系统升级。日本的明治维新类似。

相反,故步自封,不肯积极汲取外来文化,更容易陷入沉沦。

探微中华茶道,希望通过纵向梳理,打通古今之血脉关节,传承传统茶道之核心与精髓,进一步实现古今表述语汇的转换,进而弘扬与光大中华茶道;通过横向对比,积极参考汲取外部有关知识,更新与丰富相关见解,促使中华茶道系统升级,加快近现代化。无视大量的新知识、新资讯,一味翻炒残羹冷炙,是不作为。没有希望,没有出路。

第二节　品饮技法与传统文化模式之契合

仅就技术层面而言,中华茶道以味觉为主要手段,结合使用视觉、嗅觉等其他手段,看似单一,实属综合的敏感体验与训练。它是中华传统文化的重要组成部分,但要改善与提升,进一步丰富、完善。

传统文化的理念、特性与具体做法、模式之间互为表里,互相支持。如仅就感知与体验而言,国人有系统的做法,训练敏感度,借以增强感知能力,茶道不过是其中诸方式之一而已。

正如我们一直习惯使用筷子进餐,而非如西方人使用刀叉进餐。筷子使用的难度明显高于刀叉,用惯了筷子,改用刀叉较为容易;用惯了刀叉,改用筷子很难。为何先人在进餐时弃易就难,选择筷子这一方式?收获之一就是从小训练手指敏感度、技巧,毛笔、硬笔之间的情况与筷子、刀叉类似,毛笔的使用或可理解为以另一种方式强化有关手指灵敏度的、技巧的训练。中医的号脉训练可视为有关手指敏感度的高端训练模式。反过来,中医师的号脉水平达到较高程度时,号脉又成为获取讯息的有效手段。

视觉方面,早在秦朝以前,中国就已建立"五行色"的文化色解读体系。对比于西方在三原色基础上建立的自然科学颜色体系,五行色在颜色体系的整体丰富程度上明显不及西方,但在黄、红、黑、白、青五大颜色的丰富程度及敏感度上则明显有优势。如我们对明黄色、中国红的精细讲究由来已久;墨色考究而善用,正所谓墨分五彩;我们不但在意颜色的色系,如墨色带紫光或发灰,还拥有更丰富深刻的理解,如墨色的润度,这是至今无法准确翻译成英文的词汇,因为西方根本就没有类似概念;类似的还有所谓茶汤的颜色是否鲜活,借茶汤的鲜活与否,进一步断定茶的新与陈。这是借助视觉方面的相关训练,改善视觉敏感度;再借助于视觉敏感度的改善,完善、丰富、深化相关理解与理念。

嗅觉方面,传统文化中还有香道一门,善香道者,可借一缕香烟鉴别此香出自何处,成色如何。这是有关嗅觉的敏感度体验与训练。

听觉方面,各个民族皆通过音乐强化有关听觉敏感度的训练,善音乐者,在听觉方面普遍较为敏感。中国人亦不例外,在涉及音质时尤为明显,如选择二胡弓弦材质,精细者甚至计较至某地之柞蚕丝。汉语的音调更为丰富,很长一个时期,我们保有平上去入四类基本音调,部分方言及古汉语甚至多至十余音调,英语等西语则明显不够丰富,因此,在学习汉语的过程中,欧美人士很难把握某字究竟该读几声,往往一律读为平声,因为他们没有相似的语音习惯。

味觉方面,中华美食及茶道等共同提供有关味觉的体验与训练。中华美食与中华茶道有许多相通之处。中华美食首重食材,以时鲜为重,很在意食材的产地、时令及鲜嫩程度,这与对茶的要求类似。烹制以突显其天然鲜味为上,讲究优势最大化,弱化劣势,这与茶叶的烘焙原则一致。品鉴时鲜的道理与品茗的道理近乎一辙,最大限度,全面解读其中的精微讯息,借以实现物我之间的对话及加工者与品鉴者之间的对话。

涉及触觉、视觉、嗅觉、听觉、味觉的敏感度训练都不是孤立进行的,而是互为支持。学习英语时,单纯依赖听觉、视觉、阅读、书写某一单一方式记忆,其效果明显不及综合运用听说读写多种方式。

有关敏感度的训练类似,单纯依赖触觉、视觉、嗅觉、味觉当中的一种展开,效果明显不及利用多种方式综合展开。除上述较为单纯的形式以外,还有更复杂的综合模式。如号脉就不仅关乎手指敏感度,还关乎讯息收集与讯息处理这些复杂问题。从事书法、国画的创作与欣赏,除了要对墨色敏感,至少还要能对线条、线条质感、结构形式有所反映。传统诗词的创作与鉴赏,不仅涉及语音、语感,更触及形象思维、对外部事物的整体体验与感觉。美食与茶道本身亦不仅与味觉体验有关,色香味一体,原本就包含视觉、嗅觉、味觉等多方面,烹饪与烘焙技巧深层又触及许多传统文化的基本理念及审美倾向。

仅就技术层面而言,中华茶道以味觉为主要手段,同时使用视觉、嗅觉等其他手段,看似单一,其实是综合的敏感体验与训练。它是中华传统文化的重要组成部分,又与传统诗词、书法、绘画等结合,与传统文化核心思想之间形成密切的双向关联,核心思想是具体形式在具体操作过程中的指导思想;通过具体形式得以改善敏感度,使其进一步丰富完善。传统文化之核心思想与中华茶道之间的关系类似于系统的整体与局部;中华茶道与中华传统诗词、书法、绘画的关系类似系统内部的局部与局部之间的关系。

第三节　茶道核心思想与传统文化之契合

借助天人合一理念,我们积淀了丰厚的茶文化、精深的茶道;借助人定胜天理念,西方将茶饮推广为世界饮料,并在茶叶国际贸易领域彻底击败我们。今日,我们应传承、弘扬天人合一思想,抑或改弦更张为人定胜天主张?

中国人通过传统的辩证思维获取的第一个重要理念为天人合一。《易经》专注探寻自然变化之道,了解自然变化之道是为了顺从规律,而非改变规律,"天"在前,"人"在后,强调的是人与天"合",而非对立。相关解读有两类误区,其一,把"天人合一"中的"天"等同于西方哲学中的客观唯心论中的神,而非自然及自然规律。这是误读,遵循类似的理解,很多历史现象、个人行为难以自圆其说。其二,把"天人合一"打扮成文化牌坊,大肆标榜,标榜者本人的言行很难折射出"天人合一"理念的痕迹。

皇帝的诏书,起首第一句往往是"奉天承运,皇帝诏曰"。假如此"天"为客观唯心的"神",那就不该是"承运",应该是"承命"。显然此"天"字作自然及自然规律理解更为准确、合理。皇帝是大自然之子,所有言行应符合自然规律之要求,不应违背此规律,如此所谓"奉天承运"才更顺理成章。

西方近现代科学技术取得重大突破,建立完整科学体系,又有地理大发现,工业革命的完成及工业化的突飞猛进使其自信大增,在较长一段时期内,其基本观念更近于"人定胜天",认为人类在面对自然之际,有着不可战胜的力量,没有人类无法解决的问题,此时的人成为传统信仰中神的代言者与践行者。人就是具体的神,神即为抽象的人。

基于东西方基本观念的差异,其具体发展模式明显不同。我们首先在意的是发现,凭借高度敏感去发现,而非创造、制造。我们发现大自然的恩赐——蚕丝与茶叶,很长一个时期,我们甚至相信这是大自然对中华民族的偏爱。设想一下，假如中华民族不是出现在东亚大陆，而是在欧洲或美洲，我们依旧会有重大发现，只是不再是蚕丝与茶叶。其次，发现之后，会努力维系优势品种及相关自然生存状态，而不刻意改变。比如蒙顶甘露茶，古人往往凭借敏感与体验，确定这一地区各处茶叶之间的质量差异，最终明确此处某山顶某时节所采制茶叶最佳，其次为某地区某时节。如此一来，本地区何时为最佳采制时间（往往为开春第一次开采的时间），某区域质量最佳，其次某处，再次又为某处等等。传统文化模式很遵从这类自然法则，很少进行跨地区的大规模移植，以图获取类似品质，如将蒙顶甘露茶种在湖南或湖北，以期获得类似顶级蒙顶甘露茶的质量。在传统文化理解中，优质的茶至少受品种、环境、土壤、节气等诸多因素的复合作用，绝非单一品种因素的影响，复制全部因素是不可能的。因此我们将目光放在对自然资源的发现这一方面，在意对原有资源的维护与维持。基于类似的文化理念，经过长期的发展，筛选培育出大量具有地方优势、特色的本土品种，进一步形成茶文化品种丰富、地方特色明显，多样化小批量的特征。

英国在印度创建茶叶生产基地时的观念则不同，最初英国人的目标就是在印度复制中国模式，将中国茶种引进至印度。他们已经开拓出欧洲茶叶消费市场，他们不愿意让中国人垄断茶叶资源的源头，为了商业利益的最大化，为了贸易流通链的安全，他们必须建立完全由自己掌控的供货基地，所以在印度开辟经营自己的茶园。最早他们设法在印度复制中国的模式，引进中国茶种、中国工人、中国技术，在印度种茶，制作茶。结果并不理想，中国茶种在印度的长势及茶叶的品质明显不及中国。英国人意识到品种与环境之间的密切关系，尝试在印度寻找本土茶种，最终在印度东部地区找到本土茶叶品种——阿萨姆种大叶茶。英国人最终能够在印度实现茶叶的大规模种植，首先得益于阿萨姆种的发现。本土品种明显较外来品种更适宜在本地环境大规模种植。仅就英国人将印度茶的种植由外来的中国种改变为本土的阿萨姆种这一点而言，英国人似乎是被迫接受我们的"天人合一"理念。

但热带茶叶阿萨姆种的口感明显较亚热带的中国茶口感强烈、刺激，依旧无法得到中国茶的口感。英国人从两方面改进，一方面是尽量避免生产绿茶，而是突出红茶制作。绿茶更多保留茶的天然口感，红茶则要经历更多的人工制作环节，天然口感改变较大。循此思路制作出的印度红茶扬长避短，规避了原茶口感不佳的劣势，借助其原茶口感的强烈、刺激，强化红茶的厚重。另一方面,英国人积极在欧美市场上推广印度红茶,使消费者改变取向,将消费口味从中国茶转移至印度红茶。英国人将阿萨姆种的茶叶制作导向红茶,改变消费者的消费习惯及口味,将其导向符合自己产品的口味,这更近于"人定胜天",折射出英国茶商的自信!

为将茶叶推向欧美市场,英国人始终致力于弱化茶叶产品的自然属性,强化其商品属性,令茶叶生产更趋于标准化、规范化,而非多样化、个性化,使茶叶的交易方式更趋公开、公平与透明,很长一个时期,他们习惯于以伦敦为中心,以公开竞拍为主导的交易方式。当英国人在印度广泛种植阿萨姆茶,大肆开辟茶园之后,他们进一步强化了这一规划路线与趋势,而非中国的小批量、多样化、个性化生产。

英国人在印度的茶园经营模式与中国的大相径庭,借助在印度殖民地获取土地的便利与廉价,英国人在印度开辟的茶园规模甚大,往往几千英亩乃至上万英亩。仅就规模而言,英国人在印度的茶园与中国多数传统茶园之间的差异,仿佛今日国内大型国企与乡镇企业、小微企业之间的差异。英国人借助规模优势,规划的演进方向更近于借助规模与企业化管理,进一步强化茶叶产品的标准化与规范化。借助茶园规模,以机械替代人工,在强化标准化与规范化的同时努力降低成本,稳定产品质量。借助植物学以及其他相关技术的支持,努力打造自身的技术优势与核心竞争力。英国人采取实事求是的态度,先是努力汲取、消化其他民族(主要是中华民族)的优势因素,然后在其民族传统文化、理念的基础上实现整合与系统升级。他们并不因为中华茶文化的一时先进而全盘照搬。最后,凭借这种系统升级后的民族文化,在世界茶叶的主要市场——欧美市场上彻底打败中国,取代中国。我们茶叶的海外贸易也从清初的外销第一大商品,拥有欧美等主要国际市场,沦落至民国初期几乎丧失全部的欧美主力市场,仅仅剩下北非、中东及苏联的边边角角。丧失世界眼光、麻木、懈怠、保守是失败的根源。相反,拥有世界的视角、长远的战略眼光、敏锐、开拓、坚韧不拔、积极进取是英国人获胜的关键。不反思,不积极改进,不经历不懈的努力,中国茶将很难找回旧日的荣光。

通过回溯英国人在茶业领域的追赶经历、结果,是否可以认定:我们传统的"天人合一"理念已经不适应现代社会,我们应该转而接受西方的"人定胜天"理念?深入追究,并非如此。

托夫勒在《第三次浪潮》中说,传统的源自西方的工业化大生产模式仅仅解决了量的矛盾，并未满足日益增长的质的需求、个性化的需要。质的需求，包括产品的个性化消费，产品路线的多样性，这类需要是未来趋势（今日之现实，证明托夫勒预言正确），更接近传统的理念与经营模式。西方因此也在改变观点，越来越强调"原产地认证"等遵从自然属性的认定方式。托夫勒亦借助《第三次浪潮》善意激励发展中的民族：不同民族，无论是发达的，还是发展中的，将回归至同一起跑线。我们似乎有了弯道超车的机遇，但弯道超车的机遇并不等同于轮流坐庄，不等同于世道轮回。假如我们不能汲取历史的经验与教训，不能认真剖析我们失败的根源，英国人成功的原因所在，调整我们的态度与策略，通盘规划，长期经营，不懈努力，我们就难以在新一轮的浪潮中实现超越，只会被竞争对手再拉下一轮。

我们应该以开放、包容的态度，在"天人合一"的基础上积极汲取外来的、新的文化，实现自身文化系统的整体升级，实现传统文化的近现代化。只有实现近现代化之后的"天人合一"理念，才足以承载当代中华茶道的灵魂。

类似的经验教训不仅存在于茶文化领域，亦非孤立的个案，而是有普遍意义的。

日本的近现代化过程中可以找到正反两方面例子。如宣纸的制作技术，日本人关注已久，具体操作技术日本人已基本掌握，最后关键在原材料青檀树本身，宣纸的主要原料就是当地所产青檀树皮。抗战时期，日本人占领安徽，从宣城本地收集青檀树籽移植至日本，结果这些青檀树在日本的长势明显不及宣城本地，因此还是无法借助这样的原材料，制作出质量足以抗衡宣城本地宣纸的产品。这与英国人在印度种植中国茶叶的情况类似，最后日本同样改变思路，利用本地原材料，结合引进的技术、方式改进产品。今日日本所产书画用纸不但不逊色于宣纸，另已形成其自身的特点与优势；我们的宣纸在某些方面不进反退，优势并不似标榜的那样明显，亦不及曾经的辉煌。

唐宋时期，日本人近乎全盘汉化中华茶文化，经历了较长一时期引种茶树，学习我们的品饮方式，最后亦将其日本化，形成日式茶道。

在近现代，日本与我们同样面临西方文明的挑战与冲击，但其民族性格远较我们敏感与警醒，明治维新及其之后的较长一个时期，日本积极学习西方的科技、制度、观念，在传统文化的基础上实现本土化，成功探索出日本模式。日本茶文化及茶道的近现代化过程与之类似，在保留原有的小规模、个性化茶园的基础上，其合作社、行业协会积极汲取西方经验，效仿并革新西方的科学技术、机械加工方式、贸易方式、营销推广手段，以开放包容的态度，积极引进，深度融合，借此取代中国在美国茶叶市场的地位，以及侵占了中国在苏联市场的相当份额。

第四节　中华茶道与儒释道之间的关系

中华茶道与儒释道之间的关系，就像电脑与手机的关系。传统的电脑负责程序运算与网络联系，手机负责通信。发展至今，电脑亦普遍拥有通信功能，手机亦普遍拥有程序运算与网络联系的功能。面对电子产品，如若以旧有观念视之，注注会感叹，电脑乎？手机乎？中华茶道与儒释道类似，皆可从中找到诸多对方的元素与影子。中华茶道不只是与儒释道之间如此，与诗书画印等文学艺术形式之间又何曾不是如此？

茶叶最初是药品、食品，继而演变为饮品。自陆羽开始，茶饮上生发出茶道。原本饮茶意在消渴，雅化即赋予其精神寓意，强化情感消费，使其不仅仅满足于实用。

类似的雅化过程，不仅出现于茶饮，也反复出现于不同领域，如饮食雅化为中华美食，南方地方戏曲雅化为京剧，实用的印章雅化为文人篆刻，家具雅化为明清家具艺术……此一雅化过程，多由文人主导，文人本身即为精神文化的复合体，他们一方面承载传统文化的核心思想及具体的儒释道思想；另一方面，他们又多雅好书法、绘画、茶饮等，基于这一普遍状态，抽象的传统文化核心思想及儒释道思想与书法、绘画、茶饮等具体形式自然融通与互动。但就根本而言，中华茶道与儒、释、道为相对独立的系统，它们都根植于传统文化的核心思想。正如，中医与儒释道之间的关系，中医需要文化，因此部分儒生借助文化优势改习中医；少林寺的僧人习武，在此过程中受伤的机会增多，有强筋健骨的需要，因此关注中医中的骨伤科，所累积的经验亦丰富；道家重养生，无论是习练内丹，还是习练外丹，都深入养生保健这一领域，成就较高。但无论如何，我们不能因此将中医归入儒释道，它依旧是相对独立的体系。其关系更类似西方学科体系中的具体政治经济学流派与园艺学之间的关系。

儒家思想深刻影响茶道，具体为中庸理念影响茶饮口味取向。我们对茶的口味的取向以及品鉴始终围绕"中正平和"这一基调展开，刺激、霸道的口感并不为传统茶人接受,至少难入上品。

　　道家主张"物极必反",似从另一角度与"中庸"理念相融通。道家主柔,认为"柔弱胜刚强",庄子则明确表明近乎空灵的审美取向,这都映射在中华茶道演进的过程中。宋元以后,主流文人改推江浙的岕茶,取其口感的柔化与审美的空灵。如果取向生拙与厚重,则不该是岕茶,而应选择云南的普洱。很长一个时期,云南的普洱、安化的黑茶等主要作为特定区域的边贸茶,而非汉区的主流茶。庄子寓言"子非我,安知我不知鱼之乐"揭示的"物我关系"为解读茶及透过品饮了解自然提供了很好的思路。

　　佛教传入中国后,传承至慧能,开启禅宗南传顿悟一脉,实现佛教的汉化。无论是道教的道观,还是佛教的寺院,多选择自然风光优美的名山大川,清幽的环境对道家的清修悟道、佛家的打坐参禅大有帮助。面对优美的自然风光,以放松的状态长期观照、体验,容易获取心灵的感悟与审美的沉淀,这类感悟与沉淀不是一般的教育与文字可以传递的,诸如对自然的基本态度,对永恒与短暂的理解,对意境及不同类型美的体验。道家与佛家通过类似的方式,集合其他方法获得哲学层面的、美学层面的较高认知,即为得道、开悟。获得类似的认知与感悟,优美的自然风光是关键,维持良好的放松状态、虚空状态也很重要。否则大自然释放的信息再强烈,观照者本身不够敏感,不能真切、准确地从中获取信息,认知与感悟又如何产生?面对自然的观照及观照者身心的放松状态与中华茶道所追求的品饮状态颇多相通之处。良好的品饮状态是实现身心放松的有效方式,因此普遍被道家、佛家等修行人士所接受;这些修行人士长期经历综合的感悟训练,积累了丰厚的认知与体验,他们对茶的优劣及口感倾向等极为敏感,这又促进了中华茶道的改进,无论是品种、产地的优选,还是加工制作,抑或是冲泡技巧。

　　名山产好茶,好茶多归寺院或道观所有,如蒙顶甘露、武夷岩茶,这些僧人、道士更是直接从茶树的种植、采制等诸多方面入手直接改进茶道。

第二章 茶道中的"天人合一"

"天人合一"一语几成鼓吹传统文化者的虎皮大旗。如不能深入细说，将其与具体领域之基本原理融会贯通，将二者之间的内在逻辑关系梳理清楚，难免不会沦为下一场江湖把戏的开场锣声。

第一节 天性

天性难违，善茶者首先应学会奉天承运。

中华茶道中的"天人合一"思想，具体体现在天、地、种、工、泡、品等各个环节。

所谓"天"，指茶的种植、采摘、加工要符合节气时令，涉及天气、气候等因素。春季是植物的复苏与萌生期，夏季是旺盛期，秋季是贮藏期，冬季是休眠期。不同时期，植物的生长有差异，可以从植物横截面的年轮痕迹得到直观印证。不同时期生长旺盛与否直接导致材质质地的疏密差异，此即为年轮，西方近现代植物学早已得出类似结论。再细分，即便是同为春季，第一场春雨催发之前、之后的茶芽亦有差异。在第一场春雨催发之前，植物仅感受到气温的回升，其萌芽仅是初萌——借助于一冬的休眠，在感受到气温的稍稍回升后，小心试探周边环境。一场或几场春雨过后，得益于气温的明显回升与春雨的滋润，茶芽的长势明显加快。茶芽被采摘之后，很快就又长出新的茶芽。春雨催发的茶芽与初萌茶芽不同，虽然都是春芽，甚至相隔时间较近，仅间隔一场或两场春雨。早期采茶只采春茶，不大采摘其他季节的茶，发展到后来，也有采摘秋茶的,甚至有采摘冬茶的,不过夏茶质量一般较差。

一般而言,春茶鲜嫩,普遍受欢迎。其中,初萌之茶不但最鲜嫩,耐泡度明显更佳,且产量稀少,往往最受追捧。春雨激发之后,茶芽长势加快,鲜嫩程度稍稍减退,且经春雨激发,养分偏薄,水分增多,明显不及初萌之茶耐泡。夏季是植物生长最旺盛的时期,所产之茶,无论是鲜嫩程度还是耐泡程度,皆较差。秋季,植物经过一个夏季的旺盛生长,生长节奏放缓,准备贮藏过冬。早秋的茶口感近夏茶,深秋的茶鲜嫩虽不及春茶,但耐泡度明显较春茶更佳,上品更呈现清冽的口感,恍若深秋早晨的清寒,凉凉的,令人冷不丁一激灵,却很受用。冬季是茶树的休眠期,一般不采摘,但南部部分茶区为了催发春季的茶芽,会在冬季选择性地摘掉一些新芽,这类茶芽普遍数量稀少,采摘成本高昂,炒制成茶多具独特口感,往往较深秋茶更显清冽,且不乏独特香气韵味,耐泡度亦极佳。如若炒制不当,容易产生涩味偏重的现象,影响口感。

一日之间植物的生长状况与一年期间的周期变化类似,早上太阳出来前如春季的初萌期,上午如春,中午如夏,下午如秋,夜间如冬。这一生长规律同样得到西方近现代植物学的验证,前人很早就掌握植物的这类生长规律,长期主张凌晨采摘。清朝以后,因考虑半发酵类茶的品质及制作工艺,未必全部在凌晨采摘。不在凌晨采摘,还有经济上的原因。一日之中不同时间采摘的茶叶虽有细微差异,加工工艺运用得当,会弱化这一差异,茶人如非长期品饮固定茶种,且熟知该茶的产地详情、制作工艺细节,很难品咂此中精微。

不同产地的茶,春季最佳采摘时间不同,但同一产地的最佳采摘时间相对固定,每年茶农会根据本地具体的天气情况,决定何时开采。赶上最佳时间且天气适宜,当然最为理想。但春季天气往往多变,眼见最佳采摘时间临近,而天气并不理想,或为大晴天,或为雨季提前,茶农往往需要预判天气,如果有利,不妨暂时等待一两天;如果不利,只能勉强采摘,这种情况下,茶叶的质量难免会受影响,此类影响往往较一日之间不同时间采摘更大更甚。

同为舒城兰花茶,如当年茶区雨水偏多,影响兰花香气的形成,则兰香不佳;如果天公作美,降水气温皆很适宜,兰花香气就很明显。金华野茶类似,茶味明显,耐泡程度极佳,则当年雨水必佳。野味减弱,不耐泡,则可能茶叶采摘前,茶区持续降雨,茶叶的品质受到影响。

即便是同一地区,同一处茶园,每年在相近时间采摘制作,都会因为天气的不同而导致品质差异。所以,当年能否喝到好茶,首先要看老天爷是否赏脸,如若天公不作美,茶的品质将折损不少。一般而言,采制初萌茶叶,阴天或小晴较为理想,持续阴雨、大晴天或气温骤升骤降皆不利。

第二节　地理

一方水土养一方人,更养育一方之茶,茶叶的品质、特性很大程度上取决于此。南方、北方,高山、丘陵、平原,东南向、西北向,不同的地理环境赋予茶叶不同的禀性。

所谓"地",大至茶区产地的纬度、位置,小至产地的海拔高低、朝向,土壤本身的情况更是包罗其中。

同一种植物,接近热带口味往往偏重,靠近寒带、温带口味往往趋清淡,这一规律应是较具普遍性的,咖啡如此,烟草如此,茶叶同样如此。

咖啡原产于南美地区,热带咖啡口感过于强烈,并非最佳。南北纬度20度左右所产咖啡口感最佳。产地趋于两极,一则口感过于柔和,二则气候不利于咖啡生长。结合咖啡生长所需气候环境、土壤等因素进行综合评估,有人认为中国的海南岛所产咖啡豆应属最佳,在咖啡消费的高端市场独占一席之地。如此在世界范围审视考察品鉴的思路值得中国茶人借鉴,在先了解世界有多大,多少地方适合种植茶叶,哪些地方出产茶叶,其品质特性如何。

国内的茶叶主要种植于江淮流域或纬度接近的地区。北面,四川陕西一带不过秦岭。秦岭南麓所产紫阳茶口感较柔。东面受海洋性气候影响,山东的产茶区相对较北,有人在青岛种植崂山绿茶,其口感同样较为柔和。南面,无论是福建的铁观音,还是粤东的凤凰单枞,口感明显厚重。往西南,接近茶叶的原产地——云南普洱等地区,口感更显生涩重拙。结合工艺对茶叶口感的影响,综合考虑,上述议论似乎不够严谨。事实上,铁观音、凤凰单枞、生普的部分发酵工艺只会进一步柔化口感而不是相反。整体而言,高纬度茶区所产茶叶口感偏柔和,低纬度所产茶叶口感偏厚重。靠近茶叶原产地的西部云南地区,其口感偏于生涩重拙,远离原产地的东部地区,口感相对柔和。

海外产区,除了日本受海洋性气候影响,部分属于较高纬度茶叶产区,俄罗斯的黑海沿岸茶叶产区属于高纬度产区,多数产区属于低纬度产区,如印度、锡兰、爪哇。

日本茶叶产区整体纬度较高,最初的茶种引自中国的江浙地区,口味较为柔和。俄罗斯的黑海沿岸应属于最高纬度的茶叶产区,口感应偏柔和。印度的阿萨姆种原产地的情况与中国境内的茶树原种地区云南西部地区较为接近,多在低纬度,又都属于大叶种,因此口感偏强烈,锡兰、爪哇的茶叶产区与印度情况类似,同为低纬度地区,以阿萨姆种为主,因此口感普遍偏浓烈。

世界范围内纬度接近中国的江淮地区,气候又适合茶叶生长的地方寥寥无几。中国境内往西,进入青藏高原东部及喜马拉雅山脉北麓,这类地区的气候显然不适合茶叶生长,中国境外的喜马拉雅山脉东段的南麓,是印度的茶叶主产区。再往西则进入印度中西部的干旱地区,中东及北非的干旱地区,显然这些地区的气候并不适合茶叶生长。美国的南端及墨西哥的中北部或许有接近中国江淮地区的适合茶叶生长的较理想环境,南美及南非的个别区域类似,但这仅就纬度与气候而言,尚未涉及土壤、茶树品种、种植历史与传统。

因此,就茶叶产区的纬度分布而言,中国的江淮(包括四川、陕甘南部、贵州、两湖、河南南部、江西、安徽、江浙等地区)、闽台、粤东,日本南部所产茶叶口感较为适中,不会过于浓烈,亦不至于轻薄。

海拔高度不同的地区,茶叶口味的差异明显。相对而言,在国内同一纬度,平原地区的茶叶口味趋于柔和。海拔八百米至一千两百米的山区,昼夜温差明显大于平原,更便于茶叶内部的糖分积累,口感稍嫌刺激。平原蔬菜与高山蔬菜之间同样有类似的品质差异与口感差异。更高海拔的地区,由于冬季的严寒、霜降及大风等原因,未必适合茶叶的生长。国外,尤其是锡兰、爪哇等低纬度产区,由于地处热带,部分海拔一千两百米以上的地区,不但可以种植茶叶,更因为小气候与环境更近于亚热带茶区,品质不但较同纬度的平原地区更佳,部分更带特殊的香气。

同一纬度,同一海拔,甚至同一山脉,不同朝向所产茶叶的品质同样存有差异。仅就我国中东部茶区而言,因受季风性气候影响,春夏季多温暖湿润的东南风,来自海上;秋冬季多寒冷干燥的西北风,来自内陆的西伯利亚地区。因此同一山脉的东南向往往降水更充沛,山谷中雾气缭绕,这些因素更利于茶树的生长,也更利于出产优质的茶叶;相反,西北向降水及云雾条件往往不及东南向,茶树的生长及茶叶品质亦较东南向逊色稍许。另外,茶树喜朝阳,这也使得东南向更利于茶叶的生长。一般植物,南坡长势普遍优于北坡。

土壤是影响茶叶品质的另一重要因素,陆羽《茶经》中即说明:"其地,上者生烂石,中者生砾壤,下者生黄土。"同为武夷山茶区,生长在以风化岩为主要成分的烂砢土中的岩茶,与以沙质土为主要成分的沙洲的滩茶(洲茶),品质与口感明显不同。武夷茶的所谓岩韵,主要来自岩茶,滩茶并无岩韵。

山脊处土层偏薄,山谷处土层较厚,谷底容易受雨水冲刷,较为理想的茶树应长于山脉的东南向,避开山脊峰线与谷底的中间缓坡地带。这一位置往往土层较厚,又能避免山脊处的大风摧残,谷底的洪水冲刷。山谷地形容易凝聚山岚雾气,增加空气中的湿度,便于接受朝阳及阳光的漫射。

第三节　品种

优秀茶种是茶树天性、地理及人工选育三方优势的结晶。

不同品种的茶树,口感差异明显。概括而言,越是接近原产地,具有明显原生态特性的,口感越强烈,如云南普洱茶;越是人工驯化、繁育历史悠久的,口感越趋柔和,如江浙绿茶。类似的口感差异在野生蔬菜与人工培育蔬菜品种之间、野生动物与人工驯化动物之间(如野猪与家猪)同样存在。

印度茶口感偏重,除了纬度、气候等原因之外,与其用阿萨姆种亦有关,近于原生态的茶树品种,人工驯化历史较短。锡兰茶与爪哇茶也多为阿萨姆种,情况与印度茶类似。

在中国,茶叶经历数千年的人工驯化与繁育,各地的地方品种特性明显,品种极为丰富。到目前为止,很多地方品种的培育所涉因素不仅是独特的茶树品种,更关系品种、环境、土壤、水质等。多数地方品种已与该地区的多方面情况形成密切的、割舍不断的复杂关系。英国人移植武夷茶种至印度而不成功,原因在此。不要说福建的武夷山与印度的环境、气候差异如此巨大,即便是中国的一省之内的大规模移植,如将粤东的凤凰单枞移植至粤北地区,茶叶的品质、口感变化同样很大,新地区的茶叶品质常常明显不及原产区。传统的茶树品种驯化与优化过程常常在较小的特定区域内,长期、缓慢、持续地进行。如此较慢,但最终效果、长期效果往往更佳,持续获得优势品种的机会更多,所获新品种在本地的适应性更强。

历史上较长一个时期,多数茶区皆有较大数量的野生茶树,茶树的繁育以有性繁殖为主。目前除了云南的普洱茶区、福建的武夷山茶区、粤东的凤凰单枞茶区仍然保留有基本数量的野生(或原生)茶树种群,尚足以维持较低限度的自然繁育以外,贵州、川南及粤北等地虽发现野生茶树,但其种群数量只恐难以维持较低限度的自然繁育,更多的地方品种依赖人工茶园延续。为了早日进入采摘期,为了快速繁殖及扩张品种优势,目前无性繁殖已成为主要方式。

野生茶树要同周边的植物争抢养分及阳光等资源,生存下来的植株本身较健壮,这是自然优选的结果。野生茶树多经自然授粉,其茶籽带有母本与父本双方的基因,不完全等同于母本或父本,进化、变异的机会更大,获得新的优势品种的机会更多。前人有心,不断从野生茶树中发现部分质优株体或独特品种,加以适当维护,其中相当部分已成为今日武夷岩茶、凤凰单枞中的名枞或单枞。也有人收集茶籽,找寻合适地方播种,从繁育出的茶树苗中选优,道理与前面野生茶的优选类似。这类依托野生茶树资源及有性繁殖的驯化、优选方式存有三个特征。

首先,茶树变异的机会更多,获得新品种的机会较多。有心的茶人可以持续不断地在野生植株及繁育的植株中找到更理想或特性更明显的新品种。

其次,有性繁殖的株体有主根,更容易从土壤深层汲取养分;野生半野生的生存环境中,植株之间竞争激烈,汲取养分不易,野生茶明显更耐泡,滋味烈中带绵。

最后,株体的生命力更为旺盛,生命周期更长,后发优势更为明显。

无性繁殖的茶树情况刚好相反:

首先,无性繁殖主要通过插杆繁育,新株体本身只传承母体一方的遗传基因,不会明显变异。品种特性保存明显是其长处,不利于培育新品种是其短处。

其次,无性繁殖的株体只有须根,没有主根,便于从土壤表层汲取养分,较难获取土壤深层的养分,更适合人工打理,不适合野生环境。人工茶园多定期施肥、除草、打理、养护,茶树的生存环境明显优于野生环境,因此茶树的叶片普遍肥厚,营养更充分,但多积累在表层,因此初泡口感较野生茶更柔,滋味更饱满,三泡之后则滋味明显变薄,耐泡度明显不及野生茶。总之,野生茶出汤慢,后劲持续久;人工茶出汤快,后劲则明显不及野生茶。

最后,无性繁殖的茶树进入采摘期的时间更快,但丰产期持续时间不及有性繁殖的野生、半野生茶树，往往二三十年后即进入衰退期，茶农常需要砍掉旧树栽种新树。有性繁殖的茶树，二三十年后才进入丰产期，其整个丰产期可以维持一两百年，武夷及潮汕的名枞、单枞即为明证。

今天，为了早几年进入丰产期，过于倚重无性繁殖，如此可以较快地增加中高端茶品的产量，但并不能获得高端茶品的质量；看上去虽然在二十年中获得较为理想的投资回报，但就更长时期审视，回报反而降低了。人工茶园中的无性繁殖的茶树，究竟需要多少株才可以与一株大红袍或东方红的经济价值相抗衡？

铁罗汉、洞宾茶、宋种、石乳等武夷茶区的宋元名枞已难觅踪迹，大红袍、白鸡冠等当家名枞多出现于明中后期至清。当大红袍、白鸡冠等进入衰退期之后，下一批当家名枞何在？名枞的发现与培育需要经历较长时间，待现有名枞进入衰退期之后，再去找寻与培育新品种只怕悔之晚矣！更可怕的是，茶区内的野生茶树越来越少，传统的驯化及优选进程与模式渐被破坏；新的模式因急功近利，而多被曲解、误用，过于倚重无性繁殖，忽视原生态及原生品种之保护。

目前发达国家越来越在意于原生物种及其原生态的保护，视其为核心资源。因为所有杂交品种或者存在自我繁殖能力低下，或者在经历一定代数的繁殖之后都会不同程度地遭遇品种退化的问题，如欲解决，需仰仗原生物种进行再次繁育。保有较为丰富的原生物种种群，就能获得更多的培育新品种及优质品种的机会。目前各国之间的农业合作、品种引进项目颇多，但多为提供种子及栽培服务，几乎不提供原生物种及原始杂交繁育技术。前者是水，后者是水龙头。有卖水的、送水的，没有将水龙头交给别人的。

政府和民间似乎普遍对此认识不足，重视不够。希望上述情况能够早日改善，祖先留下的丰厚遗产，没有理由败坏在我们手中。

第四节　加工

将茶叶自然属性中的优势最大化，劣势最小化。

茶叶的加工制作，据传统文化核心理念及其演进过程，可以概括为：自然是主角，人是配角。人的作用在于使大自然的产物——茶叶的优势最大化，劣势最小化。我们必须遵从天、地、种综合作用所决定的茶叶的特点与优势,将其潜在的优势挖掘、展现出来。这可视为中华茶道在制茶方面的基本思路。

传统医学——中医,最晚在汉朝已经建立起较为完善的体系,借助五行学说,对应提出酸苦甘辛咸五味。茶味微苦,苦味具清火之效用,能去脾之苦湿,肺气之上逆,更具坚肾之用。多食苦味,容易回甘生津;多食甜味,容易口舌乏味。食用较多的糖,第二天早晨起床后,容易感觉口中乏味。茶味微苦涩,以中医的理解,较其他口感的饮料更宜于作为日常饮品。

为了满足食品长期保存的需要,传统加工方式为盐渍与烘干,盐味妨碍茶味,或许早期盐渍成本太高,因此茶叶加工以烘干为主。

唐代盛行蒸青法,以蒸汽的高温快速破坏茶叶内部的酶化等反应,避免因后续烘焙不到位或天气回潮等原因,导致茶叶变质。

明清流行的炒青法,原理类似,不过是将破坏茶叶内部酶的反应的方式由高温蒸汽改变为直接炒制,通过快速高温直接实现。

此两种方式的所有工艺实施及完善皆围绕一对主要矛盾展开——最大限度保留茶之真味;确保处理到位,后续的贮存过程中不致变质。

保留茶之真味,要求蒸青、炒青作业适度。作业偏轻,较容易导致茶叶内部的酶化反应破坏不彻底,茶叶容易变质,茶叶原叶中的青涩味、草腥味未除尽。作业偏重,则容易破坏茶之真味,伤及茶叶的鲜嫩口感、香气、颜色。江淮、四川地区所产之茶,整体口感偏柔,习惯摘取茶芽制茶,因此多采用绿茶制作工艺,目前以炒青为主。炒青加工更容易体现芽茶鲜嫩的优势,如改用半发酵工艺,反而弱化原茶优势。

明末以来,武夷茶、铁观音、凤凰单枞等南部茶区逐渐以半发酵工艺为主。建茶及粤东茶口感较江淮、四川地区稍重,正因如此,在推崇建茶的同时,宋人又嫌其口感稍重,因此多用洗芽、去除部分茶汁的做法。这虽然可以柔化口感,但一如后世所诟病——已失真味。

目前采用的半发酵工艺多为轻度发酵,柔化茶叶的口感,充分保留茶的原味。因为半发酵工艺的柔化作用,茶芽的口感容易过于弱化、淳化,因此这些地区多摘取叶茶,如此茶叶的经济价值亦得到有效提高,毕竟叶茶的产量远高于芽茶。这类工艺设计更适合南部茶区,既能柔化原茶口感,又显著改善茶叶的经济效益。正是基于半发酵工艺,武夷岩茶才得以确保岩韵醇厚,传统铁观音及凤凰单枞才得以保持滋味的中正平和。

原茶的滋味属天性,茶叶加工则类似于后天教化。天分既高,后天教化又到位,如此方可成为栋梁之材。中国的绿茶加工方式,如蒸青、炒青,以茶叶的天性为依托,以后天的改造为辅;半发酵工艺则较多借助后天的改造,改善茶叶的整体品质,但不失原茶天性。红茶等采用全发酵工艺,人工过重,原茶天分顿减。仅就传统文化理念及审美而言,人们对红茶的接受是有限的、局部的,毕竟国人更重天性,轻人工。但红茶的全发酵工艺将茶性由寒性改造成温和,这一改变意义巨大。

中国人的饮食习惯不同于欧美人士,中国人的食物结构中蔬菜类植物比重明显较高,欧美人士的食物结构中肉食、奶酪等比例明显偏高。这一饮食结构的差异导致中国人的肠胃功能整体明显优于欧美人士,因此我们普遍对偏寒性的绿茶所引起的肠胃刺激反应较小,不明显;欧美等地人士则未必,他们对绿茶带来的肠胃刺激感受较为明显,所以喜欢茶性温和的红茶。另外,红茶暖胃,助消化等功能更明显,因此,红茶一登陆欧洲,价格明显高于绿茶。今日欧美对红茶的接受程度明显高于半发酵茶,对半发酵茶的接受程度明显高于绿茶,这与国内的情形正好相反。不过,在中国的北方地区,天寒地冻之际喝杯红茶暖暖胃,也确实是不错的选择。

不少红茶,如祁门红茶,在海外的知名度远盛于在国内。

生普的做法与建茶有异曲同工之妙,因云南所产大叶种茶原茶口感较重,因此生普的口感依旧偏重,稍显苦涩、青涩,其独特之处在于借助二次发酵的陈化、淳化作用来柔化口感。

理论上,所有的制作工序都会在口感上留下痕迹,制作到位的,便于口感的优化;制作不到位的,妨碍口感的优化。这类痕迹在绿茶及半发酵类茶中体现得尤为明显。

龙井茶与平珠茶的做法不同即是鲜明的对比。龙井茶的炒制明显偏轻,青涩、鲜嫩是其长处,不耐贮存、容易氧化变黄是其短处。平珠茶则刚好相反,炒制较重,较耐贮存,三个月后口感、茶色变化不大,但鲜嫩及青涩味明显稍弱。以信阳毛尖为例,茶芽尖焦,损及外观;芽尖不焦,则怕火候不足,损及茶味,偏青涩;只有高水平的师傅方能确保火候既足,又不伤及芽尖,但此类水准的师傅工钱颇为可观,摊入茶叶中,茶价将提升不少。

第五节　冲泡与品鉴

天、地、种与茶叶的天性有关,工(加工焙制)为第一次创作,泡(冲泡)为第二次创作,品(茶的品鉴)为物(茶)我(品鉴者)对话,波(制作者、冲泡者)此(品鉴者)对话。

天气适宜、产地绝佳、品种适合、制作精良,即便如此,如冲泡不得法,就无法充分展示茶之天性、人工之优势,依旧是浪费。这就类似笔墨器用精良,偏偏赶上一位二把刀的"书家",不但展示不出书法,反而白白浪费精良的笔墨。冲泡得法,这属于二次创作到位,正如笔墨器用精良,书家水平精湛,创作状态良好,创作出上乘的作品。茶道力求体现茶叶综合优势的最大化,这涉及茶叶天性、一次人工烘焙、二次人工冲泡,应力求各方面到位。又如书法,《兰亭序》虽好,经不住书盲欣赏。物我对话、彼此对话如艺术欣赏,有前提——双方水平落差不宜太大,一旦双方水平落差太大,如品鉴者水平太弱,茶好、工好、冲泡亦很到位,但品鉴者并不能体察出精妙所在。显然这不是茶的问题,也不是制作与冲泡的问题,而是品鉴者本人的问题,十分的精彩,仅体验出三分,这不是茶的遗憾,而是品鉴者本人的遗憾。茶很好,冲泡不到位,品鉴者既品出茶的好,也品出冲泡的不佳,原本应有的十分表现,仅仅展现出三分、七分,这确实令品鉴者感觉遗憾。

冲泡的要点在于使茶叶的优势最大化,包括先天的天、地、种的优势,后天的工的优势。

先要了解所冲泡之茶,不了解何以操作。然后选择冲泡之水、冲泡之器具、烹水。冲泡与品鉴是极其精细的、精微的体验,尤其是在面对不熟悉的新品种茶时,通常不是一两次就能够充分达到效果,往往需要反复实践与精微调整,用心反复体察,方可获得对该茶的系统、全面、客观、公允的认知与体会。第一次的品鉴往往容易借助陌生背景下的敏感,正如我们身处陌生环境,自身很容易诱发本能的敏感一样,但这类敏感又容易被主观放大而有失公允。第一次之后的细细品察,善品者更善于调整至更放松状态,获取的体验未必如最初那般强烈,却往往更具代表性,更趋于客观与公允。

目前有关冲泡与品鉴的介绍,常见问题有三:其一,多拘泥于形式,少有人深究其中的原理及合理性;其二,多拘泥于某类冲泡方式,少有人就不同方式对比分析;其三,多局限于冲泡方式,少有人基于敏感涉及具体品鉴。比较多的仍属于用"耳朵"品茶。

我国茶叶产区分布面广,茶叶发展历史悠久,各地渐趋形成特点明显的地方茶文化与习惯消费区,如川茶目前较少出省,江浙、安徽等地消费多为本地绿茶,闽粤台则以武夷茶、铁观音、凤凰单枞为主。这些地区的相当部分茶客终其一生习惯于某一两类特定的茶叶品种,较少涉及其他茶品,甚至排斥、轻视其他茶品。此中甚至包括相当部分茶农,他们熟悉经常品饮的茶叶品种,尤其是涉及种植、经营时,一品甚至可以准确地指出出于某乡某季节,烘焙细节之得失,而对于其他种类的茶,则一头雾水,甚至连最基本之概念亦不具备。此可谓只有地方,无视全国,更遑论世界了。这是目前相当部分茶人的狭隘所在。

种植、经营凤凰单枞者,往往大多数时间品饮凤凰单枞,偶有人涉及武夷岩茶,但其对凤凰单枞体验丰富,对凤凰单枞的鉴赏能力较强,而品饮江浙皖等地绿茶则多茫然。江浙之人多品饮本地绿茶,单一体验较为深刻,一旦涉及铁观音等半发酵茶,不少人主观上即大加排斥。如此现状下,很多茶人的评断多拘泥于某一地之茶,很难客观公允评价其他茶品。品鉴体验仅仅局限于狭隘的某一类茶之上,缺乏广泛的代表性,在此背景下体验本身容易退化,正如近亲繁殖一般。茶人基于类似的体验与认知,在向更初级的茶道爱好者推广宣传过程中,其传递出去的信息必然是局限的、片面的,不具备普遍性,如何令爱好者信服?越来越多的片面的、零碎的讯息,越来越表面化的宣传,越来越多的功利性的误导,致使今日之茶道爱好者接触到的讯息中垃圾成分、错误成分太多,非种植、经营茶叶者目前已经很少注重口感体验类训练,部分茶叶经营者亦缺乏基本体验训练,盲从于宣传,拿"耳朵"品茶。长此以往,茶道必亡,传统文化必亡。

第三章 细说冲泡技法

心法是灵魂，技法是肉体。技近于道，良好的技法是心法的最佳演绎，正如代表作是文学艺术家精神状态、情感世界的最佳演绎一样。

第一节 选茶

学习书法首先需要选择临习某一字帖。书法家多擅长某一书体，画家多擅长某类风格，岂有习茶者不选茶之理？

茶叶的种类繁多，品级差异较大，选择茶叶的过程中需注意每个人、每种茶的口味特点，点与面结合，并非越好的茶，越贵的茶越理想。

各地多已形成地域性很强的特色消费，其原因很复杂，也存在相当的理由。抛开消费习惯、情感、地方口味等因素，水与茶的契合与否为一大重要因素。笔者曾在杭州六和塔品饮龙井茶，茶一般，虽较新，但叶芽不齐整，只因用本地水冲泡，香气、口感极佳。临桌而坐，香气扑鼻；投茶虽少，数泡而不减其味。同为龙井茶，品级更佳，携回岭南，改用岭南山泉水冲泡，成色却减损不少。茶是佳茗，水是山泉，损在茶与水不尽契合。日常品饮的铁观音，携至江浙，改用当地水冲泡，总感觉味道并未完全出来，口感明显不及在岭南所品。水与茶的契合，英国人在酿酒过程中意识到同样的问题。各地习惯品饮何种茶，原因复杂，但必然涉水与茶的契合。

笔者最初多品饮绿茶，尤其是江浙的绿茶，到岭南后转饮台湾高山茶、铁观音、凤凰单枞等半发酵茶,兼涉各类绿茶、生普。日常品饮多为半发酵茶,偏好精品绿茶,强于生普。茶友则以普洱为主,兼涉半发酵茶与绿茶。个人口味、喜好不同,不宜强作归置及排序。这就好像练习书法,有人善行草,兼涉篆隶;有人善楷书,兼涉行草;有人专精小楷。你能质问:某某,你为什么善行草,还兼涉篆隶,而不是相反?为什么专精小楷而非狂草?这类质疑很没道理。可以感觉到自己或别人对某一类书体,或某一家、几家书风特别偏爱,但很难下结论断定某书体好过另一书体。书法与茶道中的许多道理是相通的。如欲深入茶道,首先应清楚自己的习惯与倾向;以茶待客,最好先了解客人的喜好与倾向,尽量尊重别人的喜好,而不是把自己认为好的强加于人。

茶叶选择应点与面结合,这既是基于茶道体验的需要,也是针对多数茶人实际情况的建议。只认定某一类茶,或很狭隘的某几种茶,执一点,而不及其余,如此强化对该类茶的体验较容易实现,但由于没有"面"的展开,对该茶的体验缺乏足够的对比与参照,容易陷于狭隘,亦未必深刻,对茶道的系统体验及基础知识更近于残缺。有机会接触其他种类的茶,尤其是较好的茶的时候,不妨静下心来,细细品鉴,这对强化、丰富体验,改善对茶的理解与整体把握帮助较大。当然,因为茶叶品种繁多,加上市场本身严重不规范,个人的时间、经济、精力也有限,刻意地索求某些茶,尤其是产量极低的高端茶、极品茶,大可不必。重点深挖,在有缘、有机会的情况下尝试扩宽,这是本人的选茶经验。

品茶并非越极品越好,因为茶人与茶的交流客观上有前提——茶人必须具备相应的敏感度。茶道的本质之一即为通过体验,实现茶与人之间的物我交流。茶人若不敏感,即便品饮好茶,茶的优点、细节、精彩之处多无法品鉴出来,品又何用,品又何益,徒增牛饮耳!真正的茶人应视物如人,视茶如人,应有对茶的基本尊重。不妨从中高级茶开始品饮,细细地品味,体验诸多细节,尽量把握每一次的真切感受。如此,在明确把握所品之茶的优点与不足之后,根据需求逐步升级,重复类似过程。正如书画品鉴过程中,前人所言"万物过眼为我所有",茶道的要义并不在于喝过多好的茶,而在于从中获取真切体验,有真切感知。依此而言,只有适合的茶,没有最好的茶。

中华茶道的品饮状态与日式,与欧式皆不尽相同,更复杂。我们既有纯体验式的,技术性较强的品鉴式的文人茶道,也有偏重形式化、礼仪化的社交茶道,还包括已经融入生活,成为生活一部分的日常茶道。社交茶道与日式茶道稍近,日常茶道与欧式茶道类似。纯粹体式的、品鉴式的茶道需要宽松、恬适的环境,需要彻底的放松与静心的体验,如此氛围才可能精确地把握冲泡细节,才可能充分把握茶叶所释放的精微讯息,才可能与茶充分交流。在快节奏的生活中,这样的环境氛围不能经常拥有,多数情况下品饮只为放松节奏,借助茶的品饮、茶的刺激,舒缓自身。这时候茶并非主角,而是配角,我们不可能花很多心思与精力细究冲泡细节,也未必有合适的心境获取精细、精确体验,这种情况下,品鉴极品茶不但不适合,反而是浪费,适度刺激性口感的茶才是最佳的。这样不但可以使工作、生活节奏更趋合理,效率更佳,工作、生活亦会有较好的改善。我们不能只承认前者为茶道,而不承认后者亦属茶道。

我国的诸多艺术形式皆经历过由民间来、由实用来,经历文人改造、雅化之后,又如水银泻地,回归民间的过程。茶饮经文人改造成茶道之后,最晚至宋朝即已呈平民化、日常化。瓷器如此,丝绸如此,明清家具亦如此,最早海黄、紫檀为皇家御用,逐渐演变为江浙、岭南大户人家一样拥有,财力再差一些的,改用较便宜的榆木、榉木,照样复制类似的经典款式。当然这都需要强大的物质基础,茶叶种植广泛,产量较大,足以支持民间的消费。

日本则不然,日本真正引入中国的茶道应从荣西禅师开始,时间相当于中国的南宋,距陆羽完成《茶经》已过去四百多年。此时中国之市井已是茶肆遍布,民间以斗茶为戏,而荣西禅师尚需解决茶树移植的问题。在相当一段时期里,日本茶叶仅仅只够满足小部分贵族阶层的需要,确确实实属于极奢侈的消费品。在此背景下,强化仪式感、形式感,借以标榜茶叶之珍贵,进而显示品饮者之身份亦不难理解。茶叶刚进入欧洲时,何曾不是如此? 丝绸刚出现在罗马帝国时,又何曾不是如此? 再者,茶道等在中国属于原生态,存有较完整的从基层社会至上层社会,再回归基层社会的原始循环系统,就如原始森林,自身拥有深层自我更新能力。日本的茶道引自中国,并非原生态,其引进方式属于自上而下的,大规模的系统引进,为了确保引进的精准与效率,保证后续不至较快出现变形,同样需要程式化、规范化的处理。柔道、空手道、相扑等的情况类似。

茶叶登陆欧洲大陆时,同样成为欧洲贵族标榜身份的方式,假如不是欧洲商人快速、大量、持续地从中国进货,又较快地依托印度殖民地彻底解决欧洲茶叶的供应问题,欧洲的茶道很可能更接近日式,而非今日所见,更趋生活化、日常化。

又如中国传统诗词,除了传递作者自身情感的较纯粹的文学功能以外,同样是社交工具,茶类似,这就是社交茶道。一般社交场合的分饮方式(盖碗杯),以茶待客,端茶送客,体现的是距离与等级秩序。茶的优劣及品饮体验已失去意义,茶成为较纯粹的社交道具。潮汕人的功夫茶合茶模式刚好相反,着力弱化距离与陌生感,强化亲近感。常见潮汕人一天到晚坐在店铺前面喝着功夫茶,自然让人感觉亲切许多,鲜活许多,路过的人经不住诱惑,在主人的一声随意招呼之下,坐下品饮两杯,所有的距离与陌生感很快就随着两杯茶下肚而烟消云散。假如茶味不错,主人、客人皆具有一定的品鉴能力,再品两杯,这感觉只怕与拜把子相去不远了。

茶道,不可以固有的概念、模式裁剪、套用丰富的现实,而应该针对丰富的现实资源加以梳理与归纳。

第二节　水鉴

水为茶之母。茶道不是茶叶的独舞,而是茶叶与水的交际舞。

水对茶汤的影响,前人早有留意,西方人亦有留意。古代研究水的专著不少,如唐代张又新的《煎茶水记》、宋代欧阳修的《大明水记》和叶清臣的《述煮茶小品》,明代徐献忠的《水品》和田艺蘅的《煮泉小品》。吴觉农在《茶经述评》中曾归纳前人的鉴水经验,分为三类:第一,以陆羽为代表,以水源分别优次,即"山水上,江水中,井水下"。第二,以味觉、视觉鉴别,认为味甘、色清(包括洁)的水好,反之则差。主张以上两类的人较多。第三,以清代乾隆为代表,以水的轻重来鉴别,认为轻的比重的为好。[1]

第一、第二种看法并无本质差异,仅是概括的角度不同。第三种看法稍嫌简省,以致曲解。现实中水的重量差异主要因为溶解物质不同,其次受测试温度影响。如纯以轻重论,纯净水最合适,事实上,纯净水泡茶优于水质较差的水,但明显不及优质的山泉水。以英国人为代表的西方社会主要关注硬水与软水的差异,也注意不同地区水质对茶汤口感的影响。

首先,前人及外人的相关看法,应注意去伪存真。所有的经验之谈、感悟体验皆需经过其他角度见解的相互印证,尤其是现代科学知识的印证,方较为

①　吴觉农:《茶经述评》,中国农业出版社 2005 年版,第 150 页。

牢靠,否则难免不掺入五迷三道的内容,茶道鉴水如此,中医亦如此。其次,应使有关认知条理化、系统化,避免片段式、机械式解读。某些看法在局部或特定条件下或许合理,但以之放之四海而皆准则未必。最后,应使相关认识更为深入与融通。茶道是理论与实践的结合,其中既有体验,又有感悟。只有经验式的积累,没有理论基础的支持,能够深入,却难成系统;只有理论,没有足够的实践支持,或许成系统,却难深入。只有兼顾理论与实践,借助感悟与思考,融合二者,才能获取较为系统、深入、融通的认知。

鉴水应与茶一起考虑,不宜脱离茶而单论。鉴水最终是为了饮茶汤,好的茶汤不但要求茶好、水好,还要求茶与水契合。我们往往忽视最后一点。

黑龙江较为纯净的山泉水冲泡铁观音一类茶,也不容易泡出味道,即便是用玻璃杯泡绿茶的方式。其水质本身应属优质,但即便是充分烧开,仍感觉水的活力不够,思考再三,怀疑与东北的具体情况有关——终年气温较低,未开垦土地几米以下即为永久冻土层,因此地下水长期处于不活跃状态。以取自深层永久冰层的地下水冲泡佳茗,感觉与东北水类似,不够活跃。

传统不乏名茶配名泉之说,较为典型的如龙井配虎跑泉,碧螺春配无锡惠山泉,君山银针配柳毅井。这些皆为茶产区周围的优质水源,试做分析,所有的植物皆需以地下水为媒介,从土壤中汲取养分;地下水与土壤中的养分互相溶解渗透,因此一地之植物中所含不同矿物成分及比例,与该处土壤、地下水中所含不同矿物成分及比例应一致,以此处之优质地下水冲泡此处之优质茶,效果普遍较佳,以其他地方之优质地下水冲泡此茶,水与茶俱佳,却很可能因为二者所含各类矿物成分及比例未必契合,而无法获得上佳之茶汤。这有些像羽毛球的单双打,两位选手单打的水平上佳,组合的效果却未必上佳,因为需二者默契。笔者曾在汕头与广州花都两地品鉴同一款凤凰单枞,汕头所用之水为二次过滤后的自来水,花都所用为上佳之山泉水,但花都所品之效果明显不及汕头。

所谓水源说,与味觉、视觉说其本质如一,考察角度各异而已。前者侧重于对水质环境的考察,后者侧重于对水质本身的品鉴。

从环境角度考察,"山水上,江水中,井水下"之论没错,但以现代地理环境科学知识解读,稍嫌不够详尽。自然环境中的水,主要受向下的渗透作用,部分区域受地下内应力及地壳运动等影响,向上涌喷。因此优先选取人类活动较少。自然环境良好的山区较高处水源是合理的。其地下水主要来源于海拔更高处的地表水渗透及过滤。这些地区最大限度地避免了人类的生活及工农业生产对水的不良影响。相反,江水,尤其是江河的中下游地段,由于中上游人类活动较多,水质受影响较大;水中水草及鱼类等大量生物的繁衍,也会对水造成较大的影响。井水主要可分两类,一类主要来自地表渗水聚集,另一类来自地下暗流。水井多在人口较稠密的地区,地表渗水类水质难免不佳,相比之下,地下暗流的循环更新能力较强,水质相对而言较好。小时候在邵阳外婆家,各家大院多有水井,但多数为用水井,只有少数为饮水井,大家对此很清楚。即便是来自地下暗流的饮水井,其水也会受地表人类活动的影响。

同为山泉,水质的差异也很明显。不同的岩层、土层对地表水的过滤作用差异较大。整体而言,花岗岩、麻石等岩石的过滤效果较好;其次为粗细砂石;再次为较为贫瘠的未开垦的黄壤,因未开垦,内部微生物繁殖较少;最不理想的反而是肥沃的腐殖土,因其容易滋生大量的微生物而影响水质。前人的理解与此观察结论较为接近,现代的环境地理知识亦可为此作注脚。岩石与粗细砂石的过滤效果已被公认,因此自来水厂的净化处理亦多采取粗细不同砂层过滤的方式。除了过滤效果本身的影响之外,岩石及粗细砂本身营养成分有限,不利于微生物的繁殖,也是确保水质的原因。仅此而言,前人推崇山上岩石所渗出之“石乳泉”是有道理的。但并非所有岩层渗出的地下水皆好,喀斯特地貌岩层渗出的水普遍含钙较高,口感容易涩。这类地下水未必适合泡茶,因为容易沾染涩味;但多适合酿酒,或许是因为其中的钙容易与酒酿中的酸性物质产生中和反应,柔化酒的口感。云贵川出好酒,或许此亦为原因之一。

即便水源地较理想,还需注意水的二次污染与三次污染。尤其是在岭南地区的林中,因为普遍湿热,很容易滋生微生物。刚渗出的地下水原本水质不错,但流经积水区,经枯枝落叶等及各种微生物污染,水质变化很大。部分村落的公共蓄水池,长期不清理,也会导致水质下降。相当部分水源地水质不错,口感亦佳,拿大桶装回去,静置三天,少有不见沉淀物的。多数问题出在输水管道、蓄水池等的二次污染。常汲水之某友人处,泉水出水口及管道皆有人精心料理,因此取自该处之水,即便经过沉淀,也很少见到沉淀物。装水的容器不洁净,或取回后贮存不善,也会导致三次污染。山泉水以静置两三天后使用为好,静置太久,亦未必更佳,因水中难免混有少许微生物,静置过久,导致微生物滋生与繁衍,会损害水质。

各处水源地的水质多数较为稳定,地层较活跃处除外。但距离较近处的水,口感差异较明显。曾于佛山三水南丹山试水,一道山脊两侧溪流中的水,口感即感觉不同;同一段溪,上下相距五百米,口感亦有差异。因此以水源地区分属大原则,水质优劣还需具体问题具体分析。

以水质论,主要依据味觉、视觉,至少可以确定如下三项标准——清澈、甘甜、爽滑。

清澈如上所言,水不应有浑浊感,不应在静置两三天后出现明显的沉淀物。甘甜与爽滑是确定水质的另两项重要标准。好水的甘甜难以用语言描述,这类沟通必须建立在真实的、大量的具体体验基础之上,让味觉较敏感的茶客,针对不同水源地水质互相印证、对比,如此体验即较为真切、深刻,敏感度亦容易得到强化与提高。与朋友出游时,带上水桶,在合适的地方品水汲泉,回去试茶。山泉水的甘甜,最初令人感觉颇似添加野生冬蜜调制,但又有不同。爽滑亦可描述为水质口感很绵柔,反面是小涩小利,不知道此爽滑的感觉是否与水质的软硬有关,更真切的体验同样难以用语言表述,只能仰仗直观体验式的品鉴,虽然较为主观,但建立在客观基础之上,并非臆断。这与中医号脉颇为类似,最大的麻烦在于沟通方式,未必是内容本身。其次是品鉴样板体系不易建立,如果有样板体系,可以像涉及颜色的沟通一样,语言无法精确表述,用标准的通用色卡就好了,至少保证颜色信息较为准确传递。但水不行,久置,水质、口感少有不发生变化的。

前人推崇雪水等"天水",今日科学研究验证,雪水等"天水"较地表水、地下水偏软。

概括而言,对水的选择,应以常品之茶为本,以本地之水为首选,依据各项品鉴标准与细节,详加对比分析,确定品质较为理想,较为适用的烹茶用水。当然你也可以反其道而行之,首先选取本地较理想之水,然后冲泡各类自己较喜欢的茶,进而确定何种茶较为适合本地之水。英国人在拼配茶叶的时候多用此法。不顾实际情况,舍近求远,一味追求名泉、名水,其实大可不必。

第三节　择器

笔墨纸砚不合,如何论书;器用不当,如何问茶。

古今制茶、冲泡方式变化很大,相关器用变化也很大,其中不少已遭弃用;

今日各地茶叶加工、冲泡方式同样差异较大。在此不论古,只论今;不论制茶器,只论烹茶器。以近几十年潮汕功夫茶器为蓝本,兼涉其他冲泡方式茶器。

潮汕功夫茶所用茶器、茶具主要包括:

> 泡茶器:紫砂壶或盖碗杯;
>
> 品饮器:茶盏(含闻香杯)。
>
> 炉器:泥炉、随手泡、电磁炉、电热炉。
>
> 煮水器:陶壶、铁壶、银壶、铜壶等。
>
> 贮茶器:锡罐等。
>
> 贮水器:陶缸、瓷缸等。
>
> 其余还包括:榄核炭、火筷、茶巾、茶托(茶垫)、茶盘(茶船),等等。

在此就主要茶具进行分析。

一、泡茶器

泡茶器是泡茶的主要茶具,一度流行宜兴紫砂壶、潮州朱泥壶,近来多选用盖碗杯。

盖碗杯操作方便,广泛适用于不发酵的绿茶、半发酵类茶、发酵类茶。盖碗杯表面有类似玻璃的致密层,质地稳定,茶汤不易渗入,前后不同时间冲泡之茶不易相互干扰。敞口形制便于注水及细节把握,适用面较广。紫砂壶缺乏釉面层,存在微细孔结构,茶汤容易渗入,前后不同时间所冲泡之茶味容易相互干扰,因此紫砂壶不适合冲泡绿茶类不发酵茶,较适合半发酵及全发酵茶。绿茶品的是鲜嫩,渗透累积在紫砂壶内壁微细孔内的茶垢会影响茶汤的鲜嫩口感,因此不宜;半发酵及全发酵茶在意滋味的醇厚,或多或少都借助茶叶本身的适度陈化来柔化口感,使之更趋醇厚,紫砂壶的微细孔结构有助于口感的柔化。闽南老茶客认为上品的武夷岩茶、铁观音需借助老的紫砂壶才更出味,道理正在于此。长期使用同一紫砂壶冲泡同一类半发酵茶,或全发酵茶,累积在茶壶内壁的茶垢具备陈化、柔化效果,一定程度上会弱化新茶的青涩味,使之稍趋醇和。

紫砂壶口小肚大,不便于注水时把控细节,使用盖碗杯时可溜边注水,使用紫砂壶显然难以如此。这是紫砂壶的短处,但紫砂壶便于淋水浇壶。冬季室内温度较低的情况下,淋水浇壶可以弥补茶汤降温太快,茶叶浸泡不够充分的弊端。因此,品饮绿茶,选择盖碗杯或普通有盖瓷杯,品饮半发酵茶两者皆适用,以盖碗杯为主;除冬季外,其他季节盖碗杯更合适,冬季品饮半发酵茶、发酵茶,紫砂壶优势更明显。

但无论是盖碗杯还是紫砂壶,在品饮绿茶,尤其是上品芽茶时,采用潮汕功夫茶的冲泡方式皆存遗憾——无法欣赏冲泡后的茶形。赶上茶形茶色好的,不妨以江浙常见的冲泡方式,以盖碗杯或玻璃杯冲泡几次,补此不足。

二、品饮器

有关茶盏的选择,陆羽在《茶经》中已给予深刻精准的建议,"越州上,鼎州次,婺州次;岳州上,寿州、洪州次",理由是:"若邢瓷类银,越瓷类玉,邢不如越一也;若邢瓷类雪,则越瓷类冰,邢不如越二也;邢瓷白而茶色丹,越瓷青而茶色绿,邢不如越三也。"翻译过来就是,茶盏以白色为好,白色茶盏中颜色偏青绿的优于纯白色的,因为颜色偏青绿的茶盏更能衬托凸显茶汤的颜色。

唐代饼茶的汤色是淡红色的,所以这样选择茶盏;宋代"茶色白",因此"宜黑盏",所以推崇兔毫盏;今日茶色与唐代茶色多相通之处,因此选择类唐代。

部分茶客在品饮过程中会使用闻香杯品鉴冲泡后的茶香。闻香杯取高瘦深的形制,如此容易保留香气不散,初泡茶香较明显,尤其是绿茶类,闻香多在初泡。也有图方便,于初泡后,借助盖碗杯的杯盖品香的。

三、炉器

前人煮水多用泥炉,取炭火,以无烟的硬木烧制者为上,如榄核炭。煤炭多少含硫,有损茶味,对比煤炭,木炭更佳;在较长一个时期,木炭更容易获得。但对比于天然气、电力等新能源,以木炭煮水不但操作麻烦,更容易污染环境。古人居住面积较大,条件较优越的,多另备茶寮,即便如此,尚需另外准备地方烧水,确实很不方便。今日多数人的居住面积远不及古人,尤其是在大中城市,能在客厅备一茶台已属不易;偷取浮生半日闲,得品一杯清茶更属难得,如再拘泥前人的方式以炭火煮水显然不合时宜,也没必要。

四、煮水器

常见的有陶壶、铁壶、银壶、铜壶。陶器新器需经处理,去除土腥味,陶器较金属器导热性差,保温性强。因此陶器烧水较慢,同样的环境条件下,水沸腾之后,降温幅度较金属器慢(内质发热装置的金属器如随手泡除外)。金属器导热性明显优于陶器,其中银器、铜器更明显,因此煮水较快,更能够保证水的鲜活,但冬季使用,散热太快,则未必方便,还需考虑保温,避免过快散热。或以发热装置内置,或借以余热,或另置保温装置。金属器中铁器需用熟铁,忌用生铁,因生铁有害水味,古人于此早有留意。熟铁、银、铜三类水壶各有优劣。银壶有软化水质的功效,银本身热化学性质稳定,不易生锈,不会使茶汤沾染异味。熟铁壶煮水沸点高,煮水过程中释放出的微量铁离子及吸附的水中的氯离子,使水质更接近山泉水,但铁壶容易生锈。铜壶析出的微量铜元素同样对人体十分有益。这些评判有根据,较为客观公允,与我们自身的体验相互印证,基本符合。随手泡多为不锈钢材质,其本身优势不及熟铁、银、铜壶,长处在于方便、经济。

五、贮茶器

日常贮藏、取用茶叶,前人有用锡罐,取其茶味不易串染,前提是锡中不应杂有铅等其他金属。也有用瓷罐、紫砂罐的,特性与锡器类似,新紫砂罐应避免异味,烧制不当,难免存有土腥味,需设法除去。瓷罐与紫砂罐在使用过程中需注意密封,确保盖与罐体密合。铁盒内部要套用塑料袋,避免生锈、破损伤及茶味。铁盒的油漆、塑料袋的气味会影响茶味。所用塑料袋如为新到货,应放置一段时间,待异味散除后再用。

茶叶数量较多时,普洱等不妨原包装或加封保鲜膜放置高处或通风处,遇江南的梅雨季节应特别注意避免受潮。普洱茶保存对环境要求较高,条件不理想,二次发酵效果不佳或迟缓,严重者导致茶叶的霉变,甚至有害。半发酵类的凤凰单枞、武夷岩茶等不妨以密封效果较好的铁罐来保存,内加保鲜袋包裹,放置阴凉干燥的较高处。发酵较轻的铁观音或炒制较重的绿茶可借助冰箱冷藏贮存。铁观音目前多采用塑胶袋抽真空包装,保鲜效果较理想。茶叶用冰箱贮存需注意真空包装不能漏气,否则从冰箱取出后,容易因为茶袋内外的温差,导致外部的热空气渗入凝结受潮,即便是密封效果较理想的,取出后仍需等到茶包已经与室内温度完全一致,再打开,以免因温差而受潮。轻炒类绿茶的大量贮存始终是一问题,多数此类芽茶为免伤及茶形,多不采用真空包装,相当部分的包装较为随意,多需另加包装依照江浙传统的保存方式加以贮存,而此方式又颇为麻烦。我多采取"五脏庙"贮藏法,凡是收到此类上品轻炒绿茶,一律先喝。

六、贮水器

前人多以陶缸、瓷缸等贮水，专用老器，避免新器，忌讳用木桶，以其有碍水味。今日如是出游汲取山泉水，多用塑料桶，更为清洁方便。目前多数使用桶装矿泉水或蒸馏水，矿泉水好过蒸馏水，相对而言本地优质矿泉水较外地的更为适宜。蒸馏水泡茶不如矿泉水容易出味；本地矿泉水流通便捷，水质更新鲜。部分人使用二次过滤的自来水，需注意定期更换滤芯。

榄核炭、火筷、茶巾、茶托（茶垫）、茶盘（茶船），或于当今弃用，或为辅助工具及烘托气氛用，不直接影响茶汤，不展开叙述。

第四节 冲泡要义

茶道是艺术，以茶作墨，作颜料，以茶技为笔，书写自然之情，折射制茶人之心，表达自我之理解。

所谓书写自然之情，是将茶之天性中的优势最大化，呈现天、地、种等方面的优势。所谓折射制茶人之心，指理解制茶人制作之精妙，尝试将其优势充分展现。所谓自我之理解，指冲泡者基于自己对茶的天性、烘焙等各方面的理解，通过适当的冲泡技巧，将茶的优势充分表现出来。

冲泡，在于将茶之优势最大化，劣势最小化。在此以潮汕功夫茶之基本流程为例，尝试深入、具体研读。

温杯、温盏、温壶的作用在预热，温杯利于品鉴茶之香气，温盏、温壶则使盏或壶受热均匀、充分，便于后续的冲泡。

投茶多少不必太拘泥。每人的口味有轻有重，口味轻者少投，口味重者多投；茶味亦有轻有重，轻者重投，重者轻投。正如不能以所谓之标准身高、体重要求于人一样。

煮水，古人认为水之老嫩之别，未沸为嫩，久沸为老，主张取初沸之水冲泡。古人的这类要求以今日之科学知识验证，依旧属于合理的。水未沸腾即冲泡，因为水温不够，活力不足不容易泡出茶味，也不卫生；久沸，水中氧气大量析出，有损鲜活，更有甚者还会析出不好的溶解物，同样有损茶味。初沸之水,确保温度、卫生,又较鲜活,最宜泡茶。

发酵及半发酵茶对冲泡水温要求较高,可以以初沸之水直接冲泡;绿茶,尤其是轻炒之芽茶,要求冲泡水温稍低,如以初沸之水直接冲泡,又浸泡较久,容易损伤茶之鲜嫩,茶味犹如煮过,如用开水焯青菜,焯老了的感觉,一般会稍稍静置片刻,待其温度稍降再用,具体把握全凭冲泡者的经验与体会。今日冲泡多用电热壶,多有自动挡及非自动两挡。在使用自动挡时,仍需注意避免沸腾过久。

冲水时,如泡茶所用为盖碗杯,多溜边儿冲水,这样会使茶受热更均匀;忌讳直接冲向茶碗中部,即所谓冲破茶胆,如此四周受热未必充分,中间之茶受热过度,易老。使用紫砂壶冲泡道理类似,避免冲泡过程只及中间一点,应尽量使茶叶受热均匀。

高冲易使茶叶翻滚,初泡时多以此醒茶,使其尽量舒展开。低冲导热和缓绵柔。不易出味的老茶、野茶可以借助高冲出味;味重或茶嫩,以低冲为宜;茶很干,亦不妨高冲出味。

用盖碗杯冲泡,尤其是在冲泡绿茶时,因水温稍高,可以借助冲盖过水等方式,帮助散热降温,使水温更适合冲泡所需。紫砂壶则无此便利,难以溜边儿注水,但紫砂壶可以通过淋壶等方式调整茶壶温度,以便茶叶浸泡出味,这一点是盖碗杯不及的。冬季室内温度较低,这样做极为有利;野茶、陈茶等对水温要求较高者,有利;水怕反复烧沸,在初沸冲泡后,往往不再马上烧沸,在降温后,以此淋壶方式补充温度不足之缺失,有利。

水温较高,留水时间应较短为宜;如水温稍低,为使茶味充分,可以适当延长留水时间。[1] 潮汕功夫茶为高温快出的冲泡方式。高温便于浸出茶味,快出则避免久泡损茶味,损及鲜嫩。其道理类似于炒青菜,为保味道鲜嫩,多待油热后,快速爆炒。水温较高,通常留水时间稍短;水温较低,则留水时间稍

---

① 高温容易出味,这是常识。在高温状态下水的活性更强。绿茶为芽茶,较嫩,因此不宜过高的温度,就如仔鸡不适合长时间煲汤,否则肉太烂。因此取稍低的温度久泡的方式,并且如此更容易保留青嫩的绿茶香气(高温容易破坏芳香物质)。此处讲的是潮汕功夫茶,此类为叶茶,较芽茶稍老。温度不够的话,就如低温煲老鸡,不出味道。茶叶中的不同物质,在高温条件下,析出的速度不同,一般高温时间偏久,有害物质及有损口感物质就容易析出。就如平常炒菜用油不用水,油较水更容易获得高温;等到油热以后再下锅,高温短时间容易炒熟,确保菜味的鲜香,炒久就老,有损口感。类似的传统经验已经被现代科学知识所印证。

长;初泡,留水时间稍短,初泡后,随着冲泡次数的增加,留水时间逐渐增长。具体操作同样较多依赖于各自的经验与体验,很难给出具体标准或公式。

所谓"凤凰三点头",是为了将茶盏或茶壶中的茶汁充分倾倒出来,如此既避免了盏底余汤久泡,伤及茶味;又避免了后续冲泡,茶叶受热不匀。茶叶借机得到舒缓,盏内得以适度散热。假如未能充分倾倒,盏底之茶久泡,味浓伤茶;盏内积热,如再冲水过频,茶盏内未经适当散热,便再次注水受热,这就如同将茶叶持续置于高温状态,茶汤易老,部分有碍口感及有害物质容易析出。我曾不解其中奥妙,因性急而常催冲泡者注水。老茶客冲泡,多不温不火,很打磨心性,让人静下心来。这是符合传统的中庸之道、文武之道的,正所谓欲速则不达。

有经验的茶客,于每次冲泡出汤之后,即可根据汤色、口味等推断出下一次的注水时间、留水时间及大概冲泡出来的味道。如此反复推断、实操、印证、修正,再推断……循环进行。

曾与茶友品鉴一款轻炒绿茶芽茶,以其冲泡技巧,不但比我至少多泡三泡以上,所出汤色、茶味还更均匀。我自己依江浙常用方式,拿玻璃杯冲泡,不必品,仅凭视觉即可断定头汤、二汤或三汤。

真正的老树乔木普洱,冲泡二十泡是没问题的,且其味道较稳定。老树单枞同样可以冲泡二十泡,其口感变化较为活跃,够味儿且丰富。整体而言,发酵茶最耐泡,半发酵茶、重发酵茶、古树茶较耐泡[1],轻发酵茶耐泡度稍弱,绿茶耐泡度更弱一些,绿茶中的轻炒芽茶最不耐泡。绿茶中的野茶初泡味轻,但较耐泡。深秋及初冬所采之茶较春茶耐泡。

善冲泡者,每次冲泡如作山水长卷,因势生发,绵延不绝,又善于扬其长避其短。某些茶高温久泡易出酸味,则或降温,或快出,或兼而有之;高温易出味,温度稍低易出香气,不至于使香气太熟;也有茶汤涩味太重,同样多以降温、快出等方式修正;抑或茶味不足,则多加温或延长留水时间,个别甚至需要考虑改变冲泡方式。

一次上佳的冲泡,如与茶的充分交流与沟通。从第一泡至最后一泡滋味趋淡,如经历一次生命的完整过程,少年之萌动,青春之朝气,壮年之强盛,中年之成熟,老年之绵柔,乃至最后夕阳之祥和。

---

① 铁观音为半发酵茶,有俗称的三分发酵的清香型、七分发酵的传统型。重发酵茶即为发酵程度较重的茶。

不同操作之间,可能出现极明显的差异。有人买茶,在茶店品饮甚佳,回家自己冲泡则未必,此中排除其他诸多因素,亦不乏冲泡技巧的原因。曾在茶店品某款凤凰单枞,感觉味道偏淡,购买时稍觉勉强,自己回家后依照自己的习惯冲泡,不但味浓,且很耐泡,性价比很高。分析其中原因,茶店中留水时间明显偏短,出味不够,因多数茶客并不如我们这般嗜浓茶。

嗜茶日久,多少有些偏好浓茶,常常数泡后即感觉不够过瘾了,于是又换新茶。但此前所泡余味仍较足,弃之可惜。对此本人有一习惯,即将两次、三次所余并入一大杯子,作较长时间冲泡,每次待完全降至常温再饮,如此又是一番滋味。印象较深刻的,曾品由长形条索芽揉成的"大龙珠""小龙珠",香气很好,但不易出味,最佳之品饮,往往是临睡前初沸之水冲泡(此前已冲泡两三遍),起床后饮,香气、滋味反而更明显更好,黄山野茶情形类似。爱茶之人自当视茶如人,爱物,惜物。

潮汕功夫茶多保留洗茶环节,多数人仅仅出于习惯,未必深究其中的道理。此前因半发酵茶的加工中有用到脚,因此不洗茶直接品饮被讥笑为"饮洗脚水"。今日工序多已改善,以机械替代,少有保留类似工艺的,否则只怕难过食品检查一关。曾见电视节目报道浙江某茶,依旧以脚踩作业标榜传统之正宗,其实何必,把裹小脚当作审美典范,这不是传统,这是迷信与倒退。如今各类茶皆有采取潮汕功夫茶方式冲泡的,是否洗茶,还需具体问题具体分析。

绿茶,尤其是芽茶,大可不必洗茶,洗茶恰恰会把最精华、最鲜嫩的部分洗掉了。半发酵茶,本人多数时候不洗,亦有以低温水快速过一遍的,此更类似醒茶式的预热,品饮这一泡茶,可以从中解读出许多信息。普洱、黑茶等陈茶必须洗茶,部分甚至高温洗茶两遍,因在二次发酵过程中难免沾染陈味、霉味,非洗不可,否则既不卫生,也有碍茶味。部分普洱茶饼压制较为紧结,不宜偷懒,将较大块直接投入茶盏,如此洗茶,不易洗透,高温两遍之后,部分仍留有陈味;较适宜的方式是将投放的茶块尽量拆解为小块或条索状,然后再洗茶。部分农家茶,茶底虽好,炒制不佳,不乏沾染油烟味的,借洗茶洗去油烟味再品较好。

所有方式皆有利弊两面,潮汕冲泡方式广泛适用,亦有其短——欣赏茶形不便,尤其是饮用蒙顶甘露、龙井等芽茶时。品尝这些芽茶,可用江浙绿茶的冲泡方式。较早前绿茶类的冲泡多以盖碗杯,目前多用玻璃杯或带把与盖的茶杯。江浙绿茶冲泡,投茶较少,多取高冲方式,疾落的热汤带动着茶叶上下翻滚,很是诱人。待浸泡片刻,又见茶芽向上直立,如雏雀张嘴待食,或如旗枪耸立,甚是好看。每得上品绿茶,以潮汕功夫茶法冲泡之余,少不了以江浙绿茶法冲泡几次,否则何以养眼？江浙传统绿茶冲泡方式趋向淡饮,不嗜茶者较适应;绿茶性寒,肠胃功能不好者也较适应。此法多不滤出茶汁,而是以冲泡的器具高冲久泡,直接品饮。

潮汕功夫茶讲究一壶冲泡,分杯品饮,直接传承唐宋的主流冲泡方式,体现"和"的精神,展示品饮之际的亲和。江浙绿茶则各自冲泡,直接品饮,采取"分"的方式,体现"礼"的秩序。官场及交际场所一度将其视为交际方式,所谓以茶待客,端茶送客,主客尊卑在无言之间表露无遗,有关茶本身的体验退居其次。

中华茶道,在明清之际,已如水银泻地,日趋平民化、生活化,远不及唐朝,亦不及日本显贵。今日绝大多数中国人并不以茶道为专业,品茶更近似于生活习惯,只有少数状态下的品饮是为了获得较纯粹的体验与品鉴,多数状态下更近似于自我放松、舒缓。这两种不同的状态,对茶的要求明显不同,前者保留了传统茶道对茶叶精益求精的要求及中正平和的审美取向,后者则较关注茶叶的性价比及刺激性口感,名贵的精品茶在平常品饮中未必具有优势。前一状态下我更愿意细品传统口味的铁观音,细细把玩其中的中正平和之美,工作时宁可选择清香型铁观音或台湾高山茶,青涩口感更容易提神。忙碌之际,传统口味铁观音的精妙之处未必品鉴得出来,反而感觉不够劲儿。今日之茶农与茶商不能不留意此两类消费趋势的差异,应尝试消费模式的细分。

第五节　茶为媒,与自然、与对方的对话

围棋有手谈一说。茶如棋子,茶道的展示过程涉及茶、炒制者、冲泡者及品鉴者。茶道的展示与体验是以上各角色之间深层的沟通与交流,是人与自然、人与人之间的对话。

品鉴茶,犹如欣赏诗词、书法、国画、音乐,既有客观存在的对象,又需要主观的介入。茶的品质是客观存在的,劣质茶不会因为无知或者违心地说它好,就能够改变其品质;优质茶也不会因为未能品鉴出其精妙之处而否定其优良品质。但若仅仅满足于此,则又容易被江湖人士或职业操守不佳者五迷三道

的江湖神话、胡话乃至鬼话所蒙蔽,把低劣的茶或品级不够的茶吹捧为优质茶、极品茶。中国传统还是借助于茶人之间的相互印证,进而使看法与判断与实际情况更趋吻合,更近于事实本身,此中既有文人之间(各阶层、各地域之间)的交流与印证,也包括各地茶人、茶商之间的交流与印证,尤其是后者。明清时期,几大茶叶产区、交易区的茶商行会在维护行业秩序,规范市场,确保茶业持续、稳健有序地发展方面发挥重大影响,可惜类似的组织已不复存在。西方除了一直延续着良好的行业协会自律传统以外,更借助强大的现代科学技术支持,完成有关茶叶的科技解读。即便如此,科技解读依旧无法完全代替传统的品鉴方式,不只茶叶如此,红酒、啤酒、咖啡等皆类似,因此西方同样保有传统品鉴方式的系统训练与考核,这类系统的训练与考核由专业的技术学校及专业机构承担,伴随从业者的整个职业生涯。今日的困扰部分源自于我们一方面摧毁了原有的品鉴体系与系统;另一方面我们又未能建立类似西方的严格、严谨的品鉴体系与系统。在品鉴方面,存在太大、太多的真空地带,一面是大量的、基础的、重要的管理职能无从落实;另一方面是相当部分外行的浅薄的人就茶发声及扮演行业领导、专家角色,却又毋须为自己的言行买单,但此中的恶劣影响却客观存在,贻害深刻长远。

回归品鉴本身,上述状况首先即涉及主观与客观的问题。具体而言,喝过茶与从茶中品鉴出滋味,获得体验,这是完全不同的事。

品鉴虽带有主观性,但此主观应建立在客观基础之上。不以客观事实为依据的纯主观判断,难免有失偏颇。

品鉴过程直接涉及体验与感悟。体验是相关信息的直接获取,依托与凭借的是与敏感度有关的长期训练。正如中医的号脉,同一脉相,未经专业训练的人与经历过较为严格、系统的类似训练并达到相当专业水平的人,从中解读出的信息完全不同,前者仅只能感觉脉相的存在,后者可以从中解读出更多精细的、具体身体状况信息。感悟则是在体验的基础上,强化感悟。通俗而言,感悟是信息处理过程,是整合新旧体验及其他知识,对茶以及其他事物、世界形成新的、更为完整、深刻、系统的理解,丰富原有的认知,订正一时之体验。在此应极力避免相关知识的碎片化及纯经验式解读。

品鉴时应尽量识别出该茶天地种工泡等各方面的信息,通过品鉴的方式直接体会、解读,难度更高,此一过程应力避片面。

涉及天地种工泡等诸方面的长短得失,不仅需要直接的体验,还需将体验与之前的体验相互印证、对比；对比、分析各泡之间的体验；更需要对比类似的体验与相关知识，分析印证。此中不仅需要体验，还需要思维、思路及相关各类知识、信息的储备。仅仅依托体验，而无相关的知识、信息储备，则近于经验之谈，难免局限；只有知识、信息储备与体验，没有思维、思路，很难融合感性与理性，将相关的认知深化、系统化，依旧难脱认知的零散、片面、狭隘与生硬。

曾与茶友唐俊斗茶，品鉴绿茶属于雨前或雨后。假如我仅仅因三泡之后，微微涨水而断定其为雨后，则难免稍嫌主观与武断。能够结合雨前、雨后春茶的生长环境，结合其生长环境与茶之品质综合分析解读，则较容易被别人理解与接受。唐俊根据雨前、雨后采摘状况加以对比分析解读，更为直接、直观。通过类似的交流，我们不但进一步印证了各自的判断，更了解、掌握了对方的鉴别方式，避免了各自分析孤证的局限。这就不仅仅局限于体验，而是结合相关知识，运用合适的思维、思路，加以融合，进而将有关认识深化、系统化。其实，类似的体验与认知何曾仅仅局限于品茶本身，类似的解读方式对我们认识社会与人，品鉴文学艺术作品不是同样有启示意义吗？[①]

茶的品鉴也是一种审美体验。精妙的诗词、书法、国画及音乐等文学艺术品皆需要欣赏者，需要知音，茶道类似。当我们从中品鉴出一地之山水灵秀，一时之风清气和，制作工艺之精妙、精到，冲泡技法之拿捏到位，我们从中所获得的心灵体验不亚于一次美好的山水之行，亦如听一首好歌，欣赏一首绝妙好诗，观看一幅精彩的书法国画作品。其中的审美本质是一致的，其中的体验是相通的。诗书画音乐等文学艺术作品的体验与欣赏，对茶道之体验与欣赏大有帮助，反之类似。

品鉴还是冲泡者与品鉴者，茶人之间的交流，就如围棋高手之间的"手谈"。茶人之间正是通过有关冲泡的演示与品鉴实现相互之间的印证与交流。前面所举与唐俊之品鉴雨前雨后茶即为一例。多数人以为普洱茶越陈越好，往往忽视对贮藏环境与条件的要求，茶的贮藏时间虽然较久，却因为贮藏不善导致霉味很重，洗茶两三遍仍然难以消除，也可能因与其他物品混置一处而沾染异味。曾品一款普洱，洗茶两遍之后，茶底滋味纯正、绵柔，从中能够较真切地感觉到其为干仓贮存，且保存较为适宜，时间亦够。一般而言，茶叶的烘焙忌讳不够干燥。茶叶含水比例偏高，容易氧化、变味乃至霉变。清朝时，出口

---

① 详细的情况请见附录之品鉴录第九项。

茶叶在装船之前，要经一道复焙作业，以控制茶叶的含水比率。今日茶商为了便于贮存，一味追求含水率低，将茶烘焙得很干，如此回避容易氧化、变味的弊端，但即便延长留水时间，提高冲泡的水温，仍不容易冲出味。所有工艺皆有利弊，不存在单方面的要求，一味地降低茶叶的含水率，在避免一类问题的时候，难免不会造成另一类问题。说到底，如此处理，还是因为对茶叶的理解存有误区。

唐朝时，以陆羽为代表的茶人试图呈现茶的天地种工泡等优势，体现天人合一的境界。至宋代，则过多纠结于技术性细节，放弃对茶的宏观把握，正如宋词在诗歌方面对唐诗的传承一样，宋人更多着眼于精细处、精微处，缺乏宏观意识与整体意识，明清文人同样多纠结于细节，少有在宏观理念上超越唐人的，更多关注于江浙岕茶之一域一类。日本茶道于宋朝之际被荣西禅师等引入日本，最初带有较多的养生意图，日本的僧人将茶道与修禅融合，以茶道演示禅机，以禅修解读茶道，才将日本茶道带入最高潮，使日式茶道具有哲学的灵魂。日式茶道崇尚"和、敬、清、寂"，虽蕴哲学寓意，但更多为审美角度。今日的日式茶道则较多着相于形式的演艺，渐远其本质、本意，与早期的茶禅一味，茶禅同修以及"和、敬、清、寂"的审美取向渐行渐远，同今日中华之所谓茶道流于舞蹈化类似，差异只是在于一者取法于中国民间舞蹈杂技，另一者取法于日式艺伎而已。

第四章　口感体系之梳理与构建

　　我国产茶区域广泛，茶道历史悠久，茶叶品类丰富，发展至今已呈枝繁叶茂之形势。多数茶人之长期品饮往往限于一地所出，数品之间，以此视中华茶道之全貌，难免以偏概全。理清各地各类茶品之间的关系，构建宏观谱系尤为必要，否则很难展开涉及整体的、深入的交流。

第一节　建立口感品系体系的必要

　　茶的口感品系就如书法中的书体、流派。中正平和类茶颇似书法中的清代篆隶风，以线条质感为根基，以浑厚为气息，以中正为取向；江浙绿茶等柔和之美则颇似以王羲之为代表的帖学柔美一路风格；云南普洱、安化黑茶等生拙一路则颇似秦汉篆隶碑刻，更显古拙、雄奇。不建立体系，分类研究，怎能将认识引向系统、深入？

　　以往强调传统文化的博大精深之长，常常忽视传统文化的无序、不严谨。传统文化的许多方面呈现典型的早熟态势，以至于许多文化形态发展到中后期只有流派，没有整体，茶文化亦然。唐代茶人论茶，尚有整体观，由陆羽之《茶经》可见一斑。宋人论茶则多拘泥于建茶，不及其余；明清文人多局限于岕茶，不见滇茶，亦无视川茶、建茶。历代茶家多以自家一家之家法、家规衡量天下，以自我标榜为能事，以贬损别家为当然，如此何以论茶，何以治天下？这不是文明的进步，而是退化。

　　不唯茶如此,中华武术发展到中后期同样只见流派而不知整体。武术中的各门各派拥有中华武术这一共同的名称,了解中华武术首先接触的一定是某门某派,了解越深,越难理解究竟何为中华武术? 书法类似,直接接触首先涉及的便是书体、流派,很难说明什么是中国书法。进入后常常只见一隅,难窥全局,自然而然地将一隅之见推至全局,重复以一家之法衡量天下的弊端。这些习以为常、理所当然如不能得到有效纠正,将无法突破历史的怪圈、眼下的困局,更难真正弘扬中华茶道,将中国茶及中华茶文化推向世界。

　　今日之世界,地理障碍早已打破,世界更早已融合成为“地球村”。许多茶人身在当代,大脑却仍留在明清时期,我们的许多表述,在外部世界看来,以世界语汇衡量,只是经验之谈,并不具备基本的学术体系、内在逻辑关系,如何令人信服? 只有自我的标榜与吹嘘,没有对其他茶及茶文化的客观评价,没有公允之心、平等之心,所有的表述归纳下来无非是一句话:“我家的最好,别家的都不如我家的优秀。”自我之肯定无需理由,对别人的否定、贬损亦不需要理由,但所有表述如此不合逻辑,又如此冠冕堂皇,如何不令人轻视? 英国人把茶带到欧洲,在外部构建了另一个茶的世界,同样理所当然地、冠冕堂皇地不带我们玩了!“十个中国茶人,都在标榜自己的茶是最牛的。好吧,那你们就先相互打吧,打出个天下第一来,我再和你们玩。”我们热衷于内斗与相互拆台,缺乏协作与整合。宋至明清,再延续至今的中华茶业发展史,近乎一部自毁长城的悲剧史。祖先的荣光令我们理所当然地以龙子龙孙自居,却忽视祖先荣光之下,折射出的近现代的麻木与懈怠。我们确确实实需要好好反思,中西对比,纵向梳理,好好反思我们的文化,整合出既能传承传统文化核心价值,又能包容外部优秀文化的中华文明升级版本,在此基础上,全方位努力,全面努力,我们才可能重现祖先的荣光,才可能为人类文明再次做出重大贡献。

　　我国地域广阔,各地的地方文化积淀深厚,在不便于勉强概括归一之际,首先应深入系统地梳理、归纳、总结各类地域文化,厘清各自的特点,相互之间的关系。在此过程中即需要尊重地方文化,力求挖掘其本质,发现其特点,又应避免以便概全,以一隅代全局。

　　全国各类各地茶叶,口感品系至少可以分为一干三枝。以中正平和之美为主干或中轴线,代表品种为传统铁观音、武夷岩茶、凤凰单枞;以柔和之美为代表的绿茶,尤其是其中的芽茶,代表品种为蒙顶甘露、西湖龙井、黄山毛峰;以生拙之美为代表的陈化茶,代表品种为云南普洱、安化黑茶;还有较另类的红茶,如祁门红茶、正山小种。如此划分与归纳,更能够体现口感特征以及相互之间的渊源关系。

茶的口感品系就如书法中的书体、流派。中正平和类茶颇似书法中的清代的篆隶书风,以线条质感为根基,以浑厚为气息,以中正为取向;江浙绿茶等柔和之美则颇似以王羲之为代表的帖学柔美一路风格;云南普洱、安化黑茶等生拙一路则颇似秦汉篆隶碑刻,更显古拙、雄奇。

红茶较特殊,在书法中难以找到类似的参照物,它更似现代艺术,而非古典艺术。未发酵茶及半发酵茶,依赖原茶的天性,即天地种的因素,辅以人工,类似于后天之教化,最终修成正果;红茶则将天分的占比降低到较低,更多仰仗人工,颇见人的机巧。这与"天人合一"的传统理念距离稍远,更近于"人定胜天"。西方人推崇红茶,深入体味,红茶的制作契合他们在工业革命前后确立的"人定胜天"理念,应该是重要原因之一。

茶有长短,如同书体、书风各有专擅,难以强弱来概括,发展过程中宜注意扬长避短。江浙之茶底子轻柔,因此取芽茶,走柔美一路凸显其优势;武夷岩茶、铁观音等建茶质感较厚重,最终定位以半发酵为主,取叶茶,凸显其厚重;两湖之茶底子多不够细,如走轻柔或厚重之路,很难与苧茶、建茶相抗衡,最终以黑茶为主。茶如各地之人,有各自性格,应该系统、综合解读,避免强解。如若硬要张飞去绣花,让貂蝉去打铁,效果一定不佳。这不是张飞与貂蝉的问题,而是派活儿的人出了问题。

第二节　中正平和类

中正平和之美,既是美学概括,也是传统哲学概括,较长一个时期,堪称中国传统文学艺术的主流审美思想,影响深远。

中正平和之美与传统哲学思想之间渊源深厚,从《易经》到"五行学说"及儒家的中庸之道理念,无不强调系统的平衡发展、综合发展。《易经》从阴阳二元结构解读系统,强调系统的平衡发展;五行学说从五行多元结构解读系统,强调系统的平衡发展、综合发展;中庸之道则概括强调平衡发展的重要,正所谓"过犹不及"。

中医的基本理念乃至基本理论体系直接传承于以《易经》为代表的辩证思想，主张"辨证施治"，五行学说甚至被直接拿来作为中医理论，中医同样强调人体系统的平衡发展。

文学方面，从诗经体到近体诗，不但其形式取向为中正平和之美，其主流风格在很长一个时期也以中正平和为取向，诗经的主流风格如此。杜甫被尊称为"诗圣"，李白被称为"诗仙"，王维被称为"诗佛"。杜甫近儒，李白近道，王维近佛，这就是诗圣、诗仙、诗佛的精微差异所在，杜甫的诗不但在形式上严谨周正（讲格律诗者多以杜甫的作品为依据），在个人风格上，杜甫亦不及李白、王维强烈，更趋中和之美。

艺术领域的书法类似，从金文的中锋用笔，平衡布局，延续至王羲之，再至初唐各家，强调与凸显的多为中正平和之美，反对孱弱与过分的激烈。

何谓中正平和之美？首先是对质感的在意，对底色的在意明显优于对形式的在意，对外表的在意。具体而言，在书法方面是重视与强调线条质感；在诗词方面则是强调意境与诗意；在音乐方面，如古琴之音质质感，未必丰富、宽广，但每一个音符皆耐得住品味。其次是对不同侧面、要素的综合考量、系统考量，不以某一方面之强弱为侧重，更以综合优势为重点。

落实到茶的口感品系方面，具体代表为传统口味铁观音、武夷岩茶、凤凰单枞。

传统口味铁观音堪称中正平和之美最常见之典范。台湾高山茶香气浓郁，许多人喜爱，但将其与传统铁观音对比后即发现，在口感方面，台湾高山茶涩味较重，明显不够醇厚绵柔，其轻焙留香而伤及口感，香味易识，口感难鉴。传统铁观音，在色香味几方面，以味为重，兼顾香与色，初品感觉未必明显，与其他茶对比则特点鲜明，正所谓"君子之交淡如水"。早期台湾高山茶之所以能够较快地切入大陆市场，抢占较大份额，很大程度上也是依据传统铁观音的这一特点，取巧切入。稍后福建茶商针对性地推出酸黄味铁观音，既凸显口感，又较台湾高山茶柔和。台湾茶商此后亦针对传统铁观音的口感修正其加工工艺，最近的台湾冻顶乌龙更近于传统铁观音之口感，涩味明显减弱。上品炭焙铁观音，以炭焙增其厚重，以厚重强化其刺激性口感而又不失中正，确实是好手段。可惜不少茶商借炭焙之名，翻炒陈茶以欺瞒客人。

武夷岩茶应属中正平和之美的最经典代表。第三代大红袍口感绵厚，岩韵独特，令人记忆深刻。但大红袍产量极其有限，武夷岩茶的资源仍较为丰富,在发展取向上,不应仅仅着眼于一大红袍而略过较为丰厚的岩茶资源。

　　武夷岩茶历史悠久影响广泛,自宋初开始闻名至今,明末清初更是扬名欧美,广受推崇。无论是就纵向的历史时期而言,还是从横向的地域广度而言,武夷岩茶皆可谓中国最著名的茶品。武夷岩茶地域特征也很明显,英国人曾尝试收集武夷岩茶茶籽,引种至印度,并不成功。岩茶的品质除了与茶种相关,与气候环境、土壤等诸多因素同样关系密切;就原生茶、岩茶资源而言,武夷茶区资源较为丰富;就茶叶烘焙的加工技术而言,武夷山茶区亦可谓沉淀丰厚,除了历史上传承较久的绿茶之外,半发酵的乌龙茶工艺、全发酵的红茶工艺皆源出该地区。整体而言,武夷岩茶的优势极其明显,可惜这些优势远未充分发挥。

　　首先是只着眼于大红袍,而忽视岩茶的整体优势、整合优势。在意于通过无性繁殖增加产量,对通过有性繁殖优选良种关注不够。大红袍的优良品质不必怀疑,但其产量极其有限,不应只见树木而不见森林,仅着眼于此,而忽视其他名丛、品种。武夷岩茶的名丛、单枞有其特殊的经历与周期,多为有性繁殖的结果,个性明显;名丛与名丛之间品质变化、差异较大;有性繁殖(对比于无性繁殖的品种)进入丰产期所需时间较长,而丰产期持续时间更久,后续优势明显。一旦大红袍由丰产期进入衰退期,何以替代大红袍? 名丛的生长周期长,复杂繁缛、艰苦细致的优选过程都注定了每一名丛的发现、确定乃至进入高品质时期皆有较大的难度及随机性、偶然性。只着眼于一时之风光,而不未雨绸缪,名丛的未来堪忧。

　　其次,任由低劣之茶冒用大红袍之名。一般而言,冒名之事多发生在外地,当地人及政府应很在意保护地方名优品牌,可即便是在武夷山本地,以低劣之滩茶冒充岩茶,冒充第二代、第三代大红袍之事并非特例,而是普遍现象。更有拉客强推拙劣之“□贵人”等莫名其妙之所谓茶者。曾游武夷品饮所谓大红袍,少有具有岩韵者。一类为滩茶,少许为炭火焙制,以炭焙之味混淆岩韵;另一类茶底即差,烘焙亦拙劣。留水时间稍长即酸味明显,茶底口感粗糙,远谈不上细滑甘爽。昨日之武夷岩茶,正如历史上之汉唐,今日之武夷岩茶,颇似晚清与民国。

　　凤凰单枞原本多在潮人族群之间与潮汕功夫茶一并流行,堪称潮人之文化名片。较长一个时期,其流行范围较小,受众极稳定,外人较少有机会接触,近来流行渐广。

　　产于低海拔地区的凤凰单枞,多取电火轻焙工艺,其口感稍近于铁观音,介于传统口味与清香型之间,较为柔和,香气独特,极佳;中高海拔所产多取炭焙工艺,用火或稍重,或较重,各有不同,整体口味较厚重,耐冲泡,耐品;名丛、单枞等资源丰富,口感多有独到之处。曾从武夷茶产区引进相关技术改进本地烘焙工艺,以炭焙增其产品成色。多数处理较到位,个别一味依赖重火,虽增茶味之厚重,处理不当稍嫌口感粗糙,不够绵柔。凤凰单枞资源优势较明显,长期以来资源保护、维护到位。目前仍保留相当数量之有性繁殖之名丛、单枞等老树茶,为普洱茶区之外,原生茶树品种资源较为丰富的地区。目前已经形成高端精品至大众消费品的金字塔形产品分布态势,其产品结构、路线规划实施合理;口感品种丰富,适合不同消费群体;价位以中高端为主,性价比较高。相对而言,市场秩序维护较好,前景可观。

第三节　柔和类

　　柔和之美如书法中的晋人行草,如江南雨巷,如吴音软语。

　　汉文化源于黄土高原及黄河中下游平原,很长时期里以河洛地区为中心。自东晋开始,文化中心移向东南,唐朝时回归河洛地区,南宋再次移向东南,明清时江浙一直为文化昌盛之地。文化中心移向东南的过程中,传统的中正平和之美渐趋柔化,呈现出新的取向与态势。

　　在书法方面,以王羲之为代表的流美书风,取代此前的古拙一路。前人比较钟繇与王羲之书风时评价"古质今妍",钟繇以线条质感胜,王羲之以线条形态胜。线条质感与形态不是绝对的,而是相对而言,质感的优势或形态的优势孰更明显而已。在诗词方面,宋词之柔美取代唐诗之雄强,渐成主流。

　　茶方面类似,宋朝推崇建茶,偏偏又忌讳建茶之味重,因而取水芽,去其汁,将其口感柔化,这不是扬长避短的做法。明清两朝渐推芥茶,多取其嫩芽,此皆为柔美之取向。

　　柔和之美较为典型的代表为蒙顶甘露、西湖龙井、碧螺春及黄山毛峰。

　　蒙顶甘露才是千年贡茶,堪称柔美类型中的中正平和之典范。与平原绿茶对比,蒙顶甘露得其柔,胜其于厚;与其他高山绿茶对比,蒙顶甘露又得其厚,胜其于柔。此茶自唐代以来即负盛名,可惜自宋朝开始,川茶多消费于本地或用做边茶贸易,较少流向中原及东南地区。明清时期情况类似。因此历史上虽久负盛名,其内在质量亦极高,但接触者较少,非仅蒙顶甘露如此,川茶情形多类似。

明中后期及清初所推之岕茶出自浙江长兴,疑为顾渚紫笋,与之相颉颃者,若歙之松萝、吴之虎丘、杭之龙井。此岕茶之出处在今日浙江长兴与江苏宜兴交界处,更近于碧螺春之产地。西湖龙井在当时虽已著名,但未必如今日之名重,后因受到乾隆推崇而声名日隆,其实乾隆的审美品位并不高。传统之西湖龙井,独特之处在于其为平原绿茶中口感最具高山绿茶特征者。底色为平原绿茶之柔,口感又不乏高山绿茶之烈与厚。可惜今日龙井之产地越划越宽,三百里之内皆标为龙井。龙井之特性因而弱化,远离原核心产区所出多为较典型之平原茶口感,少有高山绿茶之烈与厚。

对历史上自然积淀而成的传统品牌,现在的产业管理普遍呈现肤浅、急躁,具体操作上急功近利、粗糙;缺乏对传统品牌核心价值的深入挖掘与研究,相关认识明显不及前人深刻,普遍借助偷换概念等粗糙方式榨取品牌价值,牺牲掉的却是长远利益与消费者的信心、市场深层的秩序。和田玉如此,茶叶如此;大红袍如此,龙井亦如此。

龙井茶及以其为代表的江浙高端绿茶以轻炒为主,凸显其鲜嫩与青涩,但不易贮存。明清之际茶籍多谈及岕茶等贮存方法,十分繁缛,至今仍为一大困扰。这类茶的优势特点多在鲜嫩,因此每获新茶,最好尽早品饮,不要久放。放久则易氧化变黄,出现陈茶味,口感大打折扣。

碧螺春更能代表平原绿茶,以鲜嫩、清秀、绵柔胜,多取上投法冲泡。

黄山毛峰为高山绿茶之代表,口感较为重、烈,但底子清透,够细。太平猴魁稍稍偏柔,酷似高山绿茶中的龙井,为高山绿茶中平原茶特性较为明显者。黄山野茶,其实并非真正的原生态野茶,而是早期人工栽培,稍后放弃的偏远茶园,其茶树的生长状态近于自然生长,未经较多的人工打理,通常只在采摘季节采摘。其口感更趋犀利而淡薄,滋味绵长,耐冲泡。其口感如化骨绵掌,绵延不绝,穿透劲儿极强。

黄山诸茶个性明显,口感极佳,多见精品佳茗。曾获馈赠谢家毛峰,所产时间不佳,并非春茶,口感稍嫌柔化。从长处而言,如此柔化更显中正平和之柔美,更近于平原茶之清秀,对制茶的技术要求亦高;但从另一面说,黄山毛峰的个性被弱化。但很多喜好高山绿茶者,正是中意于这股子青涩、清透劲儿。

有些黄山毛峰炒制过干,虽利于贮存,但不利于出味,尤其不适合以潮汕功夫茶的方式冲泡品饮,以传统的绿茶冲泡方式为宜,口味重者,不妨茶叶多投。盖碗杯容量较小,散热较快,未必容易出味,取日用有盖之瓷杯久泡独饮,更容易出味。

绿茶产地广泛,品类众多,早已经形成较为独立的庞大体系,此处仅仅提供三类可资参考的主干。借助对其的对比解读、理解,把握异与同,建立较完整的口感体系。除蒙顶甘露以外,西湖龙井、黄山毛峰、碧螺春等较容易获得中高端茶叶,以此为主干设立口感体系,便于茶客之间展开交流。每个人皆可根据实际情况及本地的资源情况,建立各自的口感体系。身处四川,容易获取川茶,不妨适当加重川茶的角色与比重。建立合适的口感体系,合适的口感体系需顾及其完整性与代表性,这是根本;又需注意各自的资源与条件,尽量利用好各自的资源优势,此中较多技术性与具体操作。

产地不同,绿茶的口感差异很大。其一,绿茶口感整体上北茶偏柔,南茶稍烈。如青岛的崂山绿茶,以豌豆香为代表的口感即很绵柔;秦岭南麓所产之紫阳茶,同样底子细柔;湖南、江西、贵州等地的茶口感明显稍重、偏拙。其二,高山较厚,较烈,平原茶较绵柔。高山地区昼夜温差较大,便于植物体内的糖分积累,普遍较同一地区低海拔所产更耐泡、够味儿。平原所产,普遍稍薄,耐泡度稍逊。

品鉴时也要注意细节。其一,注意底色的鉴别。国人品茶重底色,如底色不够细润,不够清秀,很难入上品。传统名绿茶普遍更具优势,无论是高山绿茶,还是平原绿茶。部分地区,尤其是江淮同纬度地区,绿茶品质不够精彩,多数亦吃亏于此。其中个别地区又会因为高山小环境不同,而有所改观,如江西的狗牯脑茶。其二,尝试从反面鉴定品质。所谓品质,其实并非某一单项,而是一个系统,正如水桶的容量,确定其容量的关键在于其短板的高度。遵循此思路,应留意,高山绿茶普遍够味儿,鉴别其品质的重点在于底子够不够清秀、细润;平原绿茶普遍够柔,除留意其清秀、细润,更需注意其够不够劲儿,是否耐冲泡。其三,注意对独特品种的把握。如舒城兰花,以自然的兰花香入茶味,堪称茶中逸品。其四,多品。不同地区的,不同季节的,各个品级的,不同年份的,尽量品饮。细细体会其中之异同与优劣,令其印象更趋具体、丰富、立体与深刻,更进一步则需对比、挖掘出其特点,如此较容易建立完整、系统的口感体系。口感体系并非简单的几个样板,更近于某一山区的地貌,有高峰,有低谷,有不同的地表;对某一茶品的认知正如类似的局部地貌,其中的极品为其主峰,其余品级依次而下,如此才是此茶品质的整体。需注意其主峰的高度,也需注意其整体的高度,甚至还需留意不同年份,因为当年气候的差异会导致品质变化。

第四节　生拙类

生拙之美如塞北大漠、西南边陲,原始、质朴、粗犷。

茶也可有生拙之美,以云南普洱、湖南安化黑茶等为代表。其历史同样悠久,产量、销量较大,但较长时期内只作为边茶——向特定区域供应的外销茶。云南普洱茶多经茶马古道流向西南的康藏地区,黑茶流向西北牧区及俄罗斯等地区。很长一个时期,在汉文化中心区,这些茶其名不彰。

云南普洱是茶叶最主要、重要的原产区,有较多的原生茶树,对比经过人类长期驯化的茶树,这类野生茶树明显滋味更趋厚重、浓烈。普洱茶产区地处热带,位于云贵高原西南端,海拔高,昼夜温差大,这些因素都增强了茶叶的口味,其茶口感霸道或劲道,味道重拙厚烈。若以传统的中正平和为主基调的审美观来审视这类茶叶,必定认为其有失周正与清秀,过于刚猛。但传统消费区域——康藏地区的人却有不同的看法。

其一,藏人以肉奶制品为主食,较少食用蔬菜,其食物结构相对单一,多易腻口,因此对茶更倾向于重口味,以克服肉奶食品的腻口。汉人常品饮之未发酵绿茶或半发酵乌龙茶不够劲儿。

其二,普洱茶等大叶种叶茶内所含维生素等物质更丰富,更容易补充长期以肉奶为主食的群体的需要。汉人,尤其是南方汉人,多食用米面、蔬果,维生素摄取途径广泛,更在意口感、口味。

其三,长期以肉奶制品为主食的群体,其肠胃对绿茶的刺激反应更明显,因此康藏之人更愿意饮用熟茶、半熟茶,这是合理的。普洱茶工艺将茶改性,由寒性而渐趋温和,减少了对肠胃的刺激。

其四,汉人饮茶重鲜嫩,茶叶产销地区多合而为一或相距较近,因此运输相对便利,容易确保茶叶鲜嫩。康藏地区、俄罗斯地区距离茶叶产区路途遥远,运输不便,运输周期长,这势必影响加工工艺。茶饼、茶砖因此而起,更便于长途贩运。绿茶,尤其是轻火炒制的绿茶,并不适合长时间运输及贮存。

安化黑茶的情况与云南普洱类似。较长一个时期,安化黑茶,为我国西北、俄罗斯等地区的主要茶品。湖南为产茶大省,几乎各县皆有茶叶出产,但传统名茶在主要内销区的影响相对较小。湖北、湖南地区之茶,整体而言味道偏重拙,其重拙虽不及普洱,但明显较江浙、皖南绿茶逊于清秀,多数湖湘之茶如用绿茶制法,优势则未必明显,用黑茶等发酵、半发酵茶制法,更能扬长避短,形成优势。

普洱茶、黑茶的发展、演进取向明显有别于未发酵之绿茶,半发酵之乌龙茶,口感特征亦明显不同。似乎更多地遵从于饮食的需要、健康的需要,而非精神消费的需要。在汉文化中心区,它们在较长一个时期被视为药品,多在药店出售,而非茶叶店。

今日普洱茶热炒,但一些作法稍嫌过头。

其一,人为炒作痕迹明显。首先是二十世纪九十年代港商囤货热炒,风气所及,先港台,再广东。然后是广东茶商的大举介入,深入产区直接收茶、制茶,推广,以致其口感取向多迎合广东市场所好。

其二,其收藏价值被夸大。经陈化,这类茶口感改善明显,但对二次陈化过程的环境、温度、湿度等要求较高。原产地及传统消费地区多为风口干燥地区,较容易满足陈化所期待的环境要求。广东等地湿热,尤其是有梅雨季节,对茶的品质影响极大。不顾及这些实际情况,以为陈放十年即如何如何,这纯属无稽之谈。品饮时,多有入骨的霉味、潮味,几洗而不去,即知其贮存收藏不善。只有特定的条件方可。正如某些山区以制作腊肉、腊味出名,除了原料本身的原因、优势以外,多数还需具备环境优势,即干燥风口。

其三,客观地看待其保健功能及精神消费。今日物质条件改善,肉食比例明显增高,肥胖比例随之增高,不少人的生活饮食习惯不够健康,交际难拒,饮食中大鱼大肉过多。这类人群饮用普洱茶、黑茶,对身体有较大助益。但就多数而言,就传统饮食习惯而言,就仍以素食为主,清淡为主的人群而言,过多饮用普洱茶、黑茶则未必合适。

就精神消费层面而言,中正平和原本是兼取刚柔两端,综合发展的精神、审美取向,具有深远、深刻的意义。将此精神及审美取向一味地柔化,并非善事。任何一个民族,一个国家的文化基因,一旦择其一端,一味地柔化,或一味地刚化，皆为不智。一味主刚者，往往在一时辉煌之后，容易更快地进入衰亡，而非长期持续发展；一味地主柔者，难免人为刀俎，我为鱼肉。这一方面，古今中外不乏例证，秦朝、元朝、二战前后的德日为过于主刚之证；两宋、明清等为一味主柔之证。因此我们长期以来的过于柔化的审美及文化取向，并非明智之举，仅就茶而言，以半发酵的乌龙茶系为干，回归中正平和，以普洱茶、黑茶等之重拙平衡绿茶之柔美，更宜于构建较为完美、完整、均衡的审美体系，更健康的文化态势。

实际上，类似的审美纠偏同样发生在其他相关领域。书法方面，清中后期碑学的兴起及其对长期以来单向发展的帖学的纠偏，无疑是艺术领域的以刚济柔。文学领域，长期以来沉迷于文人的小情调、小情怀，缺乏大视野、大格局的刻骨铭心的作品，这无疑是民族灵魂与精神的缺失。近几十年来流行的《狼图腾》《亮剑》等，同样是文学领域的以刚济柔。

今日社会的氛围亦非农耕文明之一味地优柔文雅、从容恬静，在偷闲于类似氛围，回归片刻的内心宁静，沉淀于有关思考体验之后，我们还是要直接面对现代社会、商品社会的快节奏、高强度以及激烈的竞争。在此氛围下，一味强调柔美与儒雅，难以立足，必需增加精神、文化中的刚性成分。了解了这一大背景与大环境，应该不难理解普洱茶、黑茶之流行并非一时之偶然，更有文化深层的需要。

以普洱茶为核心的重拙类茶，品种众多，本身即已形成较为独立的丰富的动态的口感系统。以各大茶山为基础，形成口感的各类基调，再因生普、熟普工艺之差异，匹配之变化，将此基调由平面变为立体，考虑陈化导致的不同年份的口感变化，又由立体转变动态，扩展至安化黑茶、六堡茶、福鼎白茶，此中尚有大量的、丰富的细节有待深挖。有关普洱、黑茶的解读多出于商业角度、技术角度乃至收藏角度，较少有从文化深处及文化对比的角度深入挖掘、解读的。

第五节　另类

红茶更像西方的水彩画，承载着些许小资情调，洋溢着洋范儿。

红茶的情况较为特殊，具体产生于何时、何种情况，尚缺乏详细准确的资料,目前多数人认为,红茶于十八世纪中期出现于武夷山一带。[①]

将普洱茶、黑茶,而非红茶,列为生拙之美的代表,是有原因的。首先因为普洱茶品系容量较大,其中既有生普,发酵较轻,新茶仍保留较重的生涩味,又有熟普、黑茶,发酵重,口感浓烈重拙。这些丰富的口感与中正平和类、柔美类对比更加明显。其次,红茶的制作,目前海外更多,国内较少,国内目前接触较多的红茶主要为正山小种、祁门红茶。这类红茶的口感更近于另一类的柔美,而非生拙;这种柔美更多体现出制作加工之成色,较少源自原茶之本色。这与前面三类以天然成色为主刚好相反,更近于"教化"之工。这种熟化之后的口感近于醇和柔滑,变天然之青涩、清秀为小甘甜、小温柔。假如说绿茶的青涩、清秀就如妙龄少女的青春气息,红茶的甘甜、温醇则更近于女性成熟的风韵。妙龄之美更多源自天工妙手,吃的是青春饭;成熟之美则更多仰仗后天的修养,吃的是教化饭。

红茶在欧美世界的接受程度明显高于国内;在西方市场上的占比同样明显高于国内,此中原因颇多。其一,或许在于东西方基本理念的差异。我们重天色胜于人工的"天人合一"基本理念决定了更依赖人工的红茶的地位不及绿茶、半发酵茶。正如传统社会的基本结构士农工商,其中士永远在前,商永远在后一样。这类社会结构的秩序虽然不合理,但却是长期的客观存在。作为文化消费,类似的理念早已渗入审美之中。其二,如前所述,中西方的饮食习惯、食物结构不同,欧洲人对红茶的接受远胜于绿茶。其三,早期贸易周期的影响。最早进入欧洲的是绿茶,红茶后来居上。一八四五年,快船从广州返回纽约用时八十八天;一八四六年,用时八十一天;一八五五年,快船从上海至伦敦,用时八十七天。在此之前的帆船时代,远洋航行完全借助季风,因此单程的周期至少在半年。这就要求所经营的商品必须耐储藏,便于长途贩运。显然红茶较绿茶(尤其是轻炒绿茶)更耐储藏,对贮藏的环境要求亦不及绿茶苛刻。其四,地理原因——滇茶、川茶经历史上的茶马古道入西北,这是长期以来的历史地理沿革等诸多原因造成的。欧美外销茶则以海运为大宗,先是以广州为采购中心,然后转至厦门、福州,再上海、武汉。早期的主产区为武夷山茶区、福建茶区,然后是闽浙、皖南等地,再添加两湖、江西等地。所有这些地区皆有就近的港口或水路,便于外销走货。滇、川则或无水运之便,或水运路

---

① 叶启彤:《名山灵芽——武夷岩茶》,中国农业出版社 2008 年版,第 83 页。

途过于偏远。俄罗斯的茶叶贸易较长一个时期依赖陆路运输,因此一直以紧压茶为主,而非散茶,最初多出自武夷茶区,后来多集中于汉口加工,改以两湖茶区为主要原料基地。

正山小种为历史最悠久,知名度较高的国产红茶。产自武夷山,以松烟味为特点,某些正山小种多带有一缕悠悠的奶香味,使茶的口感更显醇熟绵柔。

祁门红茶为世界三大著名红茶之一,在海外的受追捧程度极高,较少作纯茶出售,多用来拼配其他茶叶,以改善茶叶的整体品质及性价比。祁门红茶口感较为醇和细柔,口感不但很柔,茶底还很绵细、幽淡。

整体而言,国产红茶口感较清淡,茶底较绵细。个别工艺处理不到位的,或品质较劣的,则或多或少在甘甜或泛酸方面把握不当,或者过甜而嫌腻口,或者发酵程度效果把握不当,留水稍久,即茶汤酸味明显。

下编　中华茶道史料钩沉与分析

历史资料是一宝库，认真钩沉与梳理必有所获，许多现实困扰或不再是问题，至少可以获取更丰富的历史参照，更广阔的思路；如能够结合自己的亲身体验、识见，互为印证，必将强化诸多方面的理解。

　　所有新观念、新理论的提出，必须经受历史经验与现实的双重检验，否则容易沦为自说自话，历史资料本身又是孕育新观念、新思想的丰厚土壤。

　　通过对历史资料的纵向梳理，更容易挖掘传统茶道之核心价值，了解其演进过程，更便于把握现实之发展机遇，规划未来之发展方向。

第五章　唐及唐以前之茶况

唐朝是茶道发展的重要节点；陆羽是茶道的接生婆；《茶经》是茶道的出生证。正是陆羽从茶饮中提纯出茶道；正是《茶经》确定了中华茶道的基本态势、核心思想。

第一节　史料钩沉

唐以前，只能称为茶饮，不能称为茶道。经历《茶经》的洗礼，茶饮才演化为茶道。陆羽通过《茶经》注入情感元素，此后茶就寄托了丰厚的精神寓意。

杨东甫《中国古代茶学全书》中共收录唐至五代茶学著录七篇，此仅选注四篇，其中《采茶录》为节选。其余价值有限，或散佚后由后人集录，偏于散乱，不作选注。

唐代茶况，从陕西法门寺出土唐代宫廷茶具可见，当时皇族品饮之奢华；从典籍资料之零散信息可见，同时茶饮在市民阶层中已较为普及（《茶经·七之事》中有"闻南市有蜀妪作茶粥卖"一事）。唐代之茶况已呈现自上而下的金字塔式生存态势。陆羽通过《茶经》所注入茶饮之灵魂既非皇族所好之奢华，亦非市民所需之实用，而是文人士大夫之精神追求、审美取向。这一定位决定了中华茶道的核心价值、广阔的发展空间及强大的生命力。

唐代的咏茶诗同样对茶道的弘扬与推广起到推波助澜作用，本节不单独选注这类文学作品。部分文学作品被后世茶学著作专项集中收录，此篇依据相关茶学著录的先后展开评注。

1.茶经

唐代陆羽所著《茶经》为全世界第一部茶学专著,其在世界茶文化史上的地位不可替代,国人由此初步建立茶学理论体系,开启中华茶道。

一之源

茶者,南方之嘉木也。一尺、二尺乃至数十尺。其巴山峡川,有两人合抱者,伐而掇之。其树如瓜芦,叶如栀子,花如白蔷薇,实如栟榈,茎如丁香,根如胡桃(瓜芦木出广州,似茶,至苦涩。栟榈,蒲葵之属,其子似茶。胡桃与茶,根皆下孕,兆至瓦砾,苗木上抽)。

其字,或从草,或从木,或草木并(从草,当作"茶",其字出《开元文字音义》;从木,当作"搽",其字出《本草》;草木并,作"荼",其字出《尔雅》)。

其名,一曰茶,二曰槚,三曰蔎,四曰茗,五曰荈。(周公云:"槚,苦荼。"扬执戟云:"蜀西南人谓荼曰蔎。"郭弘农云:"早取为荼,晚取为茗,或一曰荈耳。")

其地,上者生烂石,中者生栎壤(按栎当从石为砾),下者生黄土。凡艺而不实,植而罕茂。法如种瓜,三岁可采。野者上,园者次,阳崖阴林。紫者上,绿者次;笋者上,芽者次;叶卷上,叶舒次。阴山坡谷者,不堪采掇,性凝滞,结瘕疾。

茶之为用,味至寒,为饮,最宜精行俭德之人。若热渴、凝闷、脑疼、目涩、四肢烦、百节不舒,聊四五啜,与醍醐甘露抗衡也。

采不时,造不精,杂以卉莽,饮之成疾。

茶为累也,亦犹人参。上者生上党,中者生百济、新罗,下者生高丽。有生泽州、易州、幽州、檀州者,为药无效。况非此者,设服荠苨,使六疾不瘳。知人参为累,则茶累尽矣。

【六闲居华旭注】此处首先指出茶叶生于南方,属于亚热带植物物种。一尺二尺者应为已经人工驯化栽培的灌木品种;数十尺者应为野生乔木、半乔木品种(两人合抱者应为野生乔木品种)。参考目前已知野生茶树资料:1961年,在勐海县巴达公社的大黑山密林中,海拔约一千五百米处,发现一棵树高三十二米一二(前几年,树的上部已被大风吹断,现高十四米七),胸围两米九的野生大茶树。这棵茶树单株存在,树龄约一千七百年①。两人合抱者,树的胸围应在三米以上,如以此现存的野生大茶树作参照,《茶经》中所提两人合抱者树龄不应短于一千七百年,以陆羽所处时代上推一千七百年,约在西周初期。结合其出现的地域——巴山峡川考虑,此为山区蛮荒之地,并非人类文明的早期发源地及重要开垦区域。因此,如果说类似的两人合抱者为西周初期有人有意种植于此,稍显牵强;认定为植物的自然繁殖与自然传播应更趋合理。

"上者生烂石,中者生栎壤,下者生黄土",目前武夷茶区的经验依旧认同此理。

"野者上,园者次",当时应较多野生茶,品饮者亦更推崇野生茶。茶味厚是野茶长处,但亦与制作、冲泡、品饮方式密切相关。今日尚需客观看待,具体分析,不宜奉古人只言片语为千古不变之圣旨。对原文下一句之理解类似。

二之具

籝(加追反),一曰篮,一曰笼,一曰筥,以竹织之,受五升,或一斗、二斗、三斗者,茶人负以采茶也(籝,《汉书》音盈,所谓"黄金满籝,不如一经"。颜师古云:籝,竹器也,受四升耳)。

灶:无用突者。釜:用唇口者。

甑:或木或瓦,匪腰而泥,篮以箄之,篾以系之。始其蒸也,入乎箄;既其熟也,出乎箄。釜涸,注于甑中(甑,不带而泥之)。又以榖木枝三亚(亚当作桠,木桠枝也)者制之,散所蒸芽笋并叶,畏流其膏。

杵臼:一名碓,惟恒用者为佳。

规:一曰模,一曰棬,以铁制之,或圆,或方,或花。

承:一曰台,一曰砧,以石为之。不然,以槐、桑木半埋地中,遣无所摇动。

襜:一曰衣,以油绢或雨衫、单服败者为之。以襜置承上,又以规置襜上,以造茶也。茶成,举而易之。

芘莉(音杷离):一曰嬴子,一曰蒡莨。以二小竹,长三尺,躯二尺五寸,柄五寸,以篾织,方眼,如圃人土罗,阔二尺,以列茶也。

棨:一曰锥刀,柄以坚木为之,用穿茶也。

朴:一曰鞭,以竹为之,穿茶以解茶也。

---

①　吴觉农:《茶经述评》,中国农业出版社2005年版,第9页。

焙：凿地深二尺，阔二尺五寸，长一丈。上作短墙，高二尺，泥之。

贯：削竹为之，长二尺五寸，以贯茶焙之。

棚：一曰栈，以木构于焙上，编木两层，高一尺，以焙茶也。茶之半干，升下棚；全干，升上棚。

穿（音钏）：江东、淮南剖竹为之；巴山峡川，纫榖皮为之。江东，以一斤为上穿，半斤为中穿，四两、五两为小穿。峡中，以一百二十斤为上穿，八十斤为中穿，五十斤为小穿。字旧作钗钏之"钏"字，或作贯串，今则不然，如磨、扇、弹、钻、缝五字，文以平声书之，义以去声呼之，其字以穿名之。

育：以木制之，以竹编之，以纸糊之。中有隔，上有覆，下有床，旁有门，掩一扇，中置一器，贮塘煨火，令熅熅然。江南梅雨时，焚之以火（育者，以其藏养为名）。

【六闲居华旭注】当时多用"蒸青法"，用高温短时蒸汽抑制茶叶内酶性氧化。蒸青法在日本流传更久，今日仍保留。我国目前绿茶制作以炒青法为主。原文所列多项工具不同于今日绿茶制作所用，原因正在于此。

三之造

凡采茶，在二月、三月、四月之间。

茶之笋者，生烂石沃土，长四五寸，若薇蕨始抽，凌露采焉。茶之芽者，发于丛薄之上，有三枝、四枝、五枝者，选其中枝颖拔者采焉。

其日有雨不采，晴有云不采。晴，采之。蒸之，捣之，拍之，焙之，穿之，封之，茶之干矣。

茶有千万状，卤莽而言，如胡人靴者，蹙缩然（京锥文也）；犎牛臆者，廉襜然（犎，音朋，野牛也）；浮云出山者，轮囷然；轻飙拂水者，涵澹然；有如陶家之子，罗膏土以水澄泚之（谓澄泥也）；又如新治地者，遇暴雨流潦之所经。此皆茶之精腴。有如竹箨者，枝干坚实，艰于蒸捣，故其形籭簁然（上离下师）；有如霜荷者，茎叶凋沮，易其状貌，故厥状委萃然。此皆茶之瘠老者也。

自采至于封，七经目。自胡靴至于霜荷，八等。

或以光黑平正言嘉者，斯鉴之下也；以皱黄坳垤言佳者，鉴之次也；若皆言嘉及皆言不嘉者，鉴之上也。何者？出膏者光，含膏者皱；宿制者则黑，日成者则黄；蒸压则平正，纵之则坳垤。此茶与草木叶一也。茶之否臧，存于口诀。

【六闲居华旭注】陆羽时代仅仅采摘春茶，并不采摘秋茶、夏茶。唐代使用汉历，采摘期是在公历的三四五月间，即现在长江流域的春茶生产季节。

"凌露采焉"是为了适应蒸青法的制作工艺,今日未必要沿用。如武夷茶,采茶工天一亮就背篓上山,采到天黑才回厂。中间由挑青师傅挑回茶场加工制作。凤凰单枞的采摘多选择晴天下午一时至四时。制单枞茶,鲜叶一定要经过晒青,晴天采摘有利于晒青。选择下午采摘,对鲜叶晒青有利——下午四时以后,阳光的漫射不强烈,可避免鲜叶灼伤;鲜叶轻度萎凋,水分适度挥发,增进鲜叶有效成分。

四之器

风炉(灰承) 筥 炭檛 火筴 鍑 交床 夹纸囊 碾(拂末) 罗 合 则 水方 漉水囊 瓢 竹筴 鹾簋(揭) 碗 熟盂 畚 札 涤方 滓方 巾 具列 都篮

风炉:以铜铁铸之,如古鼎形,厚三分,缘阔九分,令六分虚中,致其杇墁。凡三足,古文书二十一字。一足云"坎上巽下离于中";一足云"体均五行去百疾";一足云"圣唐灭胡明年铸"。其三足之间,设三窗。底一窗以为通飙漏烬之所。上并古文书六字,一窗之上书"伊公"二字;一窗之上书"羹陆"二字;一窗之上书"氏茶"二字,所谓"伊公羹、陆氏茶"也。置墆㙜于其内,设三格:其一格有翟焉,翟者,火禽也,画一卦曰离;其一格有彪焉,彪者,风兽也,画一卦曰巽;其一格有鱼焉,鱼者,水虫也,画一卦曰坎。巽主风,离主火,坎主水,风能兴火,火能熟水,故备其三卦焉。其饰,以连葩、垂蔓、曲水、方文之类。其炉,或锻铁为之,或运泥为之。其灰承,作三足,铁柈(十足)抬之。①

筥:以竹织之,高一尺二寸,径阔七寸。或用藤,作木楦(古"箱"字)如筥形织之。六出圆眼,其底盖若莉箧口,铄之。

炭檛:以铁六棱制之,长一尺,锐上丰中,执细头系一小𨫼,以饰檛也,若今之河陇军人木吾也。或作槌,或作斧,随其便也。

火筴:一名箸,若常用者,圆直一尺三寸,顶平截,无葱台勾锁之属②,以铁或熟铜制之。

鍑(音辅,或作釜,或作鬴):以生铁为之。今人有业冶者,所谓急铁。其铁

---

① 《茶经述评》所用版本无"十足"二字,《中国古代茶学全书》所用版本有"十足"二字。

② 《茶经述评》:"'葱、台'不解。"《中国古代茶学全书》作"葱苢勾𨫼",注:"葱苢:葱苢顶有圆珠形花蕾,此指葱苢形饰物。"勾𨫼,即钩、锁。

以耕刀之趄①,炼而铸之。内模土而外模沙。土滑于内,易其摩涤;沙涩于外,吸其炎焰。方其耳,以正令也;广其缘,以务远也;长其脐,以守中也。脐长,则沸中;沸中,则末易扬;末易扬,则其味淳也。洪州以瓷为之,莱州以石为之。瓷与石皆雅器也,性非坚实,难可持久。用银为之,至洁,但涉于侈丽。雅则雅矣,洁亦洁矣,若用之恒,而卒归于铁也。

交床:以十字交之,剜中令虚,以支鍑也。

夹:以小青竹为之,长一尺二寸,令一寸有节,节以上剖之,以炙茶也。彼竹之筱,津润于火,假其香洁以益茶味,恐非林谷间莫之致。或用精铁、熟铜之类,取其久也。

纸囊:以剡藤纸白厚者夹缝之,以贮所炙茶,使不泄其香也。

碾(拂末):以橘木为之,次以梨、桑、桐、柘为之。内圆而外方。内圆,备于运行也;外方,制其倾危也。内容堕而外无余。② 木堕,形如车轮,不辐而轴焉。长九寸,阔一寸七分,堕径三寸八分,中厚一寸,边厚半寸,轴中方而执圆。其拂末以鸟羽制之。

罗末:以合贮之,以则置合中。用巨竹剖而屈之,以纱绢衣之。其合以竹节为之,或屈杉以漆之。高三寸,盖一寸,底二才,口径四寸。

则:以海贝、蛎、蛤之属,或以铜、铁、竹匕、策之类。则者,量也,准也,度也。凡煮水一升,用末方寸匕,若好薄者,减(之);嗜浓者,增(之),故云则也。

水方:以稠木(原注,音冑,木名也)、槐、楸、梓等合之,其里并外缝漆之,受一斗。

漉水囊:若常用者。其格以生铜铸之,以备水湿,无有苔秽腥涩之意。以熟铜苔秽,铁腥涩也。林栖谷隐者,或用之竹木。木与竹非持久涉远之具,故用之生铜。其囊,织青竹以卷之,裁碧缣以缝之,细翠钿以缀之。又作绿油囊以贮之。圆径五寸,柄一寸五分。

瓢:一曰牺杓,剖瓠为之,或刊木为之。晋舍人杜毓《荈赋》云:"酌之以瓠。"瓠,瓢也。口阔,胫薄,柄短。永嘉中,余姚人虞洪入瀑布山采茗,遇一道士云:"吾丹丘子,祈子他日瓯牺之余,乞相遗也。"牺,木杓也。今常用以梨木

---

① 《茶经全书》注,已损坏的耕地用具。

② 如今日之药捻子。中间供脚踏碾压部分为"堕",外部承以木座及凹槽。凹槽部分以略大于堕的尺寸为宜,如此便于碾压。不容堕则无法操作,凹槽过大(有余)则碾压不到位,或效果不佳。

为之。

竹筴：或以桃、柳、蒲葵木为之，或以柿心木为之①。长一尺，银裹两头。

鹾簋（揭）：以瓷为之，圆径四寸，若合形。或瓶，或缶，贮盐花也。其揭，竹制，长四寸一分，阔九分。揭，策也。

熟盂：以贮熟水，或瓷，或砂，受二升。

碗：越州上，鼎州次，婺州次；岳州上，寿州、洪州次。或者以邢州处越州上，殊为不然。若邢瓷类银，越瓷类玉，邢不如越一也；若邢瓷类雪，则越瓷类冰，邢不如越二也；邢瓷白而茶色丹，越瓷青而茶色绿，邢不如越三也。晋杜毓《荈赋》所谓"器择陶拣，出自东瓯"，瓯，越也。瓯，越州上，口唇不卷，底卷而浅，受半升以下。越州瓷、岳瓷皆青，青则益茶，茶作白红之色。邢州瓷白，茶色红；寿州瓷黄，茶色紫；洪州瓷褐，茶色黑。悉不宜茶。

畚：以白蒲卷而编之，可贮碗十枚，或用筥，其纸帊②以剡纸夹缝令方，亦十之也。

札：缉栟榈皮以茱萸木夹而缚之，或截竹束而管之，若巨笔形。

涤方：以贮洗涤之余，用楸木合之，制如水方，受八升。

滓方：以集诸滓，制如涤方，受五升。

巾：以絁布为之，长二尺，作二枚，互用之，以洁诸器。

具列：或作床，或作架。或纯木、纯竹而制之。或木，或竹，黄黑可扃而漆者。长三尺，阔二尺，高六寸。具列者，悉敛诸器物，悉以陈列也。

都篮：以悉设诸器而名之。以竹篾，内作三角方眼，外以双篾阔者经之，以单篾纤者缚之，递压双经，作方眼，使玲珑。高一尺五寸，底阔一尺，高二寸，长二尺四寸，阔二尺。

【六闲居华旭注】由于品饮方式的改变，纸囊、碾、罗合、鹾簋等茶具，今日已弃用。当时的品饮方式不同于今日之冲泡法。

五之煮

凡炙茶，慎勿于风烬间炙。熛焰如钻，使凉炎不均。持以逼火，屡其正翻，候炮（普教反）出培塿，状虾蟆背，然后去火五寸。卷而舒，则本其始，又炙之。

---

①　两本皆为"柿心木"，皆无注。

②　《述评》有注：帊＝幅叫作帊。

若火干者，以气熟止；日干者，以柔止。

其始，若茶之至嫩者，蒸罢热捣，叶烂而芽笋存焉。假以力者，持千钧杵亦不之烂。如漆科珠，壮士接之，不能驻其指。及就，则似无穰骨也。炙之，则其节若倪倪如婴儿之臂耳。既而承热用纸囊贮之，精华之气，无所散越，候寒末之（末之上者，其屑如细米；末之下者，其屑如菱角）。

其火，用炭，次用劲薪（谓桑、槐、桐、枥之类也）。其炭，曾经燔炙，为膻腻所及，及膏木、败器，不用之（膏木，谓柏、松、桧也。败器，谓朽废器也）。古人有劳薪之味，信哉！

其水，用山水上，江水中，井水下（《荈赋》所谓“水则岷方之注，挹彼清流”）。其山水，拣乳泉、石池漫流者上；其瀑涌湍漱勿食之，久食令人有颈疾。又水流于山谷者，澄浸不泄，自火天至霜郊以前，或潜龙蓄毒于其间，饮者可决之，以流其恶，使新泉涓涓然，酌之。其江水，取去人远者。井，取汲多者。

其沸，如鱼目，微有声，为一沸；缘边如涌泉连珠，为二沸；腾波鼓浪，为三沸。已上水老，不可食也。

初沸，则水合量，调之以盐味，谓弃其啜余（啜，尝也，市税反，又市悦反），无乃䬂䥩而钟其一味乎？第二沸，出水一瓢，以竹环激汤心，则量末当中心而下。有顷，势若奔涛溅沫，以所出水止之，而育其华也（䬂，古暂反；䥩，吐滥反。无味也）。

凡酌，置诸碗，令沫饽均（《字书》并《本草》：“饽，茗沫也。”饽，蒲笏反）。沫饽，汤之华也。华之薄者曰沫，厚者曰饽。细轻者曰花，如枣花漂漂然于环池之上，又如回潭曲渚青萍之始生，又如晴天爽朗有浮云鳞然。其沫者，若绿钱浮于水湄，又如菊英堕于尊俎之中。饽者，以滓煮之，及沸，则重华累沫，皤皤然若积雪耳。《荈赋》所谓“焕如积雪，煜若春薮”，有之。

第一煮水沸，弃其沫之上有水膜如黑云母，饮之则其味不正。其第一者为隽永（徐县、全县二反，至美者曰隽永。隽，味也。永，长也。味长曰隽永。《汉书》：蒯通著《隽永》二十篇也）。或留熟盂以贮之，以备育华救沸之用。诸第一与第二、第三碗，次之第四；第五碗外，非渴甚莫之饮。

凡煮水一升，酌分五碗（碗数少至三，多至五；若人多至十，加两炉）。趁热连饮之，以重浊凝其下，精英浮其上。如冷，则精英随气而竭，饮啜不消亦然矣。

茶性俭，不宜广，广则其味黯淡。且如一满碗，啜半而味寡，况其广乎！其色缃也。其馨欪也（香至美曰欪。欪，音备）。其味甘，槚也；不甘而苦，荈也；

啜苦咽甘,茶也(一本云:其味苦而不甘,槚也;甘而不苦,荈也)。

【六闲居华旭注】此处详细说明唐代茶道的烹饮方式。①

烧茶饼,不要在迎风的余火上烧。火焰飘忽不定,会使冷热不均。夹着饼茶靠近火,时时翻转,等到烤出像蛤蟆背上那样的泡时,然后离火五寸。待卷缩的饼面逐渐松开后,再照原来的方法烤一次。若是焙干的饼茶,要烤到水汽蒸完为止;如果是晒干的,烤到柔软就可以。

开始蒸制的时候,如果是极嫩的芽叶,蒸后趁热捶捣,叶捣烂了,芽尖仍保存完整,即使力气很大的人用重杵捶捣,也不能把芽尖捣烂。这就如同一位壮士用手指捏不住细小的漆珠一样。捣好的茶,嫩芽就像没有筋骨似的,经过火烤,即柔软如婴儿的手臂。

烤后,要趁热用纸袋贮藏,使香气不致散失,待冷却后再碾成细末(好的茶末,形如细米,差的就像菱角)。

煮茶的燃料,最好用木炭,其次用硬柴(如桑、槐、桐、枥)。沾染油腥气味的烧过的炭、含有油脂的木柴(如柏、桂、桧树)和腐坏的木器都不能用。古人认为用这类柴木烧出来的东西有异味,这是对的。

煮茶用的水,以山水最好,江水次之,井水最差。山水又以出于乳泉、石池等水流不急之处的最好;像瀑布般汹涌湍急的水不要喝,喝久了会使人的颈部生病。流蓄在山谷中的水,水澄清而不流动,从炎夏到霜降以前,可能有蛇蝎的积毒在里面,饮用时可先加以疏导,把污水放去,待到有新泉缓缓地流动时取用。江河的水,要从远离居民的地方取用。井水要从经常汲水的井中取用。

煮水,当开始出现鱼眼般的气泡,微微有声时,这是第一沸;边缘像泉涌连珠时,为第二沸;到了似波浪般翻滚奔腾时,为第三沸。再继续煮,水就过老而不适于饮用。

水初沸时,按水的多少放入适量的盐调味,取出些来试味,把尝剩下的水倒掉,不使太咸,否则岂不只有盐这一种味道了吗?第二沸时舀出一瓢水,用"竹夹"在沸水中绕圈搅动,再用"则"量茶末从旋涡中心投下。等到滚得像狂奔的波涛,泡沫飞溅,就用方才舀出的那瓢水加进去止沸,使孕育成华。酌茶时,舀茶汤倒入碗里,须使沫饽均匀。沫饽是茶汤的精华,薄的叫沫,厚的叫饽,细轻的叫花。花很像漂浮在圆池上的枣花,又像曲折的水边和水洲上新生

---

① 吴觉农:《茶经述评》,中国农业出版社 2005 年版,第 141～143 页。

的青萍,也像晴朗的天空中鱼鳞般的浮云。沫像浮在水面上的绿苔,又像掉在酒罇中的菊瓣。饽是沉在下面的茶渣沸腾时泛起的一层有大量游离物的浓厚泡沫,像耀眼的白雪。《荈赋》中说"明亮得像积雪,灿烂得像春花",确是这样的情况。

水在第一沸后,去掉浮在上面的像黑云母似的水膜,因为它的滋味不正,第一次舀出的花汤成为"隽永",可把它盛在"熟盂"里,以备抑止沸腾和孕育精华之用。以后舀出的第一、第二和第三碗茶汤都次于"隽永",第四、第五碗以后,不是渴极就值不得喝了。

一般煮水一升,可分作五碗(少的三碗,多到五碗,如多到十人,应煮两炉)。须趁热连饮,因为重浊的物质凝聚下沉,"精英"(指沫饽)则浮在上面。冷了"精英"随气消散,啜饮起来自然不受用了。茶性俭,水不宜多,水多了则淡而无味。就像一满碗好茶,饮到一半滋味就较差,何况水太多呢!

茶汤色浅黄,香气至美。

六之饮

翼而飞,毛而走,呿而言。此三者俱生于天地间,饮啄以活,饮之时义远矣哉! 至若救渴,饮之以浆;蠲忧忿,饮之以酒;荡昏寐,饮之以茶。

茶之为饮,发乎神农氏,闻于鲁周公。齐有晏婴,汉有扬雄、司马相如,吴有韦曜,晋有刘琨、张载、远祖纳[①]、谢安、左思之徒,皆饮焉。滂时浸俗,盛于国朝。两都并荆俞(俞,当作渝。巴渝也)间,以为比屋之饮。

饮有粗茶、散茶、末茶、饼茶者,乃斫,乃熬,乃炀,乃舂,贮于瓶缶之中。以汤沃焉,谓之痷茶;或用葱、姜、枣、橘皮、茱萸、薄荷之属煮之百沸,或扬令滑,或煮去沫。斯沟渠间弃水耳,而习俗不已。

於戏! 天育有万物,皆有至妙。人之所工,但猎浅易。所庇者屋,屋精极;所著者衣,衣精极;所饱者饮食,食与酒皆精极之。茶有九难:一曰造,二曰别,三曰器,四曰火,五曰水,六曰炙,七曰末,八曰煮,九曰饮。阴采夜焙,非造也;嚼味嗅香,非别也;膻鼎腥瓯,非器也;膏薪庖炭,非火也;飞湍壅潦,非水也;外熟内生,非炙也;碧粉缥尘,非末也;操艰搅遽,非煮也;夏兴冬废,非饮也。

夫珍鲜馥烈者,其碗数三;次之者,碗数五。若座客数至五,行三碗;至七,

---

①　《全书》注曰:远祖纳:即陆纳,字祖言,晋代吴郡(今江苏苏州)人,任吏部尚书等职。陆羽与其同姓,故尊为远祖。

行五碗；若六人以下，不约碗数，但阙一人而已，其隽永补所阙人。

【六闲居华旭注】在陆羽之前，茶饮已经历较长的发展过程，最初为药用，然后食用兼饮用，即类似今日之八宝粥或西北地区的三泡台，有加入葱、姜、枣、橘皮、茱萸、薄荷等一同煮饮。陆羽提纯了茶饮，仅仅添加少许盐，使之近于纯饮，更使之雅化，换而言之，以当时的文人审美理念将其规范化，大大提高了标准与要求，因此才有所谓的"九难"及"其碗数三；次之者，碗数五"之类要求。正如服饰，若仅仅满足于防寒，其标准自然很低；若以之标榜穿着者之审美品位，当初之标准则多有不妥、不宜之处。茶饮与茶道情形类似。

七之事

三皇：炎帝、神农氏。①

周：鲁周公旦；齐相晏婴。

汉：仙人丹丘子、黄山君；司马文园令相如，扬执戟雄。

吴：归命侯，韦太傅弘嗣。

晋：惠帝，刘司空琨，琨兄子兖州刺史演，张黄门孟阳，傅司隶咸，江洗马统②，孙参军楚，左记室太冲，陆吴兴纳，纳兄子会稽内史俶，谢冠军安石，郭弘农璞，桓扬州温，杜舍人毓，武康小山寺释法瑶，沛国夏侯恺，余姚虞洪，北地傅巽，丹阳弘君举，乐安任育长，宣城秦精，敦煌单道开，剡县陈务妻，广陵老姥，河内山谦之。

后魏：琅邪王肃。

宋：新安王子鸾，鸾弟豫章王子尚，鲍昭妹令晖，八公山沙门谭（昙）济。

齐：世祖武帝。

梁：刘廷尉，陶先生弘景。

皇朝：徐英公勣。

《神农食经》："茶茗久服，令人有力，悦志。"

周公《尔雅》："槚，苦茶（荼）。"《广雅》云："荆巴间采叶作饼，叶老者，饼成，以米膏出之。欲煮茗饮，先炙令赤色，捣末置瓷器中，以汤浇，覆之，用葱、姜、橘子芼之。其饮醒酒，令人不眠。"

---

① 三皇：指三皇五帝时期，并非特指三人。

② 晋人，曾任太子洗马，《茶学全书》注不是江充，两本皆是江统。

《晏子春秋》："婴相齐景公时，食脱粟之饭，炙三戈（弋）、五卵，茗菜而已。"

司马相如《凡将篇》："乌啄、桔梗、芫华、款冬、贝母、木檗、蒌、芩草、芍药、桂、漏芦、蜚廉、萑菌、荈诧、白敛、白芷、菖蒲、芒硝、莞椒、茱萸。"

《方言》："蜀西南人谓荼曰蔎"。

《吴志·韦曜传》："孙皓每飨宴，座席无不率以七升为限，虽不尽入口，皆浇灌取尽。曜饮酒不过二升，皓初礼异，密赐荼荈以代酒。"

《晋中兴书》："陆纳为吴兴太守时（《晋书》云：纳为吏部尚书），卫将军谢安尝欲诣纳，纳兄子俶，怪纳无所备，不敢问之，乃私蓄十数人馔。安既至，所设唯茶果而已。俶遂陈盛馔，珍羞必具。及安去，纳杖俶四十，云：'汝既不能光益叔，奈何秽吾素业？'"

《晋书》："桓温为扬州牧，性俭，每宴饮，唯下七奠柈茶果而已。"

《搜神记》："夏侯恺因疾死。宗人子苟奴，察见鬼神，见恺来收马，并病其妻。著平上帻，单衣，入座生时西壁大床，就人觅茶饮。"

刘琨《与兄子南兖州史演书》云："前得安州干姜一斤，桂一斤，黄芩一斤，皆所须也。吾体中溃（溃当作愦）闷，常仰真茶，汝可置之"。

傅咸《司隶教》曰："闻南方（市）有蜀妪作茶粥卖，为廉事打破其器具，后又卖饼于市，而禁茶粥以（困）蜀姥，何哉！"

《神异记》：余姚人虞洪，入山采茗，遇一道士，牵三青牛，引洪至瀑布山，曰：'吾丹丘子也，闻子善具饮，常思见惠。山中有大茗，可以相给，祈子他日有瓯牺之余，乞相遗也。'因立奠祀，后常令家人入山，获大茗焉。"

左思《娇女》诗："吾家有娇女，皎皎颇白皙。小字为纨素，口齿自清历。有姊字蕙芳，眉目粲如画。驰鹜翔园林，果下皆生摘。贪华风雨中，倏忽数百适。心为荼荈剧，吹嘘对鼎𨨏。"

张孟阳《登成都楼》诗云："借问扬子舍，想见长卿庐。程卓累千金，骄侈拟五侯。门有连骑客，翠带腰吴钩。鼎食随时进，百和妙且殊。披林采秋橘，临江钓春鱼。黑子过龙醢，吴馔逾蟹蝑。芳荼冠六清，溢味播九区。人生苟安乐，兹土聊可娱。"

傅巽《七诲》："蒲桃、宛奈、齐柿、燕栗、峘阳黄梨、巫山朱橘、南中茶子、西极石蜜。"

弘君举《食檄》："寒温既毕，应下霜华之茗。三爵而终，应下诸蔗、木瓜、元李、杨梅、五味、橄榄、悬豹、葵羹各一杯。"

孙楚《歌》："茱萸出芳树颠，鲤鱼出洛水泉。白盐出河东，美豉出鲁渊。姜桂茶荈出巴蜀，椒桔木兰出高山。蓼苏出沟渠，精稗出中田。"

　　华佗《食论》："苦茶久食，益意思。"

　　壶居士《食忌》："苦茶，久食羽化，与韭同食，令人体重。"

　　郭璞《尔雅注》云："树小似栀子，冬生，叶可煮羹饮。今呼早取为茶，晚取为茗，或一曰荈，蜀人名之苦茶。"

　　《世说》："任瞻，字育长，少时有令名。自过江失志，既下饮，问人云：'此为茶？为茗？'觉人有怪色，乃自分明云：'向问饮为热为冷耳。'"

　　《续搜神记》："晋武帝时，宣城人秦精，常入武昌山采茗。遇一毛人，长丈余，引精至山下，示以丛茗而去。俄而复还，乃探怀中橘以遗精。精怖，负茗而归。"

　　《晋四王起事》："惠帝蒙尘，还洛阳，黄门以瓦盂盛茶上至尊。"

　　《异苑》："剡县陈务妻，少与二子寡居，好饮茶茗。以宅中有古冢，每饮辄先祀之。二子患之曰：'古冢何知？徒以劳意。'欲掘去之，母苦禁而止。其夜，梦一人云：'吾止此冢三百余年，卿二子恒欲见毁，赖相保护，又享吾佳茗，虽潜壤朽骨，岂忘翳桑之报。'及晓，于庭中获钱十万，似久埋者，但贯新耳。母告二子，惭之，从是祷馈愈甚。"

　　《广陵耆老传》："晋元帝时，有老姥，每旦独提一器茗，往市鬻之，市人竞买。自旦至夕，其器不减。所得钱散路旁孤贫乞人，人或异之。州法曹絷之狱中，至夜，老姥执所鬻茗器，从狱牖中飞出。"

　　《艺术传》："敦煌人单道开，不畏寒暑，常服小石子，所服药有松、桂、蜜之气，所饮茶苏而已。"

　　释道说《续名僧传》："宋释法瑶，姓杨氏，河东人。永嘉中过江，遇沈台真，请真君武康小山寺。年垂悬车，饭所饮茶。永明中，敕吴兴礼致上京，年七十九。"

　　宋《江氏家传》："江统，字应元，迁愍怀太子洗马，尝上疏谏云：'今西园卖醯、面、蓝子、菜、茶之属，亏败国体。'"

　　《宋录》："新安王子鸾，鸾弟豫章王子尚诣昙济道人于八公山，道人设茶茗，子尚味之，曰：'此甘露也，何言茶茗！'"

　　王微《杂诗》："寂寂掩高阁，寥寥空广厦。待君竟不归，收颜今就槚。"

　　鲍昭妹令晖著《香茗赋》。

南齐世祖武皇帝遗诏：“我灵座上，慎勿以牲为祭，但设饼果、茶饮、干饭、酒脯而已。”

梁刘孝绰《谢晋安王饷米等启》：“传诏，李孟孙宣教旨，垂赐米、酒、瓜、笋、菹、脯、酢、茗八种。气苾新城，味芳云松。江潭抽节，迈昌荇之珍；疆场擢翘，越葺精之美。羞非纯束野麇，裛似雪之驴；鲊异陶瓶河鲤，操如琼之粲。茗同食粲，酢颜望柑。免千里宿舂，省三月粮聚。小人怀惠，大懿难忘。”

陶弘景《杂录》：“苦茶轻身换骨，昔丹丘子、黄山君服之。”

《后魏录》：“琅琊王肃，仕南朝，好茗饮、莼羹。及还北地，又好羊肉、酪浆。人或问之：‘茗何如酪？’肃曰：茗不堪与酪为奴。”

《桐君录》：“西阳、武昌、庐江、晋陵，好茗，皆东人作清茗，茗有饽，饮之宜人。凡可饮之物，皆多取其叶，天门冬、拔揳取根，皆益人。又巴东别有真茗茶，煎饮令人不眠。俗中多煮檀叶并大皂李作茶，并冷。又南方有瓜芦木，亦似茗，至苦涩，取为屑茶饮，亦可通夜不眠。煮盐人但资此饮，而交广最重，客来先设，乃加以香芼辈。”

《坤元录》：“辰州溆浦县西北三百五十里无射山，云蛮俗当吉庆之时，亲族集会歌舞于山上。山多茶树。”

《括地图》：“临遂县东一百四十里有茶溪。”

山谦之《吴兴记》：“乌程县西二十里有温山，出御荈。”

《夷陵图经》：“黄牛、荆门、女观、望州等山，茶茗出焉。”

《永嘉图经》：“永嘉县东三百里有白茶山。”

《淮阴图经》：“山阳县南二十里有茶坡。”

《茶陵图经》云：“茶陵者，所谓陵谷生茶茗焉。”

《本草·木部》：“茗，苦茶，味甘苦。微寒，无毒，主瘘疮，利小便，去痰渴热，令人少睡。秋采之苦，主下气消食。注云：春采之。”

《本草·菜部》：“苦茶，一名茶，一名选，一名游冬，生益州川谷，山陵道傍，凌冬不死。三月三日采，干。注云：疑此即是今茶，一名茶，令人不眠。《本草注》：按《诗》云‘谁谓茶苦’，又云‘堇茶如饴’，皆苦菜也。陶谓之：‘苦茶，木类，非菜流。茗，春采谓之苦搽（途遐反）！”

《枕中方》：“疗积年瘘，苦茶、蜈蚣并炙，令香熟，等分，捣筛，煮甘草汤洗，以末傅之。”

《孺子方》：“疗小儿无故惊蹶，以苦茶、葱须煮服之。”

【六闲居华旭注】陆羽收集汇总了唐以前茶叶资料。

八之出

山南

以峡州上（峡州，生远安、宜都、夷陵三县山谷）。襄州、荆州次（襄州，生南郡县山谷；荆州，生江陵县山谷）。衡州下（生衡山、茶陵二县山谷）。金州、梁州又下（金州，生西城、安康二县山谷；梁州，生襄城、金牛二县山谷）。

淮南

以光州上（生光山县黄头港者，与峡州同）。义阳郡、舒州次（生义阳县钟山者，与襄州同；舒州，生太湖县潜山者，与荆州同）。寿州下（盛唐县生霍山者，与衡山同也）。蕲州、黄州又下（蕲州，生黄梅县山谷；黄州，生麻城县山谷，并与荆州、梁州同也）。

浙西

以湖州上（湖州，生长城县顾渚山谷，与峡州、光州同；生山桑、儒师二寺，白茅山悬脚岭，与襄州、荆南、义阳郡同；生凤亭山伏翼阁，飞云、曲水二寺，啄木岭，与寿州、常州同；生安吉、武康二县山谷，与金州、梁州同）。常州次（常州，义兴县生君山悬脚岭北峰下，与荆州、义阳郡同；生圈岭善权寺，石亭山，与舒州同）。宣州、杭州、睦州、歙州下（宣州，生宣城县雅山，与蕲州同。太平县生上睦、临睦，与黄州同；杭州，临安、于潜二县生天目山，与舒州同。钱塘生天竺、灵隐二寺；睦州，生桐庐县山谷；歙州，生婺源山谷，与衡州同）。润州、苏州又下（润州，江宁县生傲山；苏州，长洲县生洞庭山，与金州、蕲州、梁州同）。

剑南

以彭州上（生九陇县马鞍山至德寺、棚口，与襄州同）。绵州、蜀州次（绵州，龙安县生松岭关，与荆州同；其西昌、昌明、神泉县西山者并佳；有过松岭者，不堪采。蜀州，青城县生丈人山，与绵州同；青城县有散茶、木茶）。邛州次。雅州、泸州下（雅州，百丈山、名山；泸州，泸川者，与金州同也）。眉州、汉州又下（眉州，丹棱县生铁山者；汉州，绵竹县生竹山者，与润州同）。

浙东

以越州上（余姚县生瀑布泉岭，曰仙茗，大者殊异，小者与襄州同）。明州、婺州次[明州，鄮县生榆荚村；婺州，东阳县东白（目）山，与荆州同]。台州下（台州，丰县生赤城者，与歙州同）。

黔中

生思州、播州、费州、夷州。

江南

生鄂州、袁州、吉州。

岭南

生福州、建州、韶州、象州（福州，生闽方山、山阴县）。

其思、播、费、夷、鄂、袁、吉、福、建、韶、象十一州，未详，往往得之，其味极佳。

【六闲居华旭注】陆羽汇集之资料较为全面，以当时之交通状况而言，尤属不易。此后宋人论茶多拘泥于建茶，明清所论多落墨于岕茶，普遍不及陆羽此作全面。陆羽所论为当时一时之情况，对比当时与今日之状况，其中一些当时名重，今日不彰。如湖南之衡山、茶陵等地，湖北诸地；另一部分，当时虽有记载，今日却名重一时，如湖州、宣州、杭州等地某些品种。此中变化即有各种自然因素，更多为人为因素。不保护好环境，持续维护，培养本土优良品种，改善工艺，强化宣传推广等，焉能确保昨日之辉煌定将延续至今？更将延续至未来？

九之略

其造具，若方春禁火之时，于野寺山园，丛手而掇，乃蒸，乃舂，乃复，以火干之，则又棨、朴、焙、贯、棚、穿、育等七事皆废。

其煮器，若松间石上可坐，则具列废。用槁薪、鼎𨫼之属，则风炉、灰承、炭樹、火筴、交床等废。若瞰泉临涧，则水方、涤方、漉水囊废。若五人已下，茶可末而精者，则罗合废。若援藟跻岩，引絙入洞，于山口炙而末之，或纸包合贮，则碾、拂末等废。既瓢、碗、筴、札、熟盂、鹾簋，悉以一筥盛之，则都篮废。但城邑之中，王公之门，二十四器阙一，则茶废矣。

【六闲居华旭注】传统文人久有"汲泉品茗"之爱好。此传统自《茶经·九之略》可见一斑，亦可鉴此渊源之久远。国人品饮，首重自然环境，可谓以茶为媒，亲近自然，此为中华茶道之传统。日本茶道多拘泥于室内，少涉及室外，尤其是大自然山水之环境。前者以茶为媒，亲近自然，强化体验与感悟，借以践行天人合一；后者多以一人一己之喜好、品味为展示。

十之图

以绢素或四幅或六幅,分布写之,陈诸座隅,则茶之源、之具、之造、之器、之煮、之饮、之事、之出、之略,目击而存,于是《茶经》之始终备焉。

【六闲居华旭注】今日茶多与诗书画等文学艺术形式结缘,互为注脚,潜通心曲。可惜多有理解不深者,漏气于此。

陆羽所宣传、展示的正是其《茶经》中的主要内容。由此可见陆羽亦很在意推广茶道,其着力处多在实处。

2.煎茶水记

张又新,《新唐书》有传,末云"善文辞,再以谄附败丧其家声云",为人奸邪而长于文辞。文中托名陆羽所评二十水之事,与陆羽《茶经》所载不尽相符。后世文人如欧阳修多驳斥。此二十水之事,不宜作陆羽之品鉴解读,不妨理解为张又新托名陆羽,以述一己之见。

张又新《煎茶水记》展开论述补充陆羽《茶经》中的水鉴部分。

故刑部侍郎刘公讳伯刍,于又新丈人行也。为学精博,颇有风鉴,称较水之与茶宜者,凡七等:

扬子江南零水第一;

无锡惠山寺石水第二;①

苏州虎丘寺石水第三;

丹阳县观音寺水第四;

扬州大明寺水第五;

吴松江水第六;

淮水最下,第七。

斯七水,余尝俱瓶于舟中,亲挹而比之,诚如其说也。

客有熟于两浙者,言搜访未尽,余尝志之。及刺永嘉,过桐庐江,至严子濑,溪色至清,水味甚冷。家人辈用陈黑坏茶泼之,皆至芳香。又以煎佳茶,不可名其鲜馥也,又愈于扬子南零殊远。及至永嘉,取仙岩瀑布用之,亦不下南零,以是知客之说诚哉信矣。夫显理鉴物,今之人信不迨于古人,盖亦有古人所未知,而今人能知之者。

---

①　石水指石缝中出来的水,俗称石乳泉。

元和九年春,予初成名,与同年生期于荐福寺。余与李德垂先至,憩西厢玄鉴室,会适有楚僧至,置囊有数编书。余偶抽一通览焉,文细密,皆杂记。卷末又一题云《煮茶记》,云:

代宗朝李季卿刺湖州,至维扬,逢陆处士鸿渐。李素熟陆名,有倾盖之欢,因之赴郡。抵扬子驿,将食,李曰:"陆君善于茶,盖天下闻名矣。况扬子南零水又殊绝。今日二妙千载一遇,何旷之乎!"命军士谨信者,挈瓶操舟,深诣南零,陆利器以俟之。俄水至,陆以杓扬其水曰:"江则江矣,非南零者,似临岸之水。"使曰:"某棹舟深入,见者累百,敢虚给乎?"陆不言,既而倾诸盆,至半,陆遽止之,又以杓扬之曰:"自此南零者矣。"使蹶然大骇,驰下曰:"某自南零赍至岸,舟荡覆半,惧其鲜,挹岸水增之。处士之鉴,神鉴也,其敢隐焉!"李与宾从数十人皆大骇愕。李因问陆:"既如是,所经历处之水,优劣精可判矣。"陆曰:"楚水第一,晋水最下。"李因命笔,口授而次第之:

庐山康王谷水帘水第一;

无锡县惠山寺石泉水第二;

蕲州兰溪石下水第三;

峡州扇子山下有石突然,泄水独清冷,状如龟形,俗云虾蟆口水,第四;

苏州虎丘寺石泉水第五;

庐山招贤寺下方桥潭水第六;

扬子江南零水第七;

洪州西山西东瀑布水第八;

唐州柏岩县淮水源第九(淮水亦佳);

庐州龙池山岭水第十;

丹阳县观音寺水第十一;

扬州大明寺水第十二;

汉江金州上游中零水第十三(水苦);

归州玉虚洞下香溪水第十四;

商州武关西洛水第十五(未尝泥);

吴松江水第十六;

天台山西南峰千丈瀑布水第十七;

郴州圆泉水第十八;

桐庐严陵滩水第十九;

雪水第二十(用雪不可太冷)。

此二十水,余尝试之,非系茶之精粗,过此不之知也。夫茶烹于所产处,无不佳也,盖水土之宜。离其处,水功其半,然善烹洁器,全其功也。李(季卿)置诸笥焉,遇有言茶者,即示之。

又新刺九江,有客李滂、门生刘鲁封,言尝见说茶,余醒然思往岁僧室获是书,因尽箧,书在焉。古人云"泻水置瓶中,焉能辨淄渑",此言必不可判也,万古以为信然,盖不疑矣。岂知天下之理,未可言至。古人研精,固有未尽,强学君子,孜孜不懈,岂止思齐而已哉。此言亦有裨于劝勉,故记之。

【六闲居华旭注】该文起首推出刘伯刍七等水之说,此或可理解为第一个解读体系。其中争议重点在于对"扬子江南零水第一"的理解与认定。继而提出亲身体验及理解:"桐庐江严子濑、永嘉仙岩瀑布,前者'愈于扬子南零殊远';后者'亦不下南零'。"

托名陆羽,提出二十水之事。陆羽云:"其水,用山水上,江水中,井水下。其山水,拣乳泉、石池慢流者上;其瀑涌湍漱,勿食之。"

前人多质疑此二处之矛盾。本人却以为《茶经》所论为基本原则,概括而言;此处所述,多为具体分析。二者之间多可资印证、补充之处。

二十水之事,所列以山泉为主,约占五项,分别为第二、三、四、五、十八项;其次为山溪或源头水九项,分别为第一、六、八、九、十、十一、十二、十四、十七项。再次江水五项,分别为七、十三、十五、十六、十九项;最后列明雪水。仅就数量比例而言,是符合陆羽的基本看法"山水上,江水中,井水下"。

质疑者,其一关注到二十水中有涉及瀑布三处,分别为一、八、十七项。陆羽《茶经》之"其瀑涌湍漱,勿食之",常被解读为瀑布之类急水不宜,此中恐有误解。此句前一句为"其山水,拣乳泉、石池慢流者上";本句之落脚点在"涌"与"漱","瀑"与"湍"是修饰词,修饰其后的"涌"与"漱"。《说文解字》:"涌:滕也。从水,甬声。一曰:涌水,在楚国。余陇切。涌(湧),水向上腾跃。漱:汤口也。"结合上文及《说文》对"涌""漱"的解释,"其瀑涌湍漱"所指应为因地下水压或气压太高,形成喷泉及间歇泉,并非地表径流的瀑布。

陆羽所谓"楚水第一,晋水最下"比较客观公允。晋主要指今日山西地区,山西地区水质偏硬,不佳,也正是因此山西人喜欢用醋,有借醋软化水质的用意。楚泛指今日的湖南、湖北、江西等地,这一地区以传统山岳及丘陵地带为主,其中不少山区为主要河流的发源地,整体而言水质较好。唐代,楚地不属于人口稠密地区,自然环境保持较完整。

"夫茶烹于所产处,无不佳也,盖水土之宜。离其处,水功其半,然善烹洁器,全其功也"这一见解极具深意,将茶与水结合在一起,综合分析判断,在此最早明确提出;产地之水与茶更契合,在此最早提出。

仅对茶而言,水不仅仅是优劣的问题,还牵涉与茶契合与否的问题。契合者,茶汤增色;不契合者,茶汤减色。基本原则是茶叶产区周边的水更契合该茶叶。只有茶好、水好,茶水契合,然后器具合适、洁净,烹制得法,茶的优良品质才能较充分展现。

文中说及陆羽鉴别扬子南零水之事,颇具文学色彩,近似于神话。深入解读,作为茶道大宗师,陆羽对各地的茶与水应持有相当的兴趣。云游各处,不可能不第一时间细致地品鉴当地的茶与水。在与李季卿相逢之前,陆羽应对南零水已有较充分的接触与体验,在脑海中已建立较为清晰的"南零水水样标本"。送来的南零水,经陆羽品鉴,发现其与自己脑海中的南零水水样标本出入明显,因而质疑水之真伪。这有可能。有过较丰富的鉴水经历者,可以理解此中差异;啤酒、红酒、白酒、咖啡的高端品鉴师也拥有类似的能力。红酒被勾兑了部分其他年份或产地的红酒,高级红酒品鉴师有能力发现。但泼掉一半,然后确定剩下的水为南零水,这显然不合理,属于文学渲染与夸张。

南零水的具体情况,今已不可知。依照一般常识而言,江水,尤其是江水的下游,水质稍差。此处却列出南零水与吴淞江水两处(下游)江水。可能是这两处有大流量的江底涌泉。曾见报道,远离陆地的某海域在小范围内存有大量淡水,以致成为远洋船舶的淡水汲取点。现代地矿学解读为地下淡水长期大量涌出所致,形成一定范围咸水之内的局部淡水区域。或许正是类似的地下涌泉将较远处的优质地下水通过地下潜流等方式携带至上述位置,又透过地壳缝隙渗透出,一定区域内的水质与周边水质明显不同。否则较难自圆其说。

3.十六汤品

唐代苏廙撰有《十六汤品》,就煎水和冲泡的细节展开讨论。

汤者,茶之司命。若名茶而滥汤①,则与凡末同调矣。煎以老嫩言者凡三品(自第一至第三)。注以缓急言者凡三品(自第四至第六)。以器类标者共五品(自第七至第十一)。以薪论者共五品(自十二至十六)。

---

① 茶虽为名茶,而汤(水)不佳。(接下文)则与普通茶末一样了。

第一品　得一汤

火绩已储，水性乃尽，如斗中米，如称上鱼，高低适平，无过不及为度，盖一而不偏杂者也。天得一以清，地得一以宁，汤得一可建汤勋。

第二品　婴汤

薪火方交，水釜才识，急取旋倾，若婴儿之未孩，欲责以壮夫之事，难矣哉！

第三品　百寿汤（一名白发汤）

人过百息，水逾十沸，或以话阻，或以事废，始取用之，汤已失性矣。敢问皤鬓苍颜之大老，还可执弓摇矢以取中乎？还可雄登阔步以迈远乎？

【六闲居华旭注】此三品论及煮水之火候。水未沸腾，温度不够，是为"婴汤"，茶内有效物质难以析出；水沸腾过久，水过热，是为"百寿汤"，又名"白发汤"，不但矿物成分、比例发生变化，水垢等析出明显，茶中的营养成分及口感也容易破坏。泡茶之水以初沸为佳，是为"得一汤"。以人生命周期中的婴与白发作出比拟，形象生动。将最理想火候的汤命名为"得一"，体现出传统的辩证思想，也符合中正平和的传统审美取向。

但就今日而言，此有关火候之见解，大脉络虽清晰，稍嫌不够深入。其实不同类型的茶对冲泡之水温度的要求是不同的。对比而言，鲜嫩的绿茶较忌讳高温，铁观音、普洱等更怕水温不够。温度偏高，容易破坏绿茶的香气与口感，喝起来似煮过；温度偏低，铁观音等因茶叶偏老（较绿茶而言），不容易泡出味道来。

第四品　中汤

亦见乎鼓琴者也，声合中则意妙；亦见乎磨墨者也，力合中则矢浓。声有缓急则琴亡，力有缓急则墨丧，注汤有缓急则茶败。欲汤之中，臂任其责[①]。

第五品　断脉汤

茶已就膏，宜以造化成其形。若手颤臂箪，惟恐其深，瓶嘴之端，若存若亡，汤不顺通，故茶不匀粹。是犹人之百脉气血断续，欲寿奚获？苟恶毙宜逃。

第六品　大壮汤

力士之把针，耕夫之握管，所以不能成功者，伤于粗也。且一瓯之茗，多不二钱，茗盖量合宜，下汤不过六分。万一快泻而深积之，茶安在哉！

---

①　指注沸水冲泡的细节，需借助手臂掌控。类似于毛笔书写时对指腕动作的要求。

【六闲居华旭评注】此处就冲泡方式及手法(即文中所言之"注")进行具体分析及评价。注水不顺,如人之气血不畅,是为"断脉汤",不可取;注水过猛、过急,细活儿粗做,把握无度,是为"大壮汤",同样不可取;注水顺畅,缓急合宜,是为"中汤",最为合适。

以陆羽为代表的唐茶道为煮茶,如前所述,其烹饮方式为(以鍑)煮水,待沸,投茶末入鍑,烹煮然后舀出入盏品饮。宋茶道为点茶,较唐有所改变,只是煮水,并不直接投入茶末。茶末多直接投入茶盏中,先调成糊状,再以沸水冲调成茶汤。在此冲调过程中,多伴随茶筅的不停搅动。宋朝的点茶与江浙地区调食藕粉类似,又像冲泡蛋花汤。

冲泡出水是否顺畅,冲泡位置的高低,水流的大小、缓急,落水点的位置等,这类讲究多针对宋之点茶而言,未必符合陆羽所描述之煮茶。换而言之,此时(唐末)点茶渐趋流行,已取代煮茶。

日本茶道近于宋朝的点茶。

第七品　富贵汤

以金银为汤器,惟富贵者具焉。所以策功建汤业,贫贱者有不能遂也。汤器之不可舍金银,犹琴之不可舍桐,墨之不可舍胶。

第八品　秀碧汤

石,凝结天地秀气而赋形者也,琢以为器,秀犹在焉。其汤不良,未之有也。

第九品　压一汤

贵厌金银,贱恶铜铁,则瓷瓶有足取焉。幽士逸夫,品色尤宜。岂不为瓶中之压一乎? 然勿与夸珍炫豪臭公子道[1]。

第十品　缠口汤

猥人俗辈,炼水之器,岂暇深择,铜铁铅锡,取热而已。夫是汤也,腥苦且涩,饮之逾时,恶气缠口而不得去。

第十一品　减价汤

无油之瓦,渗水而有土气。虽御胯宸缄[2],且将败德销声。谚曰"茶瓶用瓦,如乘折脚骏登高",好事者幸志之。

---

① (这类喜好)不要与夸耀珍奇炫耀富豪的铜臭公子辈说道。

② 《全书》有注曰:"指皇帝用的茶"。此处强调不应使用没上釉的陶器,这类陶器容易渗水并且土腥味重,即便是冲泡皇帝用的茶,也只会败坏其茶品的声誉。

【六闲居华旭评注】唐末烹茶程序、器用与今日不尽相同。其就煮水、注水器所作评述，基本合理。

金银器有其适宜的一面，导热性好，无异味，便于竹夹击拂。

石器则未必如文中所言，必需具体分析。某些石，土腥味明显，会影响水质、茶味，并不合用。较为理想的石器，在煮水过程中能够从石质中析出部分微量元素，补充茶汤成分，改善口感。如川藏地区仍有使用石器烹煮食物的习惯，这类石料是经长期鉴别筛选后保留下来的，相对而言，质量较为理想。但石器用于茶道，稍嫌笨拙，使用不够便利，今日少用。

陶瓷类需注意，今日我们泡茶的主要用具为瓷器、紫砂、玻璃器，质量整体较高，无色无味。晋代已出现青瓷，唐代瓷器制造工艺尚处于待成熟期，烧制失当，难免留有土腥味及烟火气。陶器更是如此，因为当时主要为柴窑，窑口温度（尤其是高温）控制尚待改善，难免出现火候不够，烧造不佳的情况。

铜器本宜煮水，后世多有使用，当时贬斥，或许因为炼制不精，制作不佳；铁器需用熟铁，否则铁腥味较重，有损水质茶味；铅不宜茶；锡有净水效用，宜水。

无釉之陶器，尤其是低温陶器，土腥味烟火气较重。

第十二品　法律汤

凡木可以煮汤，不独炭也。惟沃茶之汤，非炭不可。在茶家亦有法律：水忌停，薪忌熏。犯律逾法，汤乖，则茶殆矣。

第十三品　一面汤

或柴中之麸火，或焚余之虚炭，本体虽尽而性且浮，性浮则汤有终嫩之嫌。炭则不然，实汤之友。

第十四品　宵人汤

茶本灵草，触之则败。粪火虽热，恶性未尽。作汤泛茶，减耗香味。

第十五品　贼汤（一名贱汤）

竹筱树梢，风日干之，燃鼎附瓶，颇甚快意。然体性虚薄，无中和之气，为汤之残贼也。

第十六品　大魔汤

调茶在汤之淑慝，而汤最恶烟。燃柴一枝，浓烟蔽室，又安有汤耶？苟用此汤，又安有茶耶？所以为大魔。

【六闲居华旭评注】燃料对茶道的影响主要在于两方面：其一，热力效果；

其二,气味对水味、茶味的影响。

肯定炭火,首先是因为炭火烟轻。更在意者会将炭火烧旺,烧掉残余的烟气,然后再烧水。其次炭火火力旺。

软木、竹枝、树梢等火焰虽旺,火力却并不强,烟气较重,不宜煮水,更不宜烤茶饼;干牛粪等虽火力较旺,难免带有残留味道,不宜烹茶。

煤多含硫,火力虽旺,尤其是高热量的煤炭,但硫化物的气味有碍茶味。

今日多用电及液化气烧水,即保障火力充沛,又避免异味干扰。

4.采茶录

后世茶人常说:"茶须缓火炙,活火煎,活火谓炭之有焰者。"此句出自唐代温庭筠所著《采茶录》,该书涉及颇多,这里只节选部分有关的文字。

李约,汧公子也。一生不近粉黛。性辨茶,尝曰:"茶须缓火炙,活火煎。活火谓炭之有焰者。当使汤无妄沸,庶可养茶。始则鱼目散布,微微有声;中则四边涌泉,累累连珠;终则腾波鼓浪,水气全消,谓之老汤。三沸之法,非活火不能成也。"

【六闲居华旭注】"茶须缓火炙"指烤茶须用小火,俗称文火。此处之茶应指茶饼。"活火煎"应指煮水需用大火,俗称猛火。后人烧炭烹茶,更将用火细分为,先猛火,再文火,如此所获得的沸水较为理想,且火候较容易把握。如一味猛火,沸水热力未必充分;如一味文火,即便是"四边涌泉,累累连珠"的二沸状态,汤已过老。

第二节　分析解读唐及唐以前之茶况

唐人大气、开阔、敏锐,开拓意识强烈。陆羽敢自标著述为"经",可见其自信与自负。陆羽有此资本,后世推崇陆羽为"茶圣",更是对他的高度认同。

这不仅仅是陆羽个人的伟大,更是一个时代的伟大。唐朝的格律诗,何曾不是影响至今! 唐人所作书论,同样熔铸当时与前代,系统全面、客观公允。唐人书法又何曾不是影响至今!

陆羽在《茶经》中指出茶为我国"南方"的"嘉木"。晋代常璩在永和六年

（350 年）左右所撰《华阳国志·巴志》中说：“周武王伐纣，实得巴蜀之师，著乎尚书……其地东至鱼复，西至僰道，北接汉中，南极黔涪。上植五谷，牲具六畜，桑蚕麻纻，鱼盐铜铁，丹漆茶蜜……皆纳贡之。”西汉时，四川的司马相如在所著《凡将篇》中记录了当时的二十种药物，其中的“荈诧”就是茶。西汉末年，扬雄在所著的《方言》中也述及“蜀西南人谓茶曰蔎”。《神农本草经》也有关于茶的记述：“苦菜，味苦寒……一名荼草，一名选，生川谷。”《桐君录》提到：“又南方有瓜芦木，亦似茗，至苦涩……而交、广最重。”公元 3 世纪，三国时的傅巽，在所著的《七诲》中提到“南中茶子”。南中，相当今四川省大渡河以南和云南、贵州二省。唐代樊绰在《蛮书·云南管内物产第七》中记载：“茶生银生城界诸山，散收，无采茶法，蛮以椒、姜、桂和烹饮之。”（银生城故址在今云南景东县）。

如上所述，我国发现茶树和饮用茶叶的历史，有文献可资查考的，已在三千年以上，即可追溯到公元前 1100 年的周代。[①]

结合现代植物学等相关研究成果，基本上可以认定，茶树原产于我国的西南地区，也可能包括临近的缅甸、老挝等地区。目前有关茶树原产地之争，已非纯学术问题，多有其他非学术因素。主张茶树原产于我国者，其中有的并非基于科学调研的结论，所列理由不乏片面与牵强，其中更有维护“茶叶原产地”的民族情感需要。主张茶树原产于印度者亦有利益之沾染，维护西方茶商商业利益。毕竟很长一个时期，印度是以英国为主导的西方世界茶叶的重要产地。吴觉农在《茶经评述》中有关茶树产地的分析较为全面客观，更近于实事求是。国界是国家与国家之间人为划分的，动植物有其自身生存繁衍规律，并不以人类族群、国家之间界定的边界为约束，何况边界亦非一成不变。

吴觉农认为茶树由我国的西南方向四川、江淮、岭南、福建等地区的传播为人为的传播与培育繁衍，此一看法有待商榷。认为其传播为借助水流、风力、飞禽、动物的自然传播与人为传播兼而有之，更为公允、合理。或许人类社会早期以自然传播为主，亦存在自然传播与人为传播的结合期，后期人为传播的作用更明显。尤其是在品种的优选优化及优良品质的繁育与推广方面，人为因素影响较大。

为何茶树自原产地向北及向东北、东方向传播明显更盛，而向南、向西等

---

① 吴觉农主编：《茶经述评》，中国农业出版社 2005 年版，第 6～8 页。

方向传播明显偏弱，这一问题有待植物学家及植物史学家破解。

茶饮并非源出汉文化，汉民族从西南少数民族处留意并学会茶饮，将其改进发展为自身文化的一部分，先是将茶叶作为药用，然后再是食用或饮用。由此可证，早期的汉文化敏感、包容、睿智，汲取及消化能力很强。我们既拥有源自自身文明边缘区域的种桑养蚕等的优势，也善于汲取距离我们文明区域较远的种茶用茶的优势。

就茶树种植及茶饮文化的整个发展演进过程而言，从拥有茶树至演化出茶饮，再上升为茶道，这是长期、复杂、系统的过程。就此全过程而言，茶树的原产地位于何处，其意义早已弱化许多，而在此演化过程中，不同民族扮演的角色，发挥的作用更值得探究。正如人类皆源出百万年前的东非某地，这是人类学家长期研究得出的结论，在目前的研究水平及条件下，若纠结于究竟是源出东非东面一点还是西面一点，究竟在哪一国境内，意义不大。相反，在长期的人类文明演进过程中，不同民族做出不同的贡献，其差异甚大。

唐及以前的汉茶文化的历史凸显了汉民族的集体智慧，陆羽《茶经》的著就及其长期流传充分展示杰出人物的巨大影响。陆羽的主要贡献有如下三个方面。其一，技术层面，将茶饮纯化，将此前混合椒、姜、桂等的饮法改进为仅添加少许盐，近乎纯茶饮，稍后更改进为无任何添加。由陆羽开创的这一茶饮演进方向及模式为汉茶道的后续演进方向及主流模式。其二，将茶饮文人化、雅化，将传统哲学思想植入其中，植入传统审美理念。有茶无道，只可称为茶饮，难以尊为茶道。其三，通过《茶经》勾勒出中华茶道的外延范围，其中不仅仅包含茶饮，更涵盖茶树的栽培、茶叶的加工。此外延明显较后来日式茶道更广泛，空间更广阔。这正是原生态文化的优势所在，生命力更强大。

第六章　宋之茶道

宋人变唐人煮茶为点茶，其形式感更强，器用更精，可惜精神稍嫌单薄与苍白。 宋茶道对比于唐茶道，正如宋词对比于唐诗，前者精致，后者大气。

第一节　主要史料钩沉

从宋徽宗至蔡襄，不惜放下身段与布衣茶圣一较高下，只是开局不利。唐人论茶放眼天下，纵横开阖；宋人论茶自困于建茶一隅，自缚手脚于细枝末节，焉得胜算！

宋朝茶学著录丰富，为第一个繁荣期。此仅收录其中最重要、影响最大的七部著作，另外部分仅摘录。

宋茶著录大体传承陆羽开启的《茶经》模式。首先，普遍接受文人雅化的取向；其次，广泛涉及种植、蒸焙、冲泡、品鉴诸方面。宋人变唐人之煮茶为点茶；形式更趋精细、雅致；普遍推崇建茶，于其他地区关注较少。

1.大明水记

茶学著作不同于一般的文学著作，需要丰厚的茶学专业知识及相关体验支撑。以下两文更多因为欧阳修之文名而流传后世，回归茶学专业角度解读，其价值很有限。先摘录欧阳修的《大明水记》。

世传陆羽《茶经》论水："山水上，江水次，井水下。"又云："山水，乳泉、石池漫流者上，瀑涌湍漱勿食。食久，令人有颈疾。江水取去人远者，井取汲多者。"其说止于此，而未尝品第天下之水味也。

张又新为《煎茶水记》，始云刘伯刍谓水之宜茶者有七等；又载羽为李季卿论水，次第有二十种。今考二说，与陆羽《茶经》皆不合。

羽谓山水上，乳泉、石池又上；江水次，而井水下。伯刍以扬子江为第一；惠山石泉为第二；虎丘石井第三；丹阳寺井第四；扬州大明寺井第五；而松江第六；淮水第七。与羽说皆相反。季卿所说二十水：庐山康王谷水第一；无锡惠山石泉第二；蕲州兰溪石下水第三；扇子峡蛤蟆口水第四；虎丘寺井水第五；庐山招贤寺下方桥潭水第六；扬子江南零水第七；洪州西山瀑布第八；桐柏淮源第九；庐州龙池山顶水第十；丹阳寺井第十一；扬州大明寺井第十二；汉江中零水第十三；玉虚洞香溪水第十四；武关西洛水第十五；松江水第十六；天台千丈瀑布水第十七；郴州圆泉第十八；严陵滩水第十九；雪水第二十。如蛤蟆口水、西山瀑布、天台千丈瀑布，皆羽戒人勿食，食而生疾。其余江水居山水上，井水居江水上，皆与羽经相反，疑羽不当二说以自异。使诚羽说，何足信也？得非又新妄附益之耶？其述羽辨南零岸水，特怪诞甚妄也。水味有美恶而已，欲举天下之水，一二而次第之者，妄说也。故其为说，前后不同如此。

然此井，为水之美者也。羽之论水，恶渟浸而喜泉源，故井取多汲者。江虽长流，然众水杂聚，故次山水。惟此说近物理云。

2.浮槎山水记

《大明水记》之论证有失严谨。《浮槎山水记》不但论证不够严谨，更多虚言，颇似今日之互粉点赞。此类瑕疵应为著述者戒。

浮槎山，在慎县南三十五里，或曰浮阇山，或曰浮巢山，其事出于浮图、老子之徒，荒怪诞幻之说。其上有泉，自前世论水者皆弗道。

余尝读《茶经》，爱陆羽善言水。后得张又新《水记》，载刘伯刍、李季卿所列水次第，以为得之于羽，然以《茶经》考之，皆不合。又新，妄狂险谲之士，其言难信，颇疑非羽之说。及得浮槎山水，然后益知羽为知水者。

浮槎与龙池山皆在庐州界中，较其水味，不及浮槎远甚。而又新所记，以龙池为第十，浮槎之水，弃而不录，以此知其所失多矣。羽则不然，其论曰"山水上，江次之，井为下"，"山水，乳泉、石池漫流者上"，其言虽简，而于论水尽矣。

浮槎之水,发自李侯。嘉祐二年,李侯以镇东军留后出守庐州。因游金陵,登蒋山,饮其水。既又登浮槎,至其山,上有石池,涓涓可爱,盖羽所谓乳泉漫流者也。饮之而甘,乃考图记,问于故老,得其事迹。因以其水遗余于京师,余报之曰:

李侯可谓贤矣!夫穷天下之物,无不得其欲者,富贵者之乐也。至于荫长松,藉丰草,听山流之潺缓,饮石泉之滴沥,此山林者之乐也。而山林之士视天下之乐,不一动其心。或有欲于心,顾力不可得而止者,乃能退而获乐于斯。彼富贵者之能致物矣,而其不可兼者,惟山林之乐尔。惟富贵者而不可得兼,然后贫贱之士有以自足而高世,其不能两得,亦其理与势之然欤?今李侯生长富贵,厌于耳目,又知山林之乐。至于攀缘上下,幽隐穷绝,人所不及者,皆能得之,其兼取于物者可谓多矣。李侯折节好学,喜交贤士,敏于为政,所至有能名。凡物不能自见而待人以彰其兼取者,有矣;其物未必可贵而因人以重者,亦有矣。故予为志其事,俾世知斯泉发自李侯始也。

三年二月二十有四日,庐陵欧阳修记

【六闲居华旭注】欧阳修不善品茗,此文论述有失严谨:

其一,不可以陆羽"山水上,江次之,井为下"之论而质疑张又新之二十品中存有江水在山水之前的现象。陆羽所言为概论,泛泛而言,张又新为具体细说,二者之间并不矛盾。正如我们评估大学教育资源,北京上,上海次之,其余地区下。这是整体评估,并不表示北京所有的大学都比其他地区的好。田忌赛马,尚有胜算,六一居士何以拘泥至此?

其二,"水味有美恶而已,欲举天下之水,一二而次第之者,妄说也",不可据此大而化之。西方人举天下之植物、动物以及微生物,持续数百年,终于建立较完整的现代生物学品类体系。这类对新品种的搜寻,至今持续不绝。我们为何就不能秉持类似的精神,完善类似的基础工作?这类庞大工程远非一人之力,一时之功可以完成,需要后人持续不断地坚持下去。愚公移山,穷其一生未必可移一丘,岂可因其未穷一丘,而放弃移山?六一居士,智叟?愚公?

3.茶录

蔡襄的《茶录》为陆羽《茶经》之后又一本重要的茶学著述,流传至今。文中较为全面系统地介绍了北宋皇祐前后建茶及茶叶品饮的基本情况。

序

朝奉郎、右正言、同修起居注臣蔡襄上进:

　　臣前因奏事,伏蒙陛下谕:臣先任福建转运使日,所进上品龙茶最为精好。

　　臣退念草木之微,首辱陛下知鉴,若处之得地,则能尽其材。昔陆羽《茶经》,不第建安之品;丁谓《茶图》,独论采造之本,至于烹试,曾未有闻。臣辄条数事,简而易明,勒成二篇,名曰《茶录》。伏惟清闲之宴,或赐观采。臣不胜惶惧荣幸之至。谨叙。

　　【六闲居华旭注】于序言中道出写作原因:昔陆羽《茶经》,不第建安之品;丁谓《茶图》,独论采造之本,至于烹试,曾未有闻。目的:敬呈圣上御览。下文具体展开。

　　该文分上下两篇,上篇《论茶》,下篇《论茶器》,先看上篇。

　　色:茶色贵白。而饼茶多以珍膏油其面,故有青黄紫黑之异。善别茶者,正如相工之视人气色也,隐然察之于内,以肉理实润者为上。既已末之,黄白者受水昏重,青白者受水鲜明,故建安人斗试,以青白胜黄白。

　　【六闲居华旭注】彼时皆为未发酵茶。黄白者疑已氧化,青白者应未氧化。或许这正是青白胜黄白的真正原因所在。今日江浙所产绿茶,不少仍有类似现象,新鲜者色青,氧化后偏黄。汤色亦有差异。

　　香:茶有真香,而入贡者微以龙脑和膏,欲助其香。建安民间试茶,皆不入香,恐夺其真。若烹点之际,又杂珍果香草,其夺益甚,正当不用。

　　【六闲居华旭注】蔡襄为真善茗者,由此可鉴。茶味以纯真为本。

　　味:茶味主于甘滑,惟北苑凤凰山连属诸焙所产者味佳。隔溪诸山,虽及时加意制作,色、味皆重,莫能及也。又有水泉不甘,能损茶味。前世之论水品者以此。

　　藏茶:茶宜蒻叶而畏香药,喜温燥而忌湿冷。故收藏之家,以蒻叶封裹入焙中,两三日一次,用火常如人体温温,以御湿润。若火多,则茶焦不可食。

　　【六闲居华旭注】当时藏茶如此,后世多有改进。具体应如何贮藏,多与茶叶的焙制、炒制方式、环境密切相关,不宜一概而论。

　　炙茶:茶或经年,则香色味皆陈。于净器中以沸汤渍之,刮去膏油一两重乃止,以钤钳之,微火炙干,然后碎碾。若当年新茶,则不用此说。

【六闲居华旭注】今轻炒型绿茶多有类似困扰。一两泡后稍好。

碾茶：碾茶，先以净纸密裹椎碎，然后熟碾。其大要，旋碾则色白；或经宿，则色已昏矣。

【六闲居华旭注】经宿应已氧化。

罗茶：罗细则茶浮，粗则水浮。

候汤：候汤最难。未熟则沫浮，过熟则茶沉。前世谓之"蟹眼"者，过熟汤也。况瓶中煮之，不可辨，故曰候汤最难。

【六闲居华旭注】蔡襄善鉴，但此处仅给出基本原则，不宜拘泥，不同茶、不同环境对水温的要求不同，应学会在实践中具体把握。

熁盏：凡欲点茶，先须熁盏令热，冷则茶不浮。

【六闲居华旭注】此为控制冲泡的辅助手段，与今日之温杯、淋壶作用类似。

点茶：茶少汤多，则云脚散；汤少茶多，则粥面聚。建人谓之云脚粥面。钞茶一钱匕，先注汤，调令极匀，又添注之，环回击拂。汤上盏，可四分则止，视其面色鲜白，著盏无水痕为绝佳。建安斗试，以水痕先者为负，耐久者为胜。故较胜负之说，曰相去一水、两水。

【六闲居华旭注】上篇主要针对茶之色香味品鉴、收藏、碾泡等方面展开；下篇主要谈及碾泡器用。

下篇《论茶器》，详细论及与茶相关各用具。

茶焙：茶焙，编竹为之。裹以蒻叶，盖其上，以收火也；隔其中，以有容也。纳火其下，去茶尺许，常温温然，所以养茶色香味也。

茶笼：茶不入焙者，宜密封，裹以蒻，笼盛之，置高处，不近湿气。

【六闲居华旭注】如何贮藏茶叶，此处已触及要点：密封、干燥，明代更有改进。

砧椎：砧椎，盖以碎茶。砧以木为之；椎或金或铁，取于便用。

茶钤：茶钤，屈金铁为之，用以炙茶。

茶碾:茶碾,以银或铁为之。黄金性柔,铜及鍮石皆能生铤①,不入用。

【六闲居华旭注】还是需忌生铁。茶匙类似。

茶罗:茶罗以绝细为佳,罗底用蜀东川鹅溪画绢之密者,投汤中揉洗以幂之。

茶盏:茶色白,宜黑盏。建安所造者,绀黑,纹如兔毫,其坯微厚,熁之久热难冷,最为要用。出他处者,或薄,或色紫,皆不及也。其青白盏,斗试家自不用。

【六闲居华旭注】茶道已变,器用亦变。今日更多选用白瓷,近陆羽《茶经》所论。

茶匙:茶匙要重,击拂有力。黄金为上,人间以银、铁为之。竹者轻,建茶不取。

汤瓶:瓶要小者,易候汤,又点茶、注汤有准。黄金为上,人间以银、铁或瓷、石为之。

【六闲居华旭注】本为奏事仁宗皇帝而作,文稿曾失而复得,为后世保存一份重要的宋茶资料。

后序

臣皇祐中修起居注,奏事仁宗皇帝。屡承天问以建安贡茶并所以试茶之状。臣谓论茶虽禁中语,无事于密,造《茶录》二篇上进。后知福州,为掌书记窃去藏稿,不复能记。知怀安县樊纪购得之,遂以刊勒,行于好事者。然多舛谬。臣追念先帝顾遇之恩,揽本流涕,辄加正定,书之于石,以永其传。

　　　　　　　　　　治平元年五月二十六日,三司使、给事中臣蔡襄谨记。

【六闲居华旭评】蔡襄为真知茶人! 此文言简意赅,不但一窥宋茶道之形式,更一窥其要点及建茶之精妙。

3.东溪试茶录

宋子安的《东溪试茶录》以陆羽《茶经》的框架背景,在相关研究领域进行细化、深入与系统整理,开启茶叶地域的专项研究。

---

① 生铤就是生锈的意思。

序

建首七闽，山川特异，峻极回环，势绝如瓯。其阳多银铜，其阴孕铅铁。厥土赤坟，厥植惟茶。会建而上，群峰益秀，迎抱相向，草木丛条。水多黄金，茶生其间，气味殊美。岂非山川重复，土地秀粹之气钟于是，而物得以宜欤？

北苑西距建安之洄溪，二十里而近，东至东宫，百里而遥。焙名有三十六，东宫其一也。过洄溪，逾东宫，则仅能成饼耳，独北苑连属诸山者最胜。北苑前枕溪流，北涉数里，茶皆气弇然，色浊，味尤薄恶，况其远者乎？亦犹橘过淮为枳也。近蔡公作《茶录》亦云："隔溪诸山，虽及时加意制造，色味皆重矣。"

今北苑焙，风气亦殊。先春朝隮常雨，霁则雾露昏蒸，昼午犹寒，故茶宜之。茶宜高山之阴，而喜日阳之早。自北苑凤山南，直苦竹园头东南，属张坑头，皆高远先阳处。岁发常早，芽极肥乳，非民间所比。次出壑源岭，高土沃地，茶味甲于诸焙。丁谓亦云："凤山高不百丈，无危峰绝崎，而岗阜环抱，气势柔秀，宜乎嘉植灵卉之所发也。"又以："建安茶品，甲于天下。疑山川至灵之卉，天地始和之气，尽此茶矣。"又论："石乳出壑岭断崖缺石之间，盖草木之仙骨。"丁谓之记，录建溪茶事详备矣。至于品载，止云"北苑壑源岭"，及总记"官私诸焙千三百三十六"耳。近蔡公亦云："唯北苑凤凰山连属诸焙所产者味佳。"故四方以建茶为目，皆曰北苑。建人以近山所得，故谓之壑源。好者亦取壑源口南诸叶，皆云弥珍绝。传致之间，识者以色味品第，反以壑源为疑。

今书所异者，从二公纪土地胜绝之目，具疏园陇百名之异，香味精粗之别，庶知茶于草木，为灵最矣。去亩步之间，别移其性。又以佛岭、叶源、沙溪附见，以质二焙之美，故曰《东溪试茶录》。自东宫、西溪、南焙、北苑皆不足品第，今略而不论。

【六闲居华旭注】"庶知茶于草木，为灵最矣。去亩步之间，别移其性"，作者常年沉浸其中，可谓查微善鉴，有将茶之品鉴进一步推向深入、细致。

总叙焙名

北苑诸焙，或还民间，或隶北苑，前书未尽，今始终其事。

旧记建安郡官焙三十有八，自南唐岁率六县民采造，大为民间所苦。我宋建隆已来，环北苑近焙，岁取上供，外焙俱还民间而裁税之。至道年中，始分游坑、临江、汾常、西蒙洲、西小丰、大熟六焙，隶南剑。又免五县茶民，专以建安一县民力裁足之,而除其口率泉。①

　　庆历中,取苏口、曾坑、石坑、重院,还属北苑焉。又丁氏旧录云"官私之焙,千三百三十有六",而独记官焙三十二。东山之焙十有四:北苑龙焙一,乳橘内焙二,乳橘外焙三,重院四,壑岭五,谓源六,范源七,苏口八,东宫九,石坑十,建溪十一,香口十二,火梨十三,开山十四。南溪之焙十有二:下瞿一,蒙洲东二,汾东三,南溪四,斯源五,小香六,际会七,谢坑八,沙龙九,南乡十,中瞿十一,黄熟十二。西溪之焙四:慈善西一,慈善东二,慈惠三,船坑四。北山之焙二:慈善东一,丰乐二。

北苑

曾坑、石坑附。

　　建溪之焙三十有二,北苑首其一,而园别为二十五,苦竹园头甲之,鼯鼠窠次之,张坑头又次之。

　　苦竹园头连属窠坑,在大山之北,园植北山之阳,大山多修木丛林,郁荫相及。自焙口达源头五里,地远而益高。以园多苦竹,故名曰苦竹,以高远居众山之首,故曰园头。直西定山之隈,土石回向如窠然,南挟泉流积阴之处而多飞鼠,故曰鼯鼠窠。其下曰小苦竹园。又西至于大园,绝山尾,疏竹蓊蔚,昔多飞雉,故曰鸡薮窠。又南出壤园、麦园,言其土壤沃,宜蓣麦也。自青山曲折而北,岭势属如贯鱼,凡十有二,又隈曲如窠巢者九,其地利为九窠十二垄。隈深绝数里,曰庙坑,坑有山神祠焉。又焙南直东,岭极高峻,曰教练垄。东入张坑,南距苦竹带北,冈势横直,故曰坑。坑又北出凤凰山,其势中峙,如凤之首,两山相向,如凤之翼,因取象焉。凤凰山东南至于袁云垄,又南至于张坑,又南最高处曰张坑头。言昔有袁氏、张氏居于此,因名其地焉。出袁云之北,平下,故曰平园。绝岭之表,曰西际。其东为东际。焙东之山,萦纡如带,故曰带园。其中曰中历坑,东又曰马鞍山,又东黄淡窠,谓山多黄淡也。绝东为林园,又南曰柢园。

　　又有苏口焙,与北苑不相属。昔有苏氏居之,其园别为四:其最高处曰曾坑,际上又曰尼园,又北曰官坑上园、下坑园。庆历中,始入北苑。岁贡有曾坑上品一斤,丛出于此。曾坑山浅土薄,苗发多紫,复不肥乳,气味殊薄。今岁贡以苦竹园茶充之,而蔡公《茶录》亦不云曾坑者佳。又石坑者,涉溪东北,距焙

仅一舍,诸焙绝下。庆历中,分属北苑。园之别有十:一曰大番,二曰石鸡望,三曰黄园,四曰石坑古焙,五曰重院,六曰彭坑,七曰莲湖,八曰严历,九曰乌石高,十曰高尾。山多古木修林,今为本焙取材之所。园焙岁久,今废不开,二焙非产茶之所,今附见之。

壑源

叶源附

建安郡东望北苑之南山,丛然而秀,高峙数百丈,如郭郭焉(民间所谓捍火山也)。其绝顶西南,下视建之地邑(民间谓之望州山)。山起壑源口而西,周抱北苑之群山,迤逦南绝,其尾岿然。山阜高者为壑源头,言壑源岭山自此首也。大山南北,以限沙溪。其东曰壑,水之所出。水出山之南,东北合为建溪。壑源口者,在北苑之东北。南径数里,有僧居曰承天,有园陇北税官山。其茶甘香,特胜近焙,受水则浑然色重,粥面无泽。道山之南,又西至于章历。章历西曰后坑,西曰连焙,南曰焙上,又南曰新宅;又西曰岭根,言北山之根也。茶多植山之阳,其土赤埴,其茶香少而黄白。岭根有流泉,清浅可涉。涉泉而南,山势回曲,东去如钩,故其地谓之壑岭坑头,茶为胜绝处。又东,别为大窠坑头,至大窠为正壑岭,实为南山。土皆黑埴,茶生山阴,厥味甘香,厥色青白,及受水,则淳淳光泽(民间谓之冷粥面)。视其面,涣散如粟。虽去社,芽叶过老,色益青明,气益郁然,其止则苦去而甘至(民间谓之草木大而味大是也)。他焙芽叶过老,色益青浊,气益勃然,甘至,则味去而苦留,为异矣。大窠之东,山势平尽,曰壑岭尾,茶生其间,色黄而味多土气。绝大窠南山,其阳曰林坑,又西南曰壑岭根,其西曰壑岭头。道南山而东,曰穿栏焙,又东曰黄际。其北曰李坑,山渐平下,茶色黄而味短。自壑岭尾之东南,溪流缭绕,冈阜不相连附。极南坞中曰长坑,逾岭为叶源。又东为梁坑,而尽于下湖。叶源者,土赤多石,茶生其中,色多黄青,无粥面粟纹而颇明爽,复性重喜沉,为次也。

佛岭

佛岭连接叶源、下湖之东,而在北苑之东南,隔壑源溪水。道自章阪东际为丘坑,坑口西对壑源,亦曰壑口。其茶黄白面味短。东南曰曾坑(今属北苑),其正东曰后历。曾坑之阳曰佛岭,又东至于张坑,又东曰李坑,又有硬头、后洋、苏池、苏源、郭源、南源、毕源、苦竹坑、歧头、槎头,皆周环佛岭之东南。茶少甘而多苦,色亦重浊。又有簧源(簧,音胆,未详此字)、石门、江源、白沙,皆在佛岭之东北。茶泛然缥尘色而不鲜明,味短而香少,为劣耳。

沙溪

沙溪去北苑西十里,山浅土薄,茶生则叶细,芽不肥乳。自溪口诸焙,色黄而土气。自龚漈南曰挺头,又西曰章坑,又南曰永安,西南曰南坑漈,其西曰砰溪。又有周坑、范源、温汤漈、厄源、黄坑、石龟、李坑、章村、小梨,皆属沙溪。茶大率气味全薄,其轻而浮,涥涥如土色,制造亦殊壑源者,不多留膏,盖以去膏尽,则味少而无泽也(茶之面无光泽也),故多苦而少甘。

茶名

茶之名类殊别,故录之。

茶之名有七:

一曰白叶茶,民间大重,出于近岁,园焙时有之。地不以山川远近,发不以社之先后,芽叶如纸,民间以为茶瑞,取其第一者为斗茶。而气味殊薄,非食茶之比。今出壑源之大窠者六(叶仲元、叶世万、叶世荣、叶勇、叶世积、叶相),壑源岩下一(叶务滋)、源头二(叶团、叶肱)、壑源后坑一(叶久)、壑源岭根三(叶公、叶品、叶居)、林坑黄漈一(游容)、丘坑一(游用章)、毕源一(王大照)、佛岭尾一(游道生)、沙溪之大梨漈上一(谢汀)、高石岩一(云撵院)、大梨一(吕演)、砰溪岭根一(任道者)。

次有柑叶茶,树高丈余,径头七八寸,叶厚而圆,状类柑橘之叶。其芽发即肥乳,长二寸许,为食茶之上品。

三曰早茶,亦类柑叶,发常先春,民间采制为试焙者。

四曰细叶茶,叶比柑叶细薄,树高者五六尺,芽短而不乳,今生沙溪山中,盖土薄而不茂也。

五曰稽茶,叶细而厚密,芽晚而青黄。

六曰晚茶,盖稽茶之类,发比诸茶晚,生于社后。

七曰丛茶,亦曰蘖茶,丛生,高不数尺,一岁之间,发者数四,贫民取以为利。

【六闲居华旭注】"(白叶茶)民间以为茶瑞,取其第一者为斗茶。而气味殊薄,非食茶之比",实事求是,不迷信。子安善鉴。

"次有柑叶茶,树高丈余,径头七八寸",此应为野生茶。

采茶

辨茶须知制造之始,故次。

建溪茶,比他郡最先,北苑、壑源者尤早。岁多暖,则先惊蛰十日即芽;岁多寒，则后惊蛰五日始发。先芽者，气味俱不佳，唯过惊蛰者最为第一。民间常以惊蛰为候。诸焙后北苑者半月，去远则益晚。凡采茶必以晨兴，不以日出。日出露晞，为阳所薄，则使芽之膏腴立耗于内，茶及受水而不鲜明，故常以早为最。凡断芽必以甲，不以指。以甲则速断不柔，以指则多温易损。择之必精，濯之必洁，蒸之必香，火之必良，一失其度，俱为茶病（民间常以春阴为采茶得时。日出而采，则芽叶易损，建人谓之采摘不鲜是也）。

茶病

试茶辨味，必须知茶之病，故又次之。

芽择肥乳，则甘香而粥面着盏而不散。土瘠而芽短，则云脚涣乱，去盏而易散。叶梗半，则受水鲜白。叶梗短，则色黄而泛（梗，谓芽之身除去白合处，茶民以茶之色味俱在梗中）。乌蒂、白合，茶之大病。不去乌蒂，则色黄黑而恶。不去白合，则味苦涩。丁谓之论备矣。蒸芽必熟，去膏必尽。蒸芽未熟，则草木气存，适口则知。去膏未尽，则色浊而味重。受烟则香夺，压黄则味失，此皆茶之病也（受烟，谓过黄时火中有烟，使茶香尽而烟臭不去也。压黄，谓去膏之时，久留茶黄未造，使黄经宿，香味俱失，弇然气如假鸡卵臭也）。

【六闲居华旭评】曾与同道言，从理论上说，善鉴茶者，可于茶中品鉴出该茶出自某县某乡某山某坡之某处，采自某日何时，烘焙过程中各工序是否到位等等。总之，可于茶中解读出的信息远比我们想像的多得多。子安先生此文堪称注脚。

从此文中可鉴，子安先生对建茶之熟悉，早已形成完整的体系，各处茶园分布如何，土壤环境如何，茶种如何，特性如何，茶性与环境之关联如何，各处发芽之先后，最佳采摘时间如何，烘焙过程中各个工序要点如何，影响如何，无不了然于胸。其心目中早已建立一完整的建茶样板体系。这套体系之所以能够建立，是基于作者对建茶产区长期深入的了解，大量的涉及不同建茶的品饮与对比，还包括针对环境、土壤；采制时间；烘焙工艺；茶性之间的真切感悟。各个方面缺一不可，否则难以建立如此完备的样板体系。

换而言之，正是由于作者心目中已有类似的样板体系，在品鉴建茶的过程中，作者较容易根据其口感、香气、茶叶种类等细微特性判断出该茶出自建茶产区的某处某山；进一步还可以依据其口味中的某些细小特征，判别出产地的高低；采摘时间、烘焙加工是否恰当，如有不足，不足何在等等。

从存世的有限资料解读，唐宋茶人不乏感悟，但就茶叶细节，包括地理分布、环境、土壤、品种、茶性、采制烘焙等第一手资讯,把握如此完整深入者,宋子安堪称第一人。善言者未必善鉴善悟,如欧阳修;善鉴善悟者未必有条件充分掌握茶叶种植、烘焙等细节,如赵佶;子安先生可谓善言、善鉴、善悟,细节把握充分。

后人著录茶书,少有传承子安先生此方式且如此精深者,此为华夏茶道之遗憾。

今日善于充分掌握一地之茶叶细节者,不乏其人,各个茶叶产区尚存一些前辈高人,但善于表述如子安先生者极少;而善于表述者,却少有把握细节资料丰富如子安先生者。因此出现一类奇怪现象:活动于台面,常言茶艺、茶道者,未必善于品鉴,甚至将茶道错误地引入拙劣的形式表演,弱化精神层面的体验、解读与技术层面的锤炼、交流。目前善于品鉴者多出自各产地的种植、烘焙世家,他们长期深入沉浸在该茶叶的具体细节信息环境之中,解读相对深刻真切。但多局限于某一地之茶,较少涉及其他地区其他种类之茶。他们有轻视所谓专家的理由与资本,但有关华夏茶文化体系整体背景的资讯不够完整,且常存有对自己熟悉的茶叶种类多见其长,对于其他茶叶种类多言其短,有失包容与公允。

建茶地区如建茶圣祠,宋子安完全有资格入祀,奉为亚圣,当不为过。

4.品茶要录

宋代黄儒的《品茶要录》首次针对茶叶加工过程中出现的各种弊端展开专项分析。

总论

说者常怪陆羽《茶经》不第建安之品,盖前此茶事未甚兴,灵芽真笋,往往委翳消腐,而人不知惜。自国初以来,士大夫沐浴膏泽,咏歌升平之日久矣。夫体势洒落,神观冲淡,惟兹茗饮为可喜。园林亦相与摘英夸异,制卷鬻新,而趋时之好,故殊绝之品始得自出于蓁莽之间,而其名遂冠天下。借使陆羽复起,阅其金饼,味其云腴,当爽然自失矣。

因念草木之材,一有负瑰伟绝特者,未尝不遇时而后兴,况于人乎!然士大夫间为珍藏精试之具,非会雅好真,未尝辄出。其好事者,又尝论其采制之出入,器用之宜否,较试之汤火,图于缣素,传玩于时,独未有补于赏鉴之明尔。盖园民射利,膏油其面,色品味易辨而难评。予因收阅之暇,为原采造之得失,较试之低昂,次为十说,以中其病,题曰"品茶要录"云。

【六闲居华旭注】何必苛求于陆羽"不第建安之品",一如苛求唐人为何少作宋词。事物发展总有一过程,由简及繁,由草创至精微。

一、采造过时

茶事起于惊蛰前,其采芽如鹰爪,初造曰试焙,又曰一火,其次曰二火。二火之茶,已次一火矣。故市茶芽者,惟同出于三火前者为最佳。尤喜薄寒气候,阴不至于冻(芽茶尤畏霜,有造于一火二火皆遇霜,而三火霜霁,则三火之茶胜矣)。晴不至于暄,则谷芽含养约勒而滋长有渐,采工亦优为矣。凡试时泛色鲜白,隐于薄雾者,得于佳时而然也;有造于积雨者,其色昏黄;或气候暴暄,茶芽蒸发,采工汗手熏渍,拣摘不给,则制造虽多,皆为常品矣。试时色非鲜白、水脚微红者,过时之病也。

【六闲居华旭注】"芽茶尤畏霜,有造于一火二火皆遇霜,而三火霜霁,则三火之茶胜矣",此处颇见精微。惊蛰前的第一采原本最佳,如遇下霜等恶劣天气,理当避免或延迟,如采摘,只怕不及后续采制的质量佳。

二、白合盗叶

茶之精绝者曰斗,曰亚斗,其次拣芽、茶芽。斗品虽最上,园户或止一株,盖天材间有特异,非能皆然也。且物之变势无穷,而人之耳目有尽,故造斗品之家,有昔优而今劣、前负而后胜者。虽人工有至有不至,亦造化推移,不可得而擅也。其造,一火曰斗,二火曰亚斗,不过十数銙而已。拣芽则不然,遍园陇中择其精英者尔。其或贪多务得,又滋色泽,往往以白合盗叶间之。试时色虽鲜白,其味涩淡者,间白合盗叶之病也(一鹰爪之芽,有两小叶抱而生者,白合也。新条叶之抱生而色白者,盗叶也。造拣芽常别取鹰爪,而白合不用,况盗叶乎)。

三、入杂

物固不可以容伪,况饮食之物,尤不可也。故茶有入他叶者,建人号为"入杂"。銙列入柿叶,常品入桴、槛叶。二叶易致,又滋色泽,园民欺售直而为之。试时无粟纹甘香,盖面浮散,隐如微毛,或星星如纤絮者,入杂之病也。善茶品者,侧盏视之,所入之多寡,从可知矣。向上下品有之,近虽銙列,亦或勾使。

四、蒸不熟

谷芽初采,不过盈箱而已,趣时争新之势然也。既采而蒸,既蒸而研。蒸有不熟之病,有过熟之病。蒸不熟,则虽精芽,所损已多。试时色青易沉,味为桃仁之气者,不蒸熟之病也。唯正熟者,味甘香。

五、过熟

茶芽方蒸,以气为候,视之不可以不谨也。试时色黄而粟纹大者,过熟之病也。然虽过熟,愈于不熟,甘香之味胜也。故君谟论色,则以青白胜黄白;余论味,则以黄白胜青白。

【六闲居华旭注】“故君谟论色,则以青白胜黄白;余论味,则以黄白胜青白”,茶之色香味,自当以味为先,色为末。黄儒此论较蔡襄深刻。蒸不熟者,色青,涩味较重(即所谓桃仁之气),香气未能充分制作出来;过熟者,色黄,涩味基本上已处理掉,甘香味也较容易出来。整体而言,较不熟者佳。

六、焦釜

茶,蒸不可以逾久,久而过熟,又久则汤干,而焦釜之气上。茶工有泛新汤以益之,是致熏损茶黄。试时色多昏红,气焦味恶者,焦釜之病也。建人号为热锅气。

七、压黄

茶已蒸者为黄,黄细,则已入卷模制之矣。盖清洁鲜明,则香色如之。故采佳品者,常于半晓间冲蒙云雾,或以罐汲新泉悬胸间,得必投其中,盖欲鲜也。其或日气烘烁,茶芽暴长,工力不给,其采芽已陈而不及蒸,蒸而不及研,研或出宿而后制,试时色不鲜明,薄如坏卵气者,压黄之病也。

八、渍膏

茶饼光黄,又如荫润者,榨不干也。榨欲尽去其膏,膏尽则有如干竹叶之色。唯饰首面者,故榨不欲干,以利易售。试时色虽鲜白,其味带苦者,渍膏之病也。

九、伤焙

夫茶本以芽叶之物就之卷模,既出卷,上笪焙之,用火务令通彻。即以灰覆之,虚其中,以热火气。然茶民不喜用实炭,号为冷火,以茶饼新湿,欲速干以见售,故用火常带烟焰。烟焰既多,稍失看候,以故熏损茶饼。试时其色昏红,气味带焦者,伤焙之病也。

十、辨壑源、沙溪

壑源、沙溪,其地相背,而中隔一岭,其势无数里之远,然茶产顿殊。有能出力移栽植之，亦为土气所化。窃尝怪茶之为草，一物尔，其势必由得地而后异。岂水络地脉，偏钟粹于壑源？抑御焙占此大冈巍陇，神物伏护，得其余荫耶？何其甘芳精至而独擅天下也。观夫春雷一惊，筠笼才起，售者已担簦挈囊于其门，或先期而散留金钱，或茶才入笪而争酬所直，故壑源之茶常不足客所求。其有桀猾之园民，阴取沙溪茶叶，杂就卷而制之，人徒趣其名，睨其规模之相若，不能原其实者，盖有之矣。凡壑源之茶售以十，则沙溪之茶售以五，其直大率仿此。然沙溪之园民，亦勇于为利，或杂以松黄，饰其首面。凡肉理怯薄，体轻而色黄，试时虽鲜白，不能久泛，香薄而味短者，沙溪之品也。凡肉理实厚，体坚而色紫，试时泛盏凝久，香滑而味长者，壑源之品也。

【六闲居华旭注】此前各项茶病之分析，颇见深意。由后论所言，亦可佐证黄儒确为知茶善鉴者，可惜思维稍嫌偏狭，强调一技之长，不能客观公允地看待他人之长。

后论

余尝论茶之精绝者，白合未开，其细如麦，盖得青阳之轻清者也。又其山多带砂石而号嘉品者，皆在山南，盖得朝阳之和者也。余尝事闲，乘暑景之明净，适轩亭之潇洒，一取佳品尝试，既而神水生于华池，愈甘而清，其有助乎！然建安之茶，散天下者不为少，而得建安之精品不为多。盖有得之者亦不能辨；能辨矣，或不善于烹试；善烹试矣，或非其时，犹不善也，况非其宾乎？然未有主贤而宾愚者也。夫惟知此，然后尽茶之事。昔者陆羽号为知茶，然羽之所知者，皆今之所谓草茶。何哉？如鸿渐所论"蒸笋并叶，畏流其膏"，盖草茶味短而淡，故常恐去膏；建茶力厚而甘，故惟欲去膏。又论福建为"未详，往往得之，其味极佳"。由是观之，鸿渐未尝到建安欤？

【六闲居华旭注】"然羽之所知者，皆今之所谓草茶"，何以自我标榜如是？焉知明清文人不是视建茶如此？今人不是视宋人如此！

此文细说茶病九项，兼及品鉴之细节，互为印证，颇见深意。第十项更说及壑源、沙溪两处茶之优劣及辨别要点。

《东溪试茶录》真正开启建茶之地域茶系统研究，《品茶要录》则在此基础上，针对茶病这一领域深入细挖。

5.本朝茶法

《本朝茶法》原为沈括《梦溪笔谈》卷十二《官政二》中的一部分，元末陶宗仪《说郛》将其作为专书收录，以该段首四字题为书名。沈括于此专论茶政。

乾德二年，始诏在京、建州、汉、蕲口各置榷货务。五年，始禁私卖茶，从不应为情理重。

太平兴国二年，删定禁法条贯，始立等科罪。

淳化二年，令商贾就园户买茶，公于官场贴射，始行贴射法。淳化四年，初行交引，罢贴射法。西北入粟，给交引，自通利军始。是岁，罢诸处榷货务，寻复依旧。

至咸平元年，茶利钱以一百三十九万二千一百一十九贯三百一十九为额。至嘉祐三年，凡六十一年用此额，官本杂费皆在内，中间时有增亏，岁入不常。咸平五年，三司使王嗣宗始立三分法，以十分茶价，四分给香药，三分犀象，三分茶引。六年，又改支六分香药、犀象，四分茶引。景德二年，许人入中钱帛金银，谓之三说。

至祥符九年，茶引益轻，用知秦州曹玮议，就永兴、凤翔以官钱收买客引，以救引价，前此累增加饶钱。

至天禧二年，镇戎军纳大麦一斗，本价通加饶，共支钱一贯二百五十四。

乾兴元年，改三分法，支茶引三分，东南见钱二分半，香药四分半。天圣元年，复行贴射法，行之三年，茶利尽归大商，官场但得黄晚恶茶，乃诏孙奭重议，罢贴射法。明年，推治元议省吏计覆官、句献等，皆决配沙门岛；元详定枢密副使张邓公、参知政事吕许公、鲁肃简各罚俸一月；御史中丞刘筠、入内内侍省副都知周文质、西上閤门使薛昭廓、三部副使各罚铜二十斤；前三司使李谘落枢密直学士，依旧知洪州。

皇祐三年，算茶依旧只用见钱。至嘉祐四年二月五日，降敕罢茶禁。

国朝六榷货务，十三山场，都卖茶岁一千五十三万三千七百四十七斤半，祖额钱二百二十五万四千四十七贯一十。

其六榷货务取最中，嘉祐六年抛占茶五百七十三万六千七百八十六斤半，祖额钱一百九十六万四千六百四十七贯二百七十八。荆南府祖额钱三十一万五千一百四十八贯三百七十五，受纳潭、鼎、澧、岳、归、峡州、荆南府片散茶共八十七万五千三百五十七斤。汉阳军祖额钱二十一万八千三百二十一贯五十一，受纳鄂州片茶二十三万八千三百斤半。蕲州蕲口祖额钱三十五万九千八百三十九贯八百一十四，受纳潭、建州、兴国军片茶五十万斤。无为军祖额钱三十四万八千六百二十贯四百三十,受纳潭、筠、袁、池、饶、建、歙、江、洪州、南康、兴国军片散茶共八十四万二千三百三十三斤。真州祖额钱五十一万四千二十二贯九百三十二,受纳潭、袁、池、饶、歙、建、抚、筠、宣、江、吉、洪州、兴国、临江、南康军片散茶共二百八十五万六千二百六斤。海州祖额钱三十万八千七百三贯六百七十六,受纳睦、湖、杭、越、衢、温、婺、台、常、明、饶、歙州片散茶共四十二万四千五百九十斤。

十三山场祖额钱共二十八万九千三百九十九贯七百三十二,共买茶四百七十九万六千九百六十一斤。光州光山场买茶三十万七千二百十六斤,卖钱一万二千四百五十六贯;子安场买茶二十二万八千三十斤,卖钱一万三千六百八十九贯三百四十八;商城场买茶四十万五百五十三斤,卖钱二万七千七十九贯四百四十六;寿州麻步场买茶三十三万一千八百三十三斤,卖钱三万四千八百一十一贯三百五十;霍山场买茶五十三万二千三百九斤,卖钱三万五千五百九十五贯四百八十九;开顺场买茶二十六万九千七百七十七斤,卖钱一万七千一百三十贯;庐州王同场买茶二十九万七千三百二十八斤,卖钱一万四千三百五十七贯六百四十二;黄州麻城场买茶二十八万四千二百七十四斤,卖钱一万二千五百四十贯;舒州罗源场买茶一十八万五千八十二斤,卖钱一万四百六十九贯七百八十五;太湖场买茶八十二万九千三十二斤,卖钱三万六千九十六贯六百八十;蕲州洗马场买茶四十万斤,卖钱二万六千三百六十贯;王祺场买茶一十八万二千二百二十七斤,卖钱一万一千九百五十三贯九百三十二;石桥场买茶五十五万斤,卖钱三万六千八十贯。

【六闲居华旭评】沈括此处记述已非传统茶道范畴,更接近茶政范畴。茶道与茶政同属于茶文化,分属其中两个相邻领域。

无论是作为传统士大夫或现代知识分子,都不应只是满足于个人的小情调、小情怀,而应秉持"天下兴亡,匹夫有责"的社会责任感与大担当。面对茶道及茶文化方面,同样如此。仅此而言,作为传统士大夫的沈括,其社会责任感及担当,远远超越同时代的绝大多数文人。

茶政在宋代具有国策的地位。因为宋代丧失了北方所有军马产地,必须从北方少数民族地区输入军马,在当时军马是不折不扣的战略物资。这种对军马的需求无疑是宋朝廷一严重的战略劣势,好在北方民族对茶叶存有特殊的依赖,而北方不产茶,必须从宋朝输入。于是这就形成了宋朝与北方少数民族地区的茶马交易,彻底改变了宋朝廷面对北方少数民族的战略劣势地位。

更因为军马之需在战时与平时出入较大,可调控周期较长,便于国家根据内外情况,灵活把握不同时期的输入数量,以便获得价格、数量及性价比等方面的优势;而茶叶为少数民族的日常必需,正如少数民族谚语所言:宁可三日无粮,不可一日无茶。其对茶叶的需求量更稳定,输入周期更短,对比于军马,政府可调控的余地极其狭小。可惜翻检两宋对北方的茶马交易,宋朝廷并未把握主动权,而是处处受制于人。这是宋朝的悲哀,亦是宋朝士大夫的悲哀。

赵佶等在意著述《大观茶论》等,论及个人对茶道之见解,而漠视作为主政者对茶政的关注,此诚谓以一己之喜好而忘天下之兴亡,仅知小茶道,不知大茶道。因此而亡北宋,被虏至塞外,备受凌辱,纯属咎由自取,种瓜得瓜,只可惜祸及一朝百姓。

后人倾心于茶道者,勿忘鉴宋茶人之哀。切不可因小失大。

6.大观茶论

宋徽宗赵佶的《大观茶论》是继蔡襄《茶录》之后关于点茶法的经典之作。二者同为宋代茶文化之重要文献,对我们了解宋代茶道帮助甚大。

序

尝谓,首地而倒生,所以供人之求者,其类不一。谷粟之于饥,丝枲①之于寒,虽庸人孺子皆知,常须而日用,不以岁时之舒迫而可以兴废也。至若茶之为物,擅瓯闽之秀气,钟山川之灵禀,祛襟涤滞,致清导和,则非庸人孺子可得而知矣;冲淡简洁,韵高致静,则非遑遽之时可得而好尚矣。

【六闲居华旭注】"擅瓯闽之秀气",此时已首推浙江东南部、福建地区茶,唐代之名茶四川茶、江苏茶已位居其后。可见茶文化并非一成不变的,而是不断演进变化与发展的。"谷粟之于饥,丝枲之于寒"这属于物质层面之需要,为社会基本需要。高端品茶更多出于精神需要,文化属性更趋明显,未必被普通百姓所理解与接受。"祛襟涤滞,致清导和""冲淡简洁,韵高致静"是希望借助品饮佳茗获得的体验状态。

首先佳茗应具备优良的品质;其次品饮者应具备较强的敏感度,足以捕捉鉴别出此类佳茗的质优所在;最后借助此类信息的启示与诱导,使品饮者进入较理想的放松状态。一方面这类放松状态便于实现品饮者人体机能、机体的

---

① 《全书》有注:"丝枲:丝和麻。"

自我调节与修复，这一点已被现代医学研究所证实；另一方面这类放松状态是开启思维，诱导感悟的理想状态。

品饮佳茗仅仅是获取这类放松状态的途径，并非唯一。类似的途径还包括山水熏陶、清修。古代文人在意汲泉品茗，正是在意于茶与山水的综合作用；佛家多居佳山水处，主张清修，部分亦主张茶禅一味，其实也是借助类似方式的综合效用，期待更早实现开悟。

品茗是形式，是手段，目的在于修心。具体途径是以茶为媒，借助品饮方式进入放松状态，更进一步借以训练自己的敏感度。反过来，敏感度得以改善，对茶的品鉴水平也会得到相应改善。这是相辅相成的一体两面。

本朝之兴，岁修建溪之贡，龙团、凤饼，名冠天下，壑源之品，亦自此而盛。延及于今，百废俱举，海内晏然，垂拱密勿，俱致无为。荐绅之士，韦布之流，沐浴膏泽，熏托德化，咸以雅尚相推，从事茗饮。故近岁以来，采择之精，制作之工，品第之胜，烹点之妙，莫不咸造其极。且物之兴废，固自有然，亦系乎时之污隆。时或遑遽，人怀劳悴，则向所谓常须而日用，犹且汲汲营求，惟恐不获，饮茶何暇议哉！世既累洽，人恬物熙，则常须而日用者，因而厌饮狼藉。而天下之士，励志清白，竞为闲暇修索之玩，莫不碎玉锵金，啜英咀华，较箧笥之精，争鉴裁之妙，虽否士于此时，不以蓄茶为羞，可谓盛世之清尚也。

呜呼！至治之世，岂惟人得以尽其材，而草木之灵者，亦得以尽其用矣。偶因暇日，研究精微，所得之妙，人有不自知为利害者，叙本末列于二十篇，号曰"茶论"。

【六闲居华旭注】精神消费需要强有力的物质支持，宋朝是继唐朝之后又一富庶的朝代，在某些方面，宋之富庶甚至超越唐朝。

宋之茶道明显较唐之茶道精细，不但体察入微，器用方面更是取精用极。照理说宋人的情感世界是极其敏感的，可惜这类敏感的优势我们更多在宋人的填词、书法中发现，大学问、大政策方面却未见多少，反而颇多亏欠，以致一而再地亡于外族。看来宋人仅有小茶道，未见大茶道，宋人的胸襟、宋人的世界说到底还是太小了。假如宋人的敏感与精细是在唐人的恢弘大气的基础上实现的增容，又该如何？可惜宋人是拿精细与敏感置换了唐人的恢弘与大气。唐宋茶道的差异正如唐宋在诗词、书法方面的差异，这似乎已经成为两宋的时代特征与局限，后人当以此为戒。五国城（徽钦二帝被拘禁处）下茶难喝！

皇家御用是我国历史上一直以来最有效的品牌打造方式,皇家的威严是品牌的最佳背书,御用的严苛标准是产品品质的最佳保障。某茶如未曾被封为皇家御用,几乎气短三分。但秦朝以后,尤其是两宋以来渐趋松懈的官僚体制,成为摧毁品牌的最强有力手段。我国历史上普遍实行十五税一或十税一的税收政策,相对而言负担并不高。所征御用,多数时候朝廷的支付也不低,甚至偏高。但茶农的实际负担往往高达 30%,这多出的部分源自何处?无非是各级官吏的层层加码,或以火耗的名义直接增加税收,或以其他借口直接增加实物税,如皇宫原本要求每年进贡 10 斤,各级官吏层层加码之后,落实到茶农处则变成每年进贡 30 斤。极品所产有限,茶农为应付超额需求,或者降低质量标准,以次充好;或者增加成本,勉强应对。

各地物产,初被定为皇家御用,地方上往往欢喜之极,因为为地方开辟了新进项,造福一隅。延续一段时间之后,由于层层加码,百姓负担过重,以致痛恨此物产于此处,而恶意破坏。茶以外,宋朝寿山乡百姓用石阻塞五花坑以逃避朝廷征用亦为一例。儒家之大而化之,不严谨,喜欢和稀泥的态度不利于商品社会的发展。对比而言,法家更具契约精神,更利于商品经济的发展。

地产

植产之地,崖必阳,圃必阴。盖石之性寒,其叶抑以瘠,其味疏以薄,必资阳和以发之。土之性敷,其叶疏以暴,其味强以肆,必资阴以节之。今圃家皆植木,以资茶之阴。阴阳相济,则茶之滋长得其宜。

【六闲居华旭注】结论正确,解读未必正确。

"崖必阳",我国东南产茶区多为海洋性季风气候。山之东南面,春夏多海洋性暖湿气流,降雨充沛;而秋冬季的西北寒流则多被山体阻挡,波及至东南面,势头已明显减弱。另外,东南产茶区多在温带,东南面日照时间长,且以朝阳为主,西北面日照时间短,且以夕照为主。植物需要阳光,且多喜朝阳。故好茶多出自东南面,少有产于西北面的。"圃必阴",现代植物学已经破解,茶树虽喜阳光,但不宜过多的阳光直射,而是更适合散光漫射。因此"圃必阴",适当增加遮蔽,形成散光漫射更利于提升茶叶的品质。同时适当地保留一些高大乔木,改善地表涵养水分的功能,容易形成山岚云雾缭绕的小环境。云雾缭绕的环境一方面其本身即便于散光漫射,更符合茶树健壮生长需要;另一方面改善林下、林表湿度,同样更有利于茶树健康生长。现代的大规模人工茶园,多已将高大乔木砍伐殆尽。其实这类茶园的作法只是适合短期内增加产量,并不利于改善茶叶的原本品质。"盖石之性寒",风化的岩石中更容易析出各类微量矿物成分,这些微量矿物成分对改善茶叶的品质至关重要。但此类风化岩石中有机成分相对较少,难以满足植物的旺盛生长需要。"土之性敷",腐殖土中有机质含量较高,便于植物旺盛的生长,但所需微量元素未必充分。因此我们常常见到,山崖缝隙中生长出的植物多生长缓慢,生命力强;而山谷腐殖土较厚的地方植物生长旺盛。精品茶首重质量,而非产量。

天时

茶工作于惊蛰,尤以得天时为急。轻寒,英华渐长,条达而不迫,茶工从容致力,故其色味两全。若或时旸郁燠,芽奋甲暴,促工暴力,随槁。晷刻所迫①,有蒸而未及压,压而未及研,研而未及制,茶黄留渍,其色味所失已半。故焙人得茶天为庆。

【六闲居华旭注】江南地气虽暖,惊蛰时节采茶尚早,这或许是宋人过于苛求鲜嫩。宋建茶进贡有先后十纲之说,多言一二纲(龙焙贡新、龙焙试新)。不及三纲者,或许正源于此。

南北时节转暖各异,一山之向背不同,因此采茶时节何时最佳,不可一概而论。基本原则应为最初转暖时节,所萌发之第一批茶芽最佳。经冬孕育,逢春初萌,即保养分之充裕,又保春季之鲜嫩。第二遍茶多在初采后,经春雨催发而生,春季之鲜嫩尚可,多亏欠于内在养分不足,数泡之后,多弊于回水腹胀。因此前人重雨前胜于雨后还是有道理的。

茶芽非越细越好。抛开经济层面的考量,细芽虽嫩,难免不弊于劲道不足,涩味过重,如食菜心多有苦涩味。过大则偏老,伤于鲜嫩。各地各品种之茶,生长到什么程度采摘最佳,当地茶农应是最清楚的。宋人一味求细嫩,颇多走火入魔之嫌。

如在合适时节,茶芽长至合适时机,却赶上数日阴雨或烈日,同样难以获得上好品质。此为天公不作美。时节时机甚好,天气又理想,各地之茶于一日当中何时采摘最宜,各地因后续制茶工艺之差异与需要各有不同。一般而言,凌晨日出前后,是植物生长状态最佳的时候。

---

①　芽奋甲暴:茶芽猛长。促工暴力:忙乱急促地采摘。随槁:采摘的茶叶随即被晒枯。晷刻:古代的一种计时器,这里指时间。

采择

撷茶以黎明,见日则止。用爪断芽,不以指揉,虑气汗熏渍,茶不鲜洁。故茶工多以新汲水自随,得芽则投诸水。凡牙如雀舌谷粒者为斗品,一枪一旗为拣芽,一枪二旗为次之,余斯为下茶。茶始芽萌,则有白合,既撷则有乌蒂。白合不去,害茶味;乌蒂不去,害茶色。

【六闲居华旭注】如前所述,就植物一般生长规律而言,早上日出前后为生长最佳状态。但目前如凤凰单枞采摘多在晴天下午一至四时,这是为了方便后续晒青工艺的进行,相信武夷茶类似,因存有类似的晒青工艺要求。宋朝多采用蒸青工艺,不存在晒青工序,因此早上采摘更为合理。

顾及"气汗熏渍"而"得芽则投诸水",此为一得之后之一失,后人早有诟病。如洗青菜,泡水中较久,营养难免流失,青菜难免不染水臭味。因植物置于水中,其内部之营养成分与外部之水分难免不形成置换。营养流出,水分渗入。前人加工木材同样多用此方法。

求芽过细之弊如前所述。

蒸压

茶之美恶,尤系于蒸芽、压黄之得失。蒸太生则芽滑,故色清而味烈;过熟则芽烂,故茶色赤而不胶。压久则气竭味漓,不及则色暗味涩。蒸芽欲及熟而香,压黄欲膏尽亟止。如此,则制造之功,十已得七八矣。

【六闲居华旭注】蒸压工艺的基本要求:通过高温蒸压,一是迅速破坏茶叶中的酶的活性,制止多酚类化合物的酶性氧化,二是促进茶叶香型的形成。同时最大限度地避免对茶叶中其余营养成分的破坏,避免对香型、口感的破坏。

所谓"蒸太生则芽滑,故色清而味烈",这是因为蒸压温度或时间不足,未能充分破坏茶叶中酶的活性,导致颜色太青,草青味太重。"过熟则芽烂",茶叶内部的营养成分破坏严重,流失过多。"压久则气竭味漓",压太久了,茶的滋味变薄;"不及则色暗味涩",压制不够,涩味未除尽。

宋朝有建茶"味远而力厚"一说,因此工艺上有压黄去膏(茶叶中的汁水)一道工序。今日制茶多避免茶叶中的汁水流失。宋朝制作建茶采用压黄工艺,分析其中原因或许如下:当时之建茶多为野茶,驯化不足,滋味过于苦涩,因此需借助此工艺去涩味,将其口感柔化。但此仅为揣度,尚缺乏有力之证据;其次当时口味偏柔和,借此将建茶茶味柔化;冲泡方式上的古今差异,或许也是造成对茶叶口味取向不同的原因之一。今日之半发酵工艺显然更好地平衡兼顾保存茶汁,柔化口感的两类需要。

制造

涤芽惟洁,濯器惟净,蒸压惟其宜,研膏惟热,焙火惟良。饮而有少砂者,涤濯之不精也。文理燥赤者,焙火之过熟也。夫造茶,先度日晷之短长,均工力之众寡,会采择之多少,使一日造成。恐茶过宿,则害色、味。

【六闲居华旭注】此处要求多针对团茶制作,未必适用于今日。但在意制作过程中的卫生,管控好各个环节的衔接,确保新茶一日之内完成主要工序之制作,这些都是合理的,至今尚需遵循的原则。

鉴辨

茶之范度不同,如人之有面首也。膏稀者,其肤蹙以文;膏稠者,其理敛以实;即日成者,其色则青紫;越宿制造者,其色则惨黑。有肥凝如赤蜡者,末虽白,受汤则黄;有缜密如苍玉者,末虽灰,受汤愈白。有光华外暴而中暗者,有明白内备而表质者。其首面之异同,难以概论。要之,色莹彻而不驳,质缜绎而不浮,举之则凝然,碾之则铿然,可验其为精品也。有得于言意之表者,可以心解。

【六闲居华旭注】茶叶制作过程中的所有工艺环节及标准要求都是有原因的。反过来,品饮过程中所鉴查到的所有色、香、味方面的不足,也都是有原因的,或者是原料采摘的缺失,或者为某道工序的把控不严,不到位。

比又有贪利之民,购求外焙已采之芽,假以制造,研碎已成之饼,易以范模,虽名氏、采制似之,其肤理色泽,何所逃于鉴赏哉。

【六闲居华旭注】茶叶造假之风宋已有之。提高鉴别方法仅为抵制造假的方法之一,不可过于依赖。加强行业管理属于更有效之方法,明清行会对此作用甚大。政府职能部门发挥作用,加强程序管控是另一重要方法,可惜此方法一直落实不力。今日造假之风依旧盛行。

白茶

白茶自为一种,与常茶不同,其条敷阐,其叶莹薄。崖林之间,偶然生出,虽非人力所可致。正焙之有者不过四五家,生者不过一二株,所造止于二三胯而已。芽英不多,尤难蒸焙。汤火一失,则已变而为常品。须制造精微,运度得宜,则表里昭澈,如玉之在璞,它无与伦也。浅焙亦有之,但品格不及。

【六闲居华旭注】此或为异化之茶树品种。由于茶树异化,由此获得某些特殊品质,刚好符合一时之偏好。

罗碾

碾以银为上,熟铁次之。生铁者,非淘炼槌磨所成,间有黑屑藏于隙穴,害茶之色尤甚,凡碾为制:槽欲深而峻,轮欲锐而薄。槽深而峻,则底有准而茶常聚;轮锐而薄,则运边中而槽不戛。罗欲细而面紧,则绢不泥而常透。碾必力而速,不欲久,恐铁之害色。罗必轻而平,不厌数,庶已细者不耗。惟再罗,则入汤轻泛,粥面光凝,尽茶色。

【六闲居华旭注】陆羽《茶经》:"碾,以橘木为之,次以梨、桑、桐、柘为之。"此处改用金属,且认定"银为上,熟铁次之。生铁者,非淘炼槌磨所成,间有黑屑藏于隙穴,害茶之色尤甚",这不但是进步,并且很合理。有关茶碾的形制要点,说明精准到位。

其实陆羽所记录的以唐代民间茶饮资讯为主,并未较多涉及皇家茶饮。从法门寺出土的唐代皇宫御用茶具看,茶碾已经使用"鎏金壶门座茶碾子"。

盏

盏色贵青黑,玉毫条达者为上,取其焕发茶采色也。底必差深而微宽。底深则茶直立,易以取乳;宽则运筅旋彻,不碍击拂。然须度茶之多少,用盏之小大。盏高茶少,则掩蔽茶色;茶多盏小,则受汤不尽。盏惟热,则茶发立耐久。

【六闲居华旭注】陆羽《茶经》就茶盏(碗),评价"越州上"并具体评价道:"若邢瓷类银,越瓷类玉,邢不如越一也;若邢瓷类雪,则越瓷类冰,邢不如越二也;邢瓷白而茶色丹,越瓷青而茶色绿,邢不如越三也。"唐茶尚绿,越瓷白中带青,因此重越瓷;宋茶尚白,因此重建窑兔毫盏,取其便于衬托茶色。唐宋茶盏颜色的取向皆为便于衬托茶色,所差异者,推崇之茶色不一,唐尚绿,宋尚白。宋茶盏的形制也是出于点茶操作需要。

筅

茶筅以箸竹老者为之,身欲厚重,筅欲疏劲,本欲壮而末必眇,当如剑脊之状。

盖身厚重,则操之有力而易于运用。笕疏劲如剑脊,则击拂虽过而浮沫不生。

瓶

瓶宜金银,大小之制,惟所裁给。注汤利害,独瓶之嘴而已。嘴欲大而宛直,则注汤力紧而不散。嘴之未欲圆小而峻削,则用汤有节而不滴沥。盖汤力紧则发速有节,不滴沥,则茶面不破。

【六闲居华旭注】此为煮水用壶,非今日泡茶之壶。金壶奢华,使用者少。后人常用者:生铁铸造之壶(日本人极看重此类铁壶)、铜壶、银壶。曾见某文详细评价三类壶,各有利弊,较为公允。以导热论,银的导热效果最好,其次铜,最后铁;从实际水温效果看,顺序又未必如此;再从三类元素对人体的影响看,三元素皆为人体所需。

杓

杓之大小,当以可受一盏茶为量。过一盏则必归其余,不及则必取其不足。倾勺烦数,茶必冰矣。

水

水以清轻甘洁为美,轻甘乃水之自然,独为难得。古人第水,虽曰中泠、惠山为上,然人相去之远近,似不常得。但当取山泉之清洁者,其次,则井水之常汲者为可用。若江河之水,则鱼鳖之腥,泥泞之污,虽轻甘无取。

凡用汤以鱼目、蟹眼连绎迸跃为度,过老则以少新水投之,就火顷刻而后用。

【六闲居华旭注】此处仍多为经验之谈,待深挖个中缘由。"取山泉之清洁者",此项今日普遍认同;"其次,则井水之常汲者为可用",前人掘井,多有用水井与饮水井之分。此处常汲者仅指饮水井,不应包含用水井。幼居邵阳,外祖母院中有井,周围多数院落皆有井,然多为用水井,仅有某一院落之井为饮水井。

江河之水非不可用,简而言之,一般上游优于中下游;江心优于江岸;远离人烟处优于人烟密集区;沙质河床处优于泥质河床处;水流较急处优于水流停滞处或湍急处(湍急的江水容易将江底的泥沙带起来;停滞处容易滋生藻类、鱼类等生物)。

"用汤以鱼目、蟹眼连绎迸跃为度"此为初沸之水。不及则水温不够;沸腾较久之水不利于饮用,现代科学已经给予更详尽之解释。

点

点茶不一,而调膏继刻。以汤注之,手重筅轻,无粟文蟹眼者,调之静面点。盖击拂无力,茶不发立,水乳未浃,又复增汤,色泽不尽,英华沦散,茶无立作矣。有随汤击拂,手筅俱重,立文泛泛,谓之一发点。盖用汤已故,指腕不圆,粥面未凝,茶力已尽,雾云虽泛,水脚易生。

妙于此者,量茶受汤,调如融胶。环注盏畔,勿使侵茶。势不欲猛,先须搅动茶膏,渐加击拂,手轻筅重,指绕腕旋,上下透彻,如酵蘖之起面,疏星皎月,灿然而生,则茶之根本立矣。

第二汤自茶面注之,周回一线,急注急止,茶面不动,击拂既力,色泽渐开,珠玑磊落。

三汤多寡如前,击拂渐贵轻匀,周环旋复,表里洞彻,粟文蟹眼,泛结杂起,茶之色十已得其六七。

四汤尚啬,筅欲转稍宽而勿速,其真精华彩,既已焕然,轻云渐生。

五汤乃可稍纵,筅欲轻盈而透达,如发立未尽,则击以作之。发立已过,则拂以敛之,结浚霭,结凝雪。茶色尽矣。

六汤以观立作,乳点勃然,则以筅著居,缓绕拂动而已。

七汤以分轻清重浊,相稀稠得中,可欲则止。乳雾汹涌,溢盏而起,周回凝而不动,谓之"咬盏",宜匀其轻清浮合者饮之。《桐君录》曰:"茗有饽,饮之宜人,虽多不力过也。"

【六闲居华旭注】点茶是宋代主流茶饮方式。点茶本是建安民间斗茶时使用的冲点茶汤的方法,宋代文人将其雅化。《茶录》《大观茶论》为宋代的点茶技艺奠定艺术化的理论基础,后人可以从这两本书中看到宋代点茶的全过程。

此处述说之细,可见宋代茶道之精致。今日大陆已少见点茶茶道。日本抹茶茶道颇多取法宋代点茶处,可资解读。

味

夫茶以味为上。甘香重滑,为味之全,惟北苑、壑源之品兼之。其味醇而乏风骨者,蒸压太过也。茶枪乃条之始萌者,木性酸,枪过长,则初甘重而终微涩。茶旗乃叶之方敷者,叶味苦,旗过老,则初虽留舌而饮彻反甘矣。此则芽胯有之。若夫卓绝之品,真香灵味,自然不同。

【六闲居华旭注】茶之色香味,首重在味,其次在香,最次在色。

"甘香重滑"稍嫌笼统。就今日茶况而言,甘香为茶之基本味道,重滑为多数建茶之特点。但今日建茶之重滑多源自轻微发酵工艺,而宋代尚无发酵工艺,皆为不发酵茶。重滑之味何来?或许宋代建茶较今日建茶口味更重。"其味醇而乏风骨者,蒸压太过也",味醇源自建茶本身,乏风骨因为蒸压太过,茶汁流失太多。

所谓枪旗两性,待进一步求证。但过嫩则涩、薄,过老则粗浊则是植物生长之基本规律。茶叶同样如此。

香

茶有真香,非龙麝可拟。要须蒸及熟而压之,及干而研,研细而造,则和美具足,入盏则馨香四达,秋爽洒然。或蒸气如桃仁夹杂,则其气酸烈而恶。

【六闲居华旭注】茶有茶香,出自茶本身,不同于龙麝之香。各地之茶,不同工艺之制作,形成的香气类型不尽相同。

熊蕃《宣和北苑贡茶录》记载:"初,贡茶皆入龙脑,至是虑夺真味,始不用焉。"当时建安民间茶人自己试茶从不加添香料,却对贡茶"微以龙脑和膏,欲助其香"。这只是因为贡茶要求过于细嫩,茶叶的滋味香气不全,因此借助外香补其不足,这种做法至宣和年间才被纠正。

色

点茶之色,以纯白为上真,青白为次,灰白次之,黄白又次之。天时得于上,人力尽于下,茶必纯白。天时暴暄,芽萌狂长,采造留积,虽白而黄矣。青白者,蒸压微生;灰白者,蒸压过熟。压膏不尽,则色青暗。焙火太烈,则色昏赤。

【六闲居华旭注】这是指点茶的茶汤颜色,并非干茶或茶饼的原色。今日茶叶制作及冲泡方法已不同于宋朝,因此茶汤颜色的鉴别标准同样不同,不可照搬。

藏焙

焙数则首面干而香减,失焙则杂色剥而味散。要当新芽初生即焙,以去水陆风湿之气。焙用熟火置炉中,以静灰拥合七分,露火三分,亦以轻灰糁覆,良久即置焙篓上,以逼散焙中润气。然后列茶于其中,尽展角焙之,未可蒙蔽,候火通彻覆之。火之多少,以焙之大小增减。探手炉中,火气虽热,而不至逼人

手者为良。时以手接茶体,虽甚热而无害,欲其火力通彻茶体耳。或曰,焙火
如人体温,但能燥茶皮肤而已,内之余润未尽,则复蒸暍矣。焙毕,即以用久漆
竹器中缄藏之,阴润勿开。如此终年,再焙,色常如新。

【六闲居华旭注】定期烘焙是当时储藏茶叶,保全品质的重要方式。但此
处"时以手接茶体"未必合适,采茶时都"不以指揉,虑气汗熏渍,茶不鲜洁。故
茶工多以新汲水自随,得芽则投诸水",此时何以如此!? 何况前者仅在品饮之
前,后者却在蒸压之前。

所用"缄藏之"的漆器必须是使用时间较久的。漆器之妙在于轻便且防潮
效果较好。但新漆有味道,容易被茶叶吸收。老漆器较好,但应注意不可沾染
其他味道。

品名

名茶各以所产之地,如叶耕之平园、台星岩,叶刚之高峰青凤髓,叶思纯之
大岚,叶屿之眉山,叶五崇林之罗汉山水,叶芽、叶坚之碎石窠、石白窠(一作突
窠),叶琼、叶辉之秀皮林,叶师复、师贶之虎岩,叶椿之无双岩芽,叶懋之老窠
园,名擅其门,未尝混淆,不可概举。前后争鬻,互为剥窃,参错无据。曾不思
茶之美恶,在于制造之工拙而已,岂冈地之虚名所能增减哉。焙人之茶,固有
前优而后劣者、昔负而今胜者,是亦园地之不常也。

【六闲居华旭注】宋代建茶商品经济发达,竞争激烈,品牌保护与仿冒、知
识产权保护与技术交流之间的矛盾已经出现,产地与加工技术之间的关系也
有待理清,不少问题困扰茶业至今。

当时已有品牌意识(称之为"招牌"),因此"名擅其门,未尝混淆,不可概
举",但亦不乏跟风仿冒者"前后争鬻,互为剥窃,参错无据"。对此,赵佶的理
解及对策为"曾不思茶之美恶,在于制造之工拙而已,岂冈地之虚名所能增减
哉"。显然他认为茶叶的制作工艺更为重要,远甚于茶叶之产地。而今日多强
调产地,强调原产地标识及认证即为一例。其实皆稍嫌片面。仅就中高端茶
叶而言,原料的因素占到品质因素的六成,加工因素占到品质因素的四成,更
重要的是二者之间是乘数效应的关系,绝非简单的增减关系。茶叶原料不尽理
想,纵使良工,亦难有上佳之表现。正如玉雕大师难以在鹅卵石上雕刻出精彩作
品一样,同样的技法,原料的不同所能保留与承载的信息不同;相反,茶叶原料极
佳,但烘焙之工不佳,原料之质优性并未得到最大之表现,不足之处并未的到有

效之化解,茶同样未必理想。同样,玉石上佳,却逢劣工,相玉即不到位,原玉石之优点未能得到充分展示,缺点又未能有效化解,玉料虽佳,玉件则未必理想。

赵佶不该重工艺而轻视茶叶产地环境等(茶叶原料的重要品质参考因素);今日不该重产地而轻视工艺,其实好茶好在料工双绝。何况今日之"原产地标识及认证"往往过于泛泛,仍不够精细、严谨,所划分之区域不但宽泛,而且有越划分越大之嫌疑,最典型者或属龙井茶。

外焙

世称外焙之茶,商小而色驳,体好而味淡,方之正焙,昭然可别。近之好事者篚笥之中,往往半之蓄外焙之品。盖外焙之家,久而益工制造之妙,咸取则于壑源,效像规模,摹外为正。殊不知,其商虽等而蔑风骨,色泽虽润而无藏蓄,体虽实而膏理乏缜密之文,味虽重而涩滞乏馨香之美,何所逃乎外焙哉。虽然,有外焙者,有浅焙者。盖浅焙之茶,去壑源为未远,制之能工,则色亦莹白,击拂有度,则体亦立汤,惟甘重香滑之味稍远于正焙耳。至于外焙,则迥然可辨。其有甚者,又至于采柿叶桴榄之萌,相杂而造,味虽与茶相类,点时隐隐有轻絮泛然,茶面粟文不生,乃其验也。桑苎翁曰:"杂以卉莽,饮之成病。"可不细鉴而熟辨之?

【六闲居华旭注】此处则更详细说及贡茶的仿制品与茶叶之造假。

赵佶对茶的鉴赏能力相当高。部分高仿的贡茶,产地相近,工艺相当,区别微乎其微,鉴别的难度极高,赵佶可以细说其中要点及关键,确实不易。

但赵佶对茶之关注,多取文人赏玩之角度,不见一语涉及国家管理角度,未曾涉及茶政?宋代商业之繁荣,堪称一时世界之首,超越此前历朝历代。为何仅仅多了几本文人鉴茶之书,而未见金融基础知识、商贸基础入门一类资料出现?宋朝如此,明朝何曾不是如此!此类情况延至近现代方见改观。

赵佶未能以大政商道谋事,而醉心于精巧精致之雅玩,此主持国政者乎,超级发烧之文艺青年乎?以超级发烧之文艺青年代持国政,焉有不误国者!

赵佶只知茶之小道,不知茶之大道!

赵佶此著对茶叶产地及茶道本体解读、建树、突破有限,较多着意于器用之细节,有舍本逐末之嫌。

7.北苑别录

《北苑别录》为赵汝砺所撰,清时汪继壕按校,部分按注,尤其是转自《东溪试茶录》部分,为免重复,于此皆删除。

　　建安之东三十里,有山曰凤凰。其下直北苑,旁联诸焙。厥土赤壤,厥茶惟上上。太平兴国中,初为御焙,岁模龙凤,以羞贡篚,益表珍异。庆历中,漕台益重其事,品数日增,制度日精。厥今茶自北苑上者,独冠天下,非人间所可得也。方其春虫震蛰,千夫雷动,一时之盛,诚为伟观。故建人谓:至建安而不诣北苑,与不至者同。仆因摄事,遂得研究其始末。姑撮其大概,条为十余类,目曰《北苑别录》云。

御园

　　九窠十二陇(按《建安志·茶陇》注云:"九窠十二陇即土山之凹凸处,凹为窠、凸为陇。")

　　麦窠、壤园、龙游窠、小苦竹、苦竹里、鸡薮窠、苦竹、苦竹源、鼯鼠窠、教炼垄、凤凰山、大小焊、横坑、猿游陇、张坑、带园、焙东、中历、东际、西际、官平、上下官坑、石碎窠、虎膝窠、楼陇、蕉窠、新园、夫楼基(按《建安志》作大楼基)、阮坑、曾坑、黄际、马鞍山、林园、和尚园、黄淡窠、吴彦山、罗汉山、水桑窠、师姑园、铜场、灵滋、范马园、高畬、大窠头、小山

　　右四十六所,广袤三十余里。自官平而上为内园,官坑而下为外园。方春灵芽莩坼,常先民焙十余日。如九窠十二陇、龙游窠、小苦竹、张坑、西际,又为禁园之先也。

　　【六闲居华旭注】此处资料宜与《东溪试茶录》对比解读,互为佐证。

开焙

　　惊蛰节,万物始萌,每岁常以前三日开焙,遇闰则反之,以其气候少迟故也。(按《建安志》:"候当惊蛰,万物始萌。漕司常前三日开焙,令春夫喊山以助和气,遇闰则后二日。")

　　【六闲居华旭注】此处开焙时间不及《东溪试茶录》准确、深刻。开焙时间乃靠天吃饭,气暖则提早,天寒则延后;避曝日,忌阴湿。不可过分拘泥。

采茶

　　采茶之法,须是侵晨,不可见日。侵晨则夜露未晞,茶芽肥润;见日则为阳气所薄,使芽之膏腴内耗,至受水而不鲜明。故每日常以五更挝鼓,集群夫于

凤凰山(山有打鼓亭),监采官人给一牌入山,至辰刻则复鸣锣以聚之,恐其逾时贪多务得也。

大抵采茶亦须习熟,募夫之际,必择土著及谙晓之人。非特识茶发早晚所在,而于采摘亦知其指要。盖以指而不以甲,则多温而易损;以甲而不以指,则速断而不柔(从旧说也)。故采夫欲其熟习,政为是耳(采夫日役二百二十五人)。

【六闲居华旭注】植物如人,每日亦有休眠阶段、萌动阶段。"须是侵晨,不可见日",此时采茶应是取其将萌未动之际。今日采茶时间未必如此。

拣茶

茶有小芽,有中芽,有紫芽,有白合,有乌蒂,此不可不辨。小芽者,其小如鹰爪,初造龙园胜雪、白茶,以其芽先次蒸熟,置之水盆中,剔取其精英,仅如针小,谓之水芽。是小芽中之最精者也。中芽,古谓之一枪一旗是也。紫芽,叶之紫者是也。白合,乃小芽有两叶抱而生者是也。乌蒂,茶之蒂头是也。凡茶以水芽为上,小芽次之,中芽又次之,紫芽、白合、乌蒂,皆在所不取。使其择焉而精,则茶之色味无不佳。万一杂之以所不取,则首面不均,色浊而味重也。

【六闲居华旭注】缺乏实物佐证,难作确切解读。有两种可能:其一,当时以野茶为主,或人工培育改良不完全,味重浊,一如今日普洱老树乔木茶,又如野猪肉较家猪肉之口味,因此宋人拣芽力求其细,取其初萌味较薄,再佐以过水等工艺,尽量去其重浊;其二,宋人口味趋柔美,远浑厚。因此有此工艺以便柔化建茶口感。

蒸茶

茶芽再四洗涤,取令洁净。然后入甑,俟汤沸蒸之。然蒸有过熟之患,有不熟之患。过熟则色黄而味淡,不熟则色青易沉,而有草木之气,唯在得中之为当也。

榨茶

茶既熟,谓之"茶黄"。须淋数过(欲其冷也)。方入小榨,以去其水。又入大榨,出其膏(水芽以马榨压之,以其芽嫩故也)。先是包以布帛,束以竹皮,然后入大榨压之。至中夜,取出揉匀,复如前入榨,谓之翻榨。彻晓奋击,必至于干净而后已。盖建茶味远力厚,非江茶之比。江茶畏流其膏,建茶惟恐其膏之不尽。膏不尽,则色味重浊矣。

【六闲居华旭注】"盖建茶味远力厚,非江茶之比。江茶畏流其膏,建茶惟恐其膏之不尽。膏不尽,则色味重浊矣",宋人拘泥。建茶特点在厚重,江茶秉性近柔和。何必制建茶以求近江茶,一如以貂蝉之标准苛求于关公。明清茶人更正宋人此弊端,今日建茶求浑厚,江茶求清透,一如英雄美人,各展其长;又如汉隶晋草各显风光。

研茶

研茶之具,以柯为杵,以瓦为盆。分团酌水,亦皆有数。上而胜雪、白茶,以十六水,下而拣芽之水六,小龙、凤四、大龙、凤二,其余皆以十二焉。自十二水以上,日研一团。自六水而下,日研三团至七团。每水研之,必至于水干茶熟而后已。水不干,则茶不熟,茶不熟,则首面不匀,煎试易沉。故研夫犹贵于强而有手力者也。

尝谓天下之理,未有不相须而成者。有北苑之芽,而后有龙井之水。龙井之水,其深不以丈尺,清而且甘,昼夜酌之而不竭。凡茶自北苑上者皆资焉。亦犹锦之于蜀江,胶之于阿井,讵不信然?

造茶

造茶旧分四局,匠者起好胜之心,彼此相夸,不能无弊,遂而为二焉。故茶堂有东局、西局之名,茶铪有东作、西作之号。

凡茶之初出研盆,荡之欲其匀,揉之欲其腻,然后入圈制铪,随笪过黄。有方铪,有花铪,有大龙,有小龙。品色不同,其名亦异,故随纲系之贡茶云。

过黄

茶之过黄,初入烈火焙之,次过沸汤爁之。凡如是者三,而后宿一火,至翌日,遂过烟焙焉。然烟焙之火不欲烈,烈则面炮而色黑;又不欲烟,烟则香尽而味焦,但取其温温而已。凡火数之多寡,皆视其铪之厚薄。铪之厚者,有十火至于十五火;铪之薄者,亦八火至于六火。火数既足,然后过汤上出色。出色之后,当置之密室,急以扇扇之,则色泽自然光莹矣。

【六闲居注】此前诸节对宋朝建茶之制作工艺述说较为详细。

纲次

[继壕按]《西溪丛语》云"茶有十纲,第一第二纲太嫩,第三纲最妙,自六纲

至十纲，小团至大团而止。第一名曰试新，第二名曰贡新，第三名有十六色，第四名有十二色，第五名有十二色，已下五纲皆大小团也"，云云。

细色第一纲

龙焙贡新。水芽，十二水，十宿火。正贡三十銙，创添二十銙。（按《建安志》云："头纲用社前三日进发，或稍迟亦不过社后三日。第二纲以后，只火候数足发，多不过十日。粗色虽于五旬内制毕，却候细纲贡绝，以次进发。第一纲拜，其余不拜，谓非享上之物也。"）

细色第二纲

龙焙试新。水芽，十二水，十宿火，正贡一百銙，创添五十銙。（按《建安志》云："数有正贡，有添贡，有续添，正贡之外，皆起于郑可简为漕日增。"）

细色第三纲

龙园胜雪（按《建安志》云："龙园胜雪用十六水，十二宿火。白茶用十六水，七宿火。胜雪系惊蛰后造，茶叶稍壮，故耐火。白茶无培壅之力，茶叶如纸，故火候止七宿，水取其多，则研夫力胜而色白，至火力则但取其适，然后不损真味。"）水芽，十六水，十二宿火。正贡三十銙，续添三十銙，创添六十銙。（［继壕按］《说郛》作"续添二十銙，创添二十銙。"）

白茶。水芽，十六水，七宿火。正贡三十銙，续添十五銙。（［继壕按］《说郛》作"五十銙"。创添八十銙）

御园玉芽（按《建安志》云："自御苑玉芽下，凡十四品，系细色第三纲。其制之也，皆以十二水。唯玉芽、龙芽二色，火候止八宿，盖二色茶日数比诸茶差早，不敢多用火力。"）。小芽（［继壕按］据《建安志》，"小芽"当作"水芽"。详细色五纲条注。十二水，八宿火，正贡一百片）。

万寿龙芽。小芽，十二水，八宿火。正贡一百片。

上林第一（按《建安志》云"雪英以下六品，火用七宿，则是茶力既强，不必火候太多。自上林第一至启沃承恩凡六品，日子之制同，故量日力以用火力，大抵欲其适当。不论采摘日子之浅深，而水皆十二。研工多，则茶色白故耳"）。小芽，十二水，十宿火。正贡一百銙。

乙夜清供。小芽，十二水，十宿火。正贡一百銙。

承平雅玩。小芽，十二水，十宿火。正贡一百銙。

龙凤英华。小芽，十二水，十宿火。正贡一百銙。

玉除清赏。小芽，十二水，十宿火。正贡一百銙。

启沃承恩。小芽,十二水,十宿火。正贡一百銙。

雪英。小芽,十二水,七宿火。正贡一百片。

云叶。小芽,十二水,七宿火。正贡一百片。

蜀葵。小芽,十二水,七宿火。正贡一百片。

金钱。小芽,十二水,七宿火。正贡一百片。

玉叶。小芽,十二水,七宿火。正贡一百片。

寸金。小芽,十二水,九宿火。正贡一百銙。

细色第四纲

龙园胜雪。(已见前)正贡一百五十銙。

无比寿芽。小芽,十二水,十五宿火。正贡五十銙,创添五十銙。

万春银叶。小芽,十二水,十宿火。正贡四十片,创添六十片。

宜年宝玉。小芽,十二水,十二宿火。正贡四十片,创添六十片。

玉清庆云。小芽,十二水,九宿火。正贡四十片,创添六十片。

无疆寿龙。小芽,十二水,十五宿火。正贡四十片,创添六十片。

玉叶长春。小芽,十二水,七宿火。正贡一百片。

瑞云翔龙。小芽,十二水,九宿火。正贡一百八片。

长寿玉圭。小芽,十二水,九宿火。正贡二百片。

兴国岩銙(岩属南州,顷遭兵火废,今以北苑芽代之)。中芽,十二水,十宿火。正贡二百七十銙。

香口焙銙。中芽,十二水,十宿火。正贡五百銙。

上品拣芽。小芽,十二水,十宿火。正贡一百片。

新收拣芽。中芽,十二水,十宿火。正贡六百片。

细色第五纲

太平嘉瑞。小芽,十二水,九宿火。正贡三百片。

龙苑报春。小芽,十二水,九宿火。正贡六百片(创添六十片)。

南山应瑞。小芽,十二水,十五宿火。正贡六十銙,创添六十銙。

兴国岩拣芽。中芽,十二水,十五宿火。正贡五百一十片。

兴国岩小龙。中芽,十二水,十五宿火。正贡七百五十片。

兴国岩小凤。中芽,十二水,十五宿火。正贡五十片。

先春两色

太平嘉瑞(已见前)。正贡二百片。

长春玉圭（已见前）。正贡二百片。

续入额四色

御苑玉芽（已见前）。正贡一百片。

万寿龙芽（已见前）。正贡一百片。

无比寿芽（已见前）。正贡一百片。

瑞云翔龙（已见前）。正贡一百片。

粗色第一纲

正贡：不入脑子上品拣芽小龙，一千二百片。（按《建安志》云："入脑茶，水须差多，研工胜则香味与茶相入。不入脑茶，水须差省，以其色不必白，但欲火候深，则茶味出耳。"）六水，十宿火。

入脑子小龙，七百片。四水，十五宿火。

增添：不入脑子上品拣芽小龙，一千二百片。

入脑子小龙，七百片。

建宁府附发：小龙茶，八百四十片。

粗色第二纲

正贡：不入脑子上品拣芽小龙，六百四十片。

入脑子小龙，六百四十二片。入脑子小凤，一千三百四十四片（四水，十五宿火）。

入脑子大龙，七百二十片。二水，十五宿火。

入脑子大凤，七百二十片，二水，十五宿火。

增添：不入脑子上品拣芽小龙，一千二百片。

入脑子小龙，七百片。

建宁府附发：小凤茶，一千二百片。

粗色第三纲

正贡：不入脑子上品拣芽小龙，六百四十片。

入脑子小龙，六百四十四片。入脑子小凤，六百七十二片。

入脑子大龙，一千八片。

入脑子大凤，一千八片。

增添：不入脑子上品拣芽小龙，一千二百片。

入脑子小龙，七百片。

建宁府附发：大龙茶，四百片，大凤茶，四百片。

粗色第四纲

正贡：不入脑子上品拣芽小龙，六百片。

入脑子小龙，三百三十六片。

入脑子小凤，三百三十六片。

入脑子大龙，一千二百四十片。

入脑子大凤，一千二百四十片。

建宁府附发：大龙茶，四百片。大凤茶，四百片。

粗色第五纲

正贡：入脑子大龙，一千三百六十八片。

入脑子大凤，一千三百六十八片。

京铤改造大龙，一千六片。

建宁府附发：大龙茶，八百片。大凤茶，八百片。

粗色第六纲

正贡：入脑子大龙，一千三百六十片。

入脑子大凤，一千三百六十片。

京铤改造大龙，一千六百片。

建宁府附发：大龙茶，八百片。大凤茶，八百片。

京铤改造大龙，一千三百片。

粗色第七纲

正贡：入脑子大龙，一千二百四十片。

入脑子大凤，一千二百四十片。

京铤改造大龙，二千三百五十二片。

建宁府附发：大龙茶，二百四十片。大凤茶，二百四十片。

京铤改造大龙，四百八十片。

细色五纲[①]

贡新为最上，后开焙十日入贡。龙园胜雪为最精，而建人有"直四万钱"之语。夫茶之入贡，圈以箬叶，内以黄斗，盛以花箱，护以重篚，扃以银钥。花箱内外又有黄罗幕之，可谓什袭之珍矣。

---

① 按《建安志》云："细色五纲，凡四十三品，形式各异。其间贡新、试新、龙园胜雪、白茶、御苑玉芽，此五品中，水拣第一，生拣次之。"

粗色七纲[①]

拣芽以四十饼为角,小龙、凤以二十饼为角,大龙、凤以八饼为角。圈以箬叶,束以红缕,包以红楮,缄以蒨绫。惟拣芽俱以黄焉。

【六闲居华旭注】纲次一节颇似贡茶之明细账。可为佐证,以了解贡茶之茶政,工艺之细节。

开畲

草木至夏益盛,故欲导生长之气,以渗雨露之泽。每岁六月兴工,虚其本,培其土,滋蔓之草,遏郁之木,悉用除之。政所以导生长之气,而渗雨露之泽也。此之谓开畲。(按《建安志》云:"开畲,茶园恶草,每遇夏日最烈时,用众锄治,杀去草根,以粪茶根,名曰开畲。若私家开畲,即夏半、初秋各用工一次,故私园最茂,但地不及焙之胜耳。")惟桐木得留焉。桐木之性与茶相宜,而又茶至冬畏寒,桐木望秋而先落;茶至夏而畏日,桐木至春而渐茂,理亦然也。

外焙

石门、乳吉、香口,右三焙,常后北苑五七日兴工。每日采茶,蒸榨以过黄,悉送北苑并造。

【六闲居华旭注】下文有道及著述原委:补订《北苑贡茶录》。

舍人熊公,博古洽闻,尝于经史之暇,辑其先君所著《北苑贡茶录》,镂诸木以垂后。漕使侍讲王公,得其书而悦之,将命摹勒,以广其传。汝砺白之公曰:"是书纪贡事之源委,与制作之更沿,固要且备矣。惟水数有赢缩、火候有淹亟、纲次有后先、品色有多寡,亦不可以或阙。"公曰:"然。"遂摭书肆所刊修贡录曰几水、曰火几宿、曰某纲、曰某品若干云者条列之。又以所采择制造诸说,并丽于编末,目曰《北苑别录》。俾开卷之顷,尽知其详,亦不为无补。

淳熙丙午孟夏望日,门生从政郎福建路转运司主管账司赵汝砺敬书

【六闲居华旭注】此《北苑别录》涉及北宋建茶制作工艺处较为详细,因此选作资料,以便参考。《宣和北苑贡茶录》落笔制作工艺处较少,多着墨于细说

---

① 按《建安志》云:"粗色七纲,凡五品,大小龙凤并拣芽,悉入脑和膏为团,其四万饼,即雨前茶。闽中地暖,谷雨前茶已老而味重。"

模铸形制等,一如明清墨家之墨锭形制。于茶道可获益处乏,因此未收录。

8.其他著述

其余著述价值较为有限,部分仅取其精妙之处摘录如下。先摘抄唐庚所注《斗茶记》。

吾闻茶不问团銙,要之贵新;水不问江井,要之贵活。千里致水,真伪固不可知,就令识真,已非活水。自嘉祐七年壬寅至熙宁元年戊申,首尾七年,更阅三朝而赐茶犹在,此岂复有茶也哉!

【六闲居华旭注】此文其余部分多虚言,此摘录部分颇显精妙、深刻。

《茶录》为曾慥所作。

火前火后

蜀雅州蒙顶上,有火前茶,谓禁火以前采者。后者曰火后茶。又有石花茶。

注:禁火,指寒食节,在清明前一二日。此日禁止生火,吃冷食。

茶诗

古人茶诗:"欲知花乳清冷味,须是眠云卧石人。"

【六闲居华旭注】宋人论茶多着眼于建茶,少有涉及其他茶区之茶。此处"火前火后"所论涉及川茶名品蒙顶茶。

"茶诗"一节仅取此一联,原书标示为"古人茶诗"。查阅《全唐诗》,此应为刘禹锡《西山兰若试茶歌》中一联,原句为:欲知花乳清泠味,须是眠云跂路人。

《茶具图赞》为审安老人所作,人具体不详,图绘宋代常用茶具十二种。本为后人了解宋茶具之直观资料,偏偏给予各茶具以官名,实乃官腐之人,恶俗之举。

第二节 分析解读宋之茶道

两宋自上而下热衷文艺,却气局偏狭。真不知是山河残破导致宋人看问题的偏狭;抑或宋人的偏狭导致山河的残破。

宋朝的茶道传承自唐朝,大格局变化不多,细节更趋精细,茶饼的制作、茶具的要求等方面表现得尤为明显。其审美较唐更趋柔化,从建茶制作中水芽、去膏等工艺可见一斑。

茶叶主产地由唐代的四川、两湖、江浙等地转向福建、浙江,宋人所论多关注建茶。其中应包含较为复杂的政治原因,未必仅仅出于审美。吐蕃诸部的势力扩展侵及川西,来自川北的军事压力也很大,宋朝廷对川西的影响力减弱,川北、湖北等地在南宋的很长一个时期成为前线,淮河沿线类似。这时福建成为南宋朝廷的战略大后方。

宋朝时茶叶已经成为战略物资,但宋朝文人对此关注有限,几近盲点。

宋代茶道已演进为汉文化名片,影响远及海外。日本荣西禅师对茶道的再次引入及推广作为甚大,荣西禅师真正开启日本茶道。对比荣西禅师的《吃茶养生记》与宋代的蔡襄的《茶录》、赵佶的《大观茶论》,不难发现,荣西禅师等对茶道的解读距宋人水平较远,荣西所著明显不及《茶录》《大观茶论》。将《吃茶养生记》列为世界三大茶书之一,应非认同内容本身,而是考虑其对日本茶道发展的影响。但宋人对于茶道在对外文化传播方面的影响同样关注不够。

由唐至宋,茶政对国家的影响越发重要,但宋朝对茶政缺乏应有的深思与规划。宋朝商品经济之发达,堪称当时世界之最。但这仅仅反映在社会的基层层面,作为社会精英阶层的士大夫显然对此颇为麻木,关注明显不够,相关社会角色严重缺失。在中国的历朝之中,宋朝文人的社会地位最高,文人的社会地位亦被泛化,不但军职多由文人承担,不少专业化要求较高的社会职能同样由文人承担,但宋朝文人之意识与能力结构、知识结构并未作出相应调整,大多数以较为狭隘的意识与心态面对更趋广泛与多样的社会职能要求,结果是严重的集体不作为与失职。在军事领域,承担不起国防重任的需要,以至于一败再败。茶马贸易及其他海外贸易方面,大量宝贵的可资利用之资源又未得到较理想的利用。可以说,两宋并非一定灭亡,而是因为文人之不作为而灭亡。

从审美取向方面对比唐茶道与宋茶道,不难发现,唐诗宋词、唐代书法与宋代书法,唐代山水画与宋代山水画,颇多相通之处。唐诗恢弘大气,宋词以小巧精致为主;唐代书法以楷书演示法则,以草书展现激情,开拓进取意识明显,宋人则行书一枝独秀,更重文人之小情调与小情怀,明显不及唐人开张大气;唐代为中国山水画画风创立的重要时期,有以王维为代表的文人山水,有以大小李将军开启的青绿山水,更有画圣吴道子。宋朝是我国绘画史上的另一高峰期,同样成就极高,但多着眼于技法,至南宋,边山剩水式的构图盛行,同样长在精妙有余而大气不足。茶道类似,若论精细精致,或许唐不如宋,若论大格局、大视野及开拓之精神、敏锐之思维及包容性,宋不及唐。

第七章　明清之茶道

明初变点茶为散茶冲泡，今日之品饮方式由此定型。半发酵、发酵茶在此期间产生，各类制茶工艺基本成型。明晚期至清中晚期，茶叶走向欧美，成为真正的世界饮料。中国茶叶的最鼎盛期在此。

第一节　主要史料钩沉

明清文人视茶多拘泥于芥茶一隅，既不知中国之大，更无意世界之大。茶可以改变世界，却无法改变中国文人之麻木。悲乎！

明清两朝茶学著录同样很丰富，为另一繁荣期。在此仅收录其中较为重要的、影响较大的十四部著作，另有部分仅作摘录。

此一时期之文人著录多着眼于芥茶，较少涉及江浙、皖南以外之茶品，对同时期兴起之边贸茶、外贸茶，明显关注不够。同样趋于偏狭。

1.《茶谱》（朱权）

《茶谱》为现存明代最早的茶学著作，由朱权所作，稍见新意。

序

挺然而秀，郁然而茂，森然而列者，北园之茶也。泠然而清，锵然而声，涓然而流者，南涧之水也。块然而立，晬然而温，铿然而鸣者，东山之石也。瘿然而酸，兀然而傲，扩然而狂者，渠也。以东山之石，击灼然之火；以南涧之水，烹北园之茶。自非吃茶汉,则当握拳布袖,莫敢伸也!本是林下一家生活,傲物玩世之事,岂白丁可共语哉?予法举白眼而望青天,汲清泉而烹活火,自谓与天语以扩心志之大,符水以副内练之功,得非游心于茶灶,又将有裨于修养之道矣,岂惟清哉?

涵虚子臞仙书

【六闲居华旭注】"予法举白眼而望青天,汲清泉而烹活火,自谓与天语以扩心志之大,符水以副内练之功,得非游心于茶灶,又将有裨于修养之道矣,岂惟清哉",此中立意取法不可谓不高。朱权借道家之理论解读品茗之事,又以品茗之事阐述道家之观点,角度新颖。

茶谱

茶之为物,可以助诗兴而云山顿色,可以伏睡魔而天地忘形,可以倍清谈而万象惊寒,茶之功大矣!其名有五,曰茶,曰槚,曰蔎,曰茗,曰荈。一云早取为茶,晚取为茗。食之能利大肠,去积热,化痰下气,醒睡,解酒,消食,除烦去腻,助兴爽神。得春阳之首,占万木之魁。始于晋,兴于宋。惟陆羽得品茶之妙,著《茶经》三篇。蔡襄著《茶录》二篇。盖羽多尚奇古,制之为末。以膏为饼,至仁宗时,而立龙团、凤团、月团之名,杂以诸香,饰以金彩,不无夺其真味。然天地生物,各遂其性,莫若茶叶,烹而啜之,以遂其自然之性也。予故取烹茶之法,末茶之具,崇新改易,自成一家。为云海餐霞服日之士,共乐斯事也。

虽然会茶而立器具,不过延客款话而已,大抵亦有其说焉。凡鸾俦鹤侣,骚人羽客,皆能志绝尘境,栖神物外,不伍于世流,不污于时俗。或会于泉石之间,或处于松竹之下,或对皓月清风,或坐明窗静牖,乃与客清谈款话,探虚玄而参造化,清心神而出尘表。命一童子设香案,携茶炉于前,一童子出茶具,以瓢汲清泉注于瓶而炊之。然后碾茶为末,置于磨令细,以罗罗之,候汤将如蟹眼,量客众寡,投数匕入于巨瓯,候茶出相宜,以茶筅摔令沫不浮,乃成云头雨脚。分于啜瓯,置之竹架,童子捧献于前。主起,举瓯奉客曰:"为君以泻清臆。"客起接,举瓯曰:"非此不足以破孤闷。"乃复坐。饮毕,童子接瓯而退。话久情长,礼陈再三,遂出琴棋,陈笔砚。或庚歌,或鼓琴,或弈棋,寄形物外,与世相忘。斯则知茶之为物,可谓神矣。然而啜茶大忌白丁,故山谷曰"著茶须是吃茶人"。更不宜花下啜,故曰"金谷看花莫谩煎"是也。卢仝吃七碗,老苏不禁三碗,予以一瓯,足可通仙灵矣。使二老有知,亦为之大笑。其他闻之,莫不谓之迂阔。

【六闲居华旭注】此处资讯丰富，却不乏矛盾之处。一方面朱权之茶道"求真"，这是对宋茶道的纠偏，亦是明茶道的开启。另一方面朱权依旧"碾茶为末"，并非"散茶冲泡"，如后来广为推崇的那样。

品茶

于谷雨前，采一枪一旗者制之为末，无得膏为饼。杂以诸香，失其自然之性，夺其真味。大抵味清甘而香，久而回味，能爽神者为上。独山东蒙山石藓茶，味入仙品，不入凡卉。虽世固不可无茶，然茶性凉，有疾者不宜多饮。

【六闲居华旭注】"山东蒙山石藓茶"，此论已被后出之许次纾《茶疏》批评。朱权取法高深，但技术层面的具体见解较为粗糙，破绽颇多。

"然茶性凉，有疾者不宜多饮"，未发酵茶，茶性较寒，肠胃功能不佳者需注意。发酵茶、半发酵茶茶性较为温和，对肠胃刺激较小。用药期间最好不要饮茶，尤其是浓茶，以免影响药性。

收茶

茶宜蒻叶而收，喜温燥而忌湿冷。入于焙中，焙用木为之，上隔盛茶，下隔置火，仍用蒻叶盖其上，以收火气。两三日一次，常如人体温温①，则御湿润以养茶。若火多则茶焦。不入焙者，宜以蒻笼密封之，盛置高处。或经年，香、味皆陈，宜以沸汤渍之，而香味愈佳。凡收天香茶，于桂花盛开时，天色晴明，日午取收，不夺茶味。然收有法，非法则不宜。

【六闲居华旭注】炒茶可用柴火，焙茶不宜用柴火，而应用炭火，以免烟气入茶。此处所说天香茶，应为秋茶。这是较早较具体说及秋茶品质细节的，评价较为客观公允。

点茶

凡欲点茶，先须燔盏。盏冷则茶沉，茶少则云脚散，汤多则粥面聚。以一

---

①　指平常定期（两三日一次）复焙以保茶不受潮。焙火的温度如人体温温，即低温烘焙，事实上多为稍高于人体温度，入手感觉明显较热就好。太低无效，太高伤及香气、茶味。

匕投盖内,先注汤少许调匀,旋添入,环回击拂,汤上盖可七分则止。着盖无水痕为妙。今人以果品为换茶,莫若梅、桂、茉莉三花最佳。可将蓓蕾数枚投于瓯内罨之。少顷,其花自开。瓯未至唇,香气盈鼻矣。

【六闲居华旭注】以花制茶,宜以清香型,忌用浓香型。梅花、茉莉、兰花等花气清香,较适合茶香。桂花等香气浓郁,油性重,对多数茶并不适合,仅就少数发酵茶稍稍适合,因发酵茶相对而言油性较重。

熏香茶法

百花有香者皆可。当花盛开时,以纸糊竹笼两隔,上层置茶,下层置花,宜密封固,经宿开,换旧花。如此数日,其茶自有香气可爱。有不用花,用龙脑熏者亦可。

【六闲居华旭注】熏香毕竟有损茶之本色,算不得上策。朱权在此打了自己一耳光。熏香应取将开未开之花,此时花气最佳,全开之花香气稍损。此处表述稍显矛盾,先说"当花盛开时",又说"经宿开"。其本意应是择花将开未开之际,如此置茶,待经宿花完全盛开后,再换新花。

茶炉

与炼丹神鼎同制。通高七寸,径四寸,脚高三寸,风穴高一寸。上用铁隔。腹深三寸五分,泻铜为之,近世罕得。予以泻银坩锅瓷为之,尤妙。襻高一尺七寸半。把手用藤扎,两傍用钩,挂以茶帚、茶筅、炊筒、水滤于上。

茶灶

古无此制,予于林下置之。烧成瓦器如灶样,下层高尺五为灶台,上层高九寸,长尺五,宽一尺,傍刊以诗词咏茶之语。前开二火门,灶面开二穴以置瓶。顽石置前,便炊者之坐。予得一翁,年八十犹童,痴憨奇古,不知其姓名,亦不知何许人也。衣以鹤氅,系以麻绦,履以草履,背驼而颈蜷,有双髻于顶。其形类一"菊"字,遂以菊翁名之。每令炊灶以供茶,其清致倍宜。

茶磨

磨以青礴口为之。取其化谈去故也。[1] 其他石则无益于茶。

---

[1] 黄明哲编著《茶谱·煮泉小品》(中华书局)原文如上,并有加注曰:化谈去故:谈,应是"痰"字。《全书》本为:"取其化痰去热故也。"无加注。

茶碾

茶碾,古以金、银、铜、铁为之,皆能生铢。今以青礞石最佳。

茶罗

茶罗,径五寸,以纱为之。细则茶浮,粗则水浮。

茶架

茶架,今人多用木,雕镂藻饰,尚于华丽。予制以斑竹、紫竹,最清。

茶匙

茶匙要用击拂有力,古人以黄金为上,今人以银、铜为之。竹者轻,予尝以椰壳为之,最佳。后得一瞽者,无双目,善能以竹为匙,凡数百枚,其大小则一,可以为奇。特取其异于凡匙,虽黄金亦不为贵也。

茶筅

茶筅,截竹为之,广、赣制作最佳。长五寸许,匙茶入瓯,注汤筅之,候浪花浮成云头、雨脚乃止。

茶瓯

茶瓯,古人多用建安所出者,取其松纹兔毫为奇。今淦窑所出者与建盏同,但注茶,色不清亮,莫若饶瓷为上,注茶则清白可爱。

茶瓶

瓶要小者易候汤,又点茶汤有准。古人多用铁,谓之罂。罂,宋人恶其生铢,以黄金为上,以银次之。今予以瓷石为之。通高五寸,腹高三寸,项长二寸,嘴长七寸。凡候汤不可太过,未熟则沫浮,过熟则茶沉。

【六闲居华旭注】不可拘泥于此处,邯郸学步。今日茶具多有发展变更。

瓷瓶为佳,无味,清洁便利。部分石制品同样有味,不宜茶事。曾购一太湖石石壶,土腥味很重,明显不宜泡茶。

煎汤法

用炭之有焰者谓之活火,当使汤无妄沸。初如鱼眼散布,中如泉涌连珠,终则腾波鼓浪,水气全消。此三沸之法,非活火不能成也。

品水

瞿仙曰:青城山老人村杞泉水第一,钟山八功德第二,洪崖丹潭水第三,竹根泉水第四。或云:山水上,江水次,井水下。伯刍以扬子江心水第一,惠山石泉第二,虎丘石泉第三,丹阳井第四,大明井第五,松江第六,淮江第七。又曰:

庐山康王洞帘水第一,常州无锡惠山石泉第二,蕲州兰溪石下水第三,硖州扇子硖下石窟泄水第四,苏州虎丘山下水第五,庐山石桥潭水第六,扬子江中泠水第七,洪州西山瀑布第八,唐州桐柏山淮水源第九,庐山顶天地之水第十,润州丹阳井第十一,扬州大明井第十二,汉江金州上流中泠水第十三,归州玉虚洞香溪第十四,商州武关西谷水第十五,苏州吴松江第十六,天台西南峰瀑布第十七,郴州圆泉第十八,严州桐庐江严陵滩水第十九,雪水第二十。

【六闲居华旭注】此处仅罗列,头绪散乱,并未说明评判依据与理由。且不乏矛盾之处。

朱权心气虽高,用功偏浮躁。见解欠深入、系统。

2.《茶谱》(钱椿年)

钱椿年《茶谱》原貌已不可见。顾元庆删节校订,添加小序,署上自己的名字,将其收入他编印的《顾氏明朝四十家小说》。其内容,有节抄前人著述而成者,也有若干自己的心得。

序

余性嗜茗,弱冠时,识吴心远于阳羡,识过养拙于琴川,二公极于茗事者也,授余收、焙、烹、点法,颇为简易。及阅唐宋《茶谱》《茶录》诸书,法用熟碾细罗,为末,为饼,所谓小龙团,尤为珍重。故当时有"金易得,而龙饼不易得"之语。呜呼!岂士人而能为此哉!

顷见友兰翁所集《茶谱》,其法于二公颇合,但收采古今篇什太繁,甚失谱意。余暇日删校,仍附王友石竹炉即苦节君像并分封六事于后,重梓于大石山房,当与有玉川之癖者共之也。

嘉靖二十年春吴郡顾元庆序

【六闲居华旭注】序为顾元庆添加,以下文字为钱椿年原著,顾元庆删节校订后内容。

茶略

茶者,南方嘉木,自一尺、二尺至数十尺。其巴峡有两人抱者,伐而掇之。树如瓜芦,叶如栀子,花如白蔷薇,实如栟榈,蒂如丁香,根如胡桃。

茶品

茶之产于天下多矣,若剑南有蒙顶石花,湖州有顾渚紫笋,峡州有碧涧明月,邛州有火井思安,渠江有薄片,巴东有真香,福州有柏岩,洪州有白露。常之阳羡,婺之举岩,丫山之阳坡,龙安之骑火,黔阳之都濡高株,泸川之纳溪梅岭之数者,其名皆著。品第之,则石花最上,紫笋次之,又次则碧涧明月之类是也。惜皆不可致耳。

艺茶

艺茶欲茂,法如种瓜,三岁可采。阳崖阴林,紫者为上,绿者次之。

采茶

团黄有一旗二枪之号,言一叶二芽也。凡早取为茶,晚取为荈。谷雨前后收者为佳,粗细皆可用。惟在采摘之时,天色晴明,炒焙适中,盛贮如法。

藏茶

茶宜蒻叶,而畏香药;喜温燥,而忌冷湿。故收藏之家,以蒻叶封裹入焙中,两三日一次。用火当如人体温温,则御湿润。若火多,则茶焦不可食。

【六闲居华旭注】此前诸节多为翻炒前人冷饭,乏有新意。

3.制茶诸法

《制茶诸法》一节涉及三事

橙茶

将橙皮切作细丝一斤,以好茶五斤焙干,入橙丝间和,用密麻布衬垫火箱,置茶于上烘热。净绵被罨之三两时,随用建连纸袋封裹,仍以被罨焙干收用。

莲花茶

于日未出时,将半含莲花拨开,放细茶一撮,纳满蕊中,以麻皮略絷,令其经宿。次早摘花,倾出茶叶,用建纸包茶焙干。再如前法,又将茶叶入别蕊中,如此者数次。取其焙干收用,不胜香美。

木樨、茉莉、玫瑰、蔷薇、兰蕙、橘花(另有作"菊花")、栀子、木香、梅花皆可作茶。诸花开时,摘其半含半放,蕊之香气全者,量其茶叶多少,摘花为茶。花多则太香而脱茶韵;花少则不香而不尽美。三停茶叶一停花始称。假如木樨花,须去其枝蒂及尘垢、虫蚁。用磁罐一层茶、一层花,投入至满,纸箬絷固,入锅重汤煮之。取出待冷,用纸封裹,置火上焙干收用。诸花仿此。

【六闲居华旭注】此处略见己意。然花香有浓淡之异,入茶当据浓淡而定多寡,不可一概而论。另"舒城兰花"之兰香不同此法,更见融合。

4.煎茶四要

《煎茶四要》一节细论四个关键部分。

一择水

凡水泉不甘,能损茶味之严。故古人择水,最为切要。山水上,江水次,井水下。山水,乳泉漫流者为上,瀑涌湍激勿食,食久令人有颈疾。江水取去人远者;井水取汲多者。如蟹黄、混浊、碱苦者,皆勿用。

二洗茶

凡烹茶,先以热汤洗茶叶,去其尘垢、冷气,烹之则美。

三候汤

凡茶,须缓火炙,活火煎。活火,谓炭火之有焰者,当使汤无妄沸,庶可养茶。始则鱼目散布,微微有声;中则四边泉涌,累累连珠;终则腾波鼓浪,水气全消,谓之老汤。三沸之法,非活火不能成也。

凡茶少汤多则云脚散,汤少茶多则乳面聚。

四择品

凡瓶,要小者,易候汤,又点茶、注汤有应。若瓶大,啜存停久,味过则不佳矣。茶铫、茶瓶,银锡为上,瓷石次之。

茶色白,宜黑盏。建安所造者,绀黑纹如兔毫,其坯微厚,熁之火热难冷,最为要用。他处者,或薄或色异,皆不及也。

【六闲居华旭注】除“洗茶”一处外,其余皆为热前人冷饭。

5.点茶三要

《点茶三要》一节其实说了四件事情。

一涤器

茶瓶、茶盏、茶匙生铧,致损茶味,必须先时洗洁则美。

二熁盏

凡点茶,先须熁盏令热,则茶面聚乳,冷则茶色不浮。

三择果

茶有真香,有佳味,有正色。烹点之际,不宜以珍果、香草杂之。夺其香者,松子、柑橙、杏仁、莲心、木香、梅花、茉莉、蔷薇、木樨之类是也。夺其味者,牛乳、番桃、荔枝、圆眼、水梨、枇杷之类是也。夺其色者,柿饼、胶枣、火桃、杨梅、橙橘之类是也。凡饮佳茶,去果方觉清绝,杂之则无辨矣。若必曰所宜,核桃、榛子、瓜仁、枣仁、菱米、榄仁、栗子、鸡头、银杏、山药、笋干、芝麻、莒莴、莴巨、芹菜之类精制,或可用也。

茶效

人饮真茶,能止渴消食,除痰少睡,利水道,明日益思(出《本草拾遗》),除烦去腻。人固不可一日无茶,然或有忌而不饮。每食已,辄以浓茶漱口,烦腻既去而脾胃清适。凡肉之在齿间者,得茶漱涤之,乃尽消缩,不觉脱去,不烦刺挑也。而齿性便苦,缘此渐坚密,蠹毒自已矣。然率用中下茶(出苏文)。

《苦节君铭》原附《附竹炉并分封六事》,此为赵之履在征得钱椿年同意之后,将自己家藏的"王舍人孟端《竹炉新咏》故事及昭代名公诸作,凡品类若干",附在钱氏《茶谱》之后,作为其续编。此处仅仅选录《苦节君铭》。

肖形天地,匪冶匪陶。心存活火,声带湘涛。

一滴甘露,涤我诗肠。清风两腋,洞然八荒。

戊戌秋八月望日锡山盛颙著

【六闲居华旭注】茶具六事分封等,在此略去。本属清雅事,偏染官腐气!酸儒滋事!乏有新意,多翻前人冷饭以自我标榜。

6.煮泉小品

明代田艺蘅的《煮泉小品》为水鉴之重要力作,在陆羽《茶经》的基础上,将水鉴领域的专项研究引向全面、深入。

叙

田子艺,凤厌尘嚣,历览名胜。窃慕司马子长之为人,穷搜遐讨。固尝饮泉觉爽,啜茶忘喧,谓非膏粱纨绮可语。爰著《煮泉小品》,与漱流枕石者商焉。考据该洽,评品允当,寔泉茗之信史也。予惟赞皇公之鉴水,竟陵子之品茶,耽以成癖,罕有俪者。洎丁公言《茶图》,顾论采造而未备;蔡君谈《茶录》,详于烹试而弗精;刘伯刍、李季卿论水之宜茶者,则又互有同异;与陆鸿渐相背驰,甚可疑笑。近云间徐伯臣氏作《水品》,茶复略矣。粤若子艺所品,盖兼昔人之所长,得川原之隽味。其器宏以深,其思冲以淡,其才清以越,具可想也。殆与泉茗相浑化者矣,不足以洗尘嚣而谢膏绮乎?重违嘉恳,勉缀首简。

嘉靖甲寅冬十月既望仁和赵观撰

【六闲居华旭注】前人此类序言颇似今日江湖互粉模式，多阿谀不实之词。不贬他人，则无以抬高作者；不从圣人，则无以标榜正宗。陆羽即成茶圣，则无一言一语不是圣旨，不敢有一字稍容质疑。陆羽之后各位茶人，即有所得，所见亦多其非，评论颇欠公允。

田艺蘅此著，私以为妙在体验深刻真切，知行合一，此为其长；引用文字著录稍失严谨，部分解读不乏五迷三道之非，此为其短。

引

昔我田隐翁，尝自委曰“泉石膏肓”。噫，夫以膏肓之病，固神医之所不治者也；而在于泉石，则其病亦甚奇矣。余少患此病，心已忘之，而人皆咎余之不治。然遍检方书，苦无对病之药。偶居山中，遇淡若叟①，向余曰：“此病固无恙也，子欲治之，即当煮清泉白石，加以苦茗，服之久久，虽辟谷可也，又何患于膏肓之病邪。”余敬顿首受之，遂依法调饮，自觉其效日著。因广其意，条辑成编，以付司鼎山童，俾遇有同病之客来，便以此荐之。若有如煎金玉汤者来，慎弗出之，以取彼之鄙笑。

时嘉靖甲寅秋孟中元日，钱塘田艺蘅序

【六闲居华旭注】如生在今日，必是一炒作高手，不让江湖大咖。

目录

一、源泉；二、石流；三、清寒；四、甘香；五、宜茶；六、灵水；七、异泉；八、江水；九、井水；十、绪谈。

【六闲居华旭注】目录中一、二、八、九从水源角度分析。六、七为特殊水源。三、四从水质角度分析。

源泉

积阴之气为水。水本曰源，源曰泉。水本作氺，像众水并流，中有微阳之气也，省作水。源本作厡。亦作厵，从泉出厂下。厂，山岩之可居者。省作原，今作源。泉本作灥，像水流出成川形也。知三字之义，而泉之品思过半矣。

---

① 黄明哲编著《茶谱·煮泉小品》（中华书局）原文如此，注曰：“淡若：也作淡如，淡泊寡欲。”

山下出泉曰蒙。蒙，稚也，物稚则天全，水稚则味全。顾鸿渐曰"山水上"。其曰乳泉石池漫流者，蒙之谓也。其曰瀑涌湍激者，则非蒙矣，故戒人勿食。

【六闲居华旭注】古人此类解读多为经验式、体验式的，其深层的理论体系，以今日之科学眼光审视，未必合理、融通，但以今日之科学解读印证其结论见解，又不乏敏锐、洞彻之处。

水即为 H_2O，此为科学理论之水，非现实环境中的水。现实环境中的水含有或多或少的微量矿物成分、有机成分、杂质。以古人的技术手段，一时无法清楚说明其中的具体成分、反应及影响（其实今天依旧未能彻底解读，对事物的认识是不断更新的过程），但古人借体验与经验已经意识到不同环境中水质的差异及对茶饮的影响，经过较长期的积累与反复印证，梳理出基本的认知体系。田艺蘅此著是对前人的相关见解及自己的体验一次较全面的总结。

整体而言，自然环境中，从岩石缝隙中渗出的泉水质量最佳。首先，岩层的过滤效果较砂石、泥土更佳；其次，微量矿物成分，尤其是储藏于地表深层的微量矿物成分，含量更丰富；最后，二次污染的机会最小。

混混不舍，皆有神以主之，故天神引出万物。而《汉书》三神，山岳其一也。

源泉必重，而泉之佳者尤重。余杭徐隐翁尝为余言：以凤凰山泉，较阿姥墩百花泉，便不及五钱。可见仙源之胜矣。

【六闲居华旭注】以水之轻重作为标准，评价水质优劣。这原本就是前人鉴水的方式之一，参考尚可，作为唯一依据不合理。乾隆颇为迷信此标准，以水之比重轻者为优良。相对而言，质轻者，所含杂质较少，此为合理一面；质重者所含矿物成分较丰富（"源泉必重，而泉之佳者尤重"，田艺蘅此处仅指泉水）此为田氏合理一面。但亦皆嫌片面，纯净水所含杂质最少（局限于蒸馏工艺等，完全的纯净水在现实中是不存在的，所谓之蒸馏水，并非不含杂质，而是杂质较少），可谓最中性的泡茶之水，即可避免对茶叶中相应成分的冲和与改变，也不大可能提供某类成分、某类反应，强化茶叶中的某些效果。这是两种不同的思路。

山厚者泉厚，山奇者泉奇，山清者泉清，山幽者泉幽，皆佳品也。不厚则薄，不奇则蠢，不清则浊，不幽则喧，必无佳泉。

山不亭处，水必不亭。① 若亭，即无源者矣。旱必易涸。

【六闲居华旭注】此处表述或许稍嫌文艺。换而言之，我们可以从环境（山）的细节，较为直观地对该地水质做一基本判断。如传统山岳，岩石层较深厚，相对而言水质较好；地表土层深厚，主要为砂石土，水质其次；腐殖层深厚，虽然植被茂密，但水质很容易被有机质二次污染，更次。喀斯特地貌，水质含钙较多。

石流

石，山骨也；流，水行也。山宣气以产万物，气宣则脉长，故曰"山水上"。《博物志》："石者，金之根甲。石流精以生水。"又曰："山泉者，引地气也。"

【六闲居华旭注】稍嫌似是而非。就金属多自相应矿石中提炼而出这一点来说，"石者，金之根甲"之说没错。岩石层，尤其是源自深层岩石层渗透而出的泉水，相对而言有较多的微量元素，因此"石流精以生水""山泉者，引地气也"之说亦有道理。

泉非石出者必不佳，故《楚辞》云："饮石泉兮荫松柏。"皇甫曾送陆羽诗："幽期山寺远，野饭石泉清。"梅尧尘《碧霄峰茗诗》："烹处石泉嘉。"又云："小石冷泉留早味。"诚可谓赏鉴者矣。

【六闲居华旭注】硬要从古人的字句（包括诗句）中抠出一字一句，奉为不刊之经典，实属不必。但如前注，整体而言，石缝中渗出的泉水确实较砂石层、腐殖土层渗出的泉水为佳。但石缝中渗出的泉水不一定最佳。岩石种类不同、成分不同，成因不同，水中所含矿物成分亦不同，未必皆适合饮用或利于泡茶。如带硫黄成分的泉水，尤其是温泉，适合洗浴，却不适合泡茶。

咸，感也。山无泽，则必崩；泽感而山不应，则将怒而为洪。
泉往往有伏流沙土中者，扣之不竭即可食。不然则渗潴之潦耳，虽清勿食。

【六闲居华旭注】"泉"与"井"的概念有些模糊，在此不妨稍作界定，狭义的

---

① 黄明哲编著《茶谱·煮泉小品》（中华书局）注曰："山不亭处，亭字指山势，后两个'亭'字说的是水势。"

"泉"指经过岩石层渗透过滤,由岩石缝隙中渗出的地下水。广义的泉则指经岩石层或砂石层过滤,渗透到地表的地下水。其经过的最外表一层未必还是岩石层、砂石层,可能为地表腐殖土沉积层。"井"则指取自地下径流层或地下富水层的水。某些地下富水层的水与广义的泉水较为相似。注意本书各处泉、井概念的差异。

"泉往往有伏流沙土中者,挹之不竭即可食"这更近于一般理解的井水。"挹之不竭"应属于地下径流或富水层中流动性较好的。整体而言,流动性较好的水源更适合饮用。因为流动性好不便于微生物滋生。但水质还需具体分析,结合周边整体环境考察。

流远则味淡。须深潭渟畜,以复其味,乃可食。

【六闲居华旭注】"流远则味淡"可作两解,其一地表水的渗入渐多,原有之矿物成分被冲淡了;其二在地表流淌较久,被地表有机质二次污染及杂质渗入。

"深潭渟畜,以复其味",未必。"深潭渟畜"或许可以沉淀杂质,但未必能够恢复原本所含矿物质成分比例,况且出水的地方多为林地,植被茂密,腐殖层较为丰富,较容易滋生各类微生物。

泉不流者,食之有害。《博物志》:"山居之民,多瘿肿疾,由于饮泉之不流者。"

【六闲居华旭注】山泉水取水基本原则:取动不取静,取缓不取急。过急的水流怕夹带泥沙。

泉涌出曰濆。在在所称珍珠泉者,皆气盛而脉涌耳,切不可食,取以酿酒或有力。

【六闲居华旭注】涌出太急,多带有气体,如温泉。慎用,没错。适合酿酒则未必。酿酒发酵,反而是喀斯特地貌所出泉水,含钙高,碳酸钙对酒酿中的酸性物质有中和作用,更为有利。中国出好酒的地区,如贵州、川南,多为喀斯特地貌,或为具体证明。

泉有或涌而忽涸者,气之鬼神也。刘禹锡诗"沸井今无涌"是也。否则徒泉、喝水①,果有幻术邪。

泉悬出曰沃,暴溜曰瀑,皆不可食。而庐山水帘,洪州天台瀑布,皆入水品,与陆经背矣。故张曲江《庐山瀑布》诗"昔闻山下蒙,今乃林峦表。物性有诡激,坤元曷纷矫。默默置此去,变化谁能了",则识者固不食也。然瀑布实山居之珠箔锦幕也,以供耳目,谁曰不宜?

【六闲居华旭注】不稳定的泉水,多出自地下深层,由于深层地壳活跃,导致地表的泉眼"或涌而忽涸",慎用这类地壳活跃地区的泉水,没错。

清寒

清,朗也,静也,澄水之貌。寒,冽也,冻也,覆水之貌。泉不难于清,而难于寒。其濑峻流驶而清,岩奥阴积而寒者,亦非佳品。

【六闲居华旭注】清澈是评价泉水的一大要点,"濑峻流驶而清"指经过砂石过滤而变得清澈的水。这类水较用岩石直接过滤的水稍差,但仍属较为理想的水源。自岩石缝隙缓缓流出的泉水,假如水温较低,往往预示出自较深层的地下,相比较而言,较好。但如果"岩奥阴积而寒者",即因为较长时间积聚于阴凉潮湿处而显得水温较低者,容易滋生微生物,水质未必理想。

石少土多沙腻泥凝者,必不清寒。蒙之象曰果行,井之象曰寒泉。不果,则气滞而光不澄,不寒,则性燥而味必啬。

【六闲居华旭注】如前注,岩石、砂石较土层的过滤效果更好。井水如是地下径流,往往水温较低,如果是地下渗水,尤其是较表层的渗水,相对而言,温度与地表温度较接近。

冰,坚水也,穷谷阴气所聚。不泄则结而为伏阴也。在地英明者惟水,而冰则精而且冷,是固清寒之极也。谢康乐诗"凿冰煮朝餐",《拾遗记》"蓬莱山冰水,饮者千岁"。

【六闲居华旭注】冰为固态水,活性较液态水弱。冬日取冰雪煮水泡茶,往

---

① 出水点常变迁的泉水,以叫喊而使泉水涌出。

往有不够劲儿的感觉。或许正是因为水分子的活性尚未充分激活。

下有石硫黄者,发为温泉,在在有之。又有共出一窦,半温半冷者,亦在在有之,皆非食品。特新安黄山朱砂汤泉可食。《图经》云:"黄山旧名黟山,东峰下有朱砂汤泉可点茗,春色微红,此则自然之丹液也。"《拾遗记》:"蓬莱山沸水,饮者千岁。"此又仙饮。

【六闲居华旭注】有气味、水温较高、水温不稳定、颜色异常者,勿用。

有黄金处水必清,有明珠处水必媚,有子鲋处水必腥腐,有蛟龙处水必洞黑。嫩恶不可不辨也。

【六闲居华旭注】古人多筛取沙金,产黄金处的水多经砂石过滤,较为清澈。"有明珠处水必媚",未必。珍珠产自珠蚌,珠蚌有其自身的生态环境及水质要求,未必越清越好,何况还有海珠。"有子鲋处水必腥腐",没错。"有子鲋处"说明微生物繁衍旺盛;"有蛟龙处水必洞黑",结论有理,说明有误。所谓洞黑之水,多为幽深静缓之水潭,底下多有冲积沉淀之枯枝落叶老树等,即容易腐朽产生气体或释出树胶等不良物质,底部的淤泥也会影响水质。其洞黑与龙无关。

甘香

甘,美也,香,芳也。《尚书》:"稼穑作甘黍。"甘为香,黍惟甘香,故能养人。泉惟甘香,故亦能养人。然甘易而香难,未有香而不甘者也。

味美者曰甘泉,气芳者曰香泉,所在间有之。

【六闲居华旭注】水味甘甜者有之。是否甘甜也已成为品鉴水质的重要标准。但水之甘,不同于糖之甜。水的甘是一种柔柔的,很融合的甜味,丝毫不腻口,糖则不同。所品鉴过的最甘之山泉,稍近于上品冬蜜调和成的淡淡的甜水,口感更优。

古人有言"真水无香"。泉水的香,不同于花之芳香,切勿混为一谈。私以为上品泉水的所谓香,来自山泉水身上的鲜活水气。走近大河边、海边的时候,较容易感觉到大面积水域带来的湿气。不同水质,湿气的感觉是不同的,较为清澈的河水、湖水令人感觉清润,有机质过于丰富,水质较差,水底淤泥沉积较多,会让人嗅出土腥味,海水多带咸腥味。好的山泉水给人的感觉是清透、润爽,很想让人多深吸几口,直送肺底。

　　泉上有恶木,则叶滋根润,皆能损其甘香。甚者能酿毒液,尤宜去之。

　　【六闲居华旭注】此处所指更近于离山泉出水口较近的水潭。这类汲水地点,很有必要留意周围的环境、植被。周围落叶等累积于潭底,水质势必受到影响。

　　甜水以甘称也。《拾遗记》:"员峤山北,甜水绕之,味甜如蜜。"《十洲记》:"元洲玄涧,水如蜜浆。饮之,与天地相毕。"又曰:"生洲之水,味如饴酪。"

　　水中有丹者,不惟其味异常,而能延年却疾,须名山大川诸仙翁修炼之所有之。葛玄少时,为临阮令。此县廖氏家世寿,疑其井水殊赤,乃试掘井左右,得古人埋丹砂数十斛。西湖葛井,乃稚川炼所,在马家园后,淘井出石匣,中有丹数枚如芡实,啖之无味,弃之。有施渔翁者,拾一粒食之,寿一百六岁。此丹水尤不易得。凡不净之器,切不可汲。

　　【六闲居华旭注】矿区周围之水不宜饮用。其一,水中的矿物成分,包括微量元素,并非越多越好,过度则适得其反。其二,开矿、洗矿多对水质有污染。某些溪流中的水,就周边环境、土质等而言,应该不错,却总让人感觉浑浊,搜寻至上游,多发现矿区。

　　原则上,水质、水色异常者慎饮用。此处切勿被古人所误。

宜茶

　　茶,南方嘉木,日用之不可少者。品固有嫩恶,若不得其水,且煮之不得其宜,虽佳弗佳也。

　　茶如佳人,此论虽妙,但恐不宜山林间耳。昔苏子瞻诗"从来佳茗似佳人",曾茶山诗"移人尤物众谈夸",是也。若欲称之山林,当如毛女、麻姑,自然仙风道骨,不浇烟霞可也。必若桃脸柳腰,宜亟屏之销金帐中,无俗我泉石。

　　【六闲居华旭注】苏子瞻视茶如词,田艺蘅视茶如诗,不可强作高下解读。是真雅人眼中之佳人,自有一种气质,不可以风尘中人比拟;纵使是毛女、麻姑,在俗人眼中,亦不过是为风尘中人添加两件绫罗绸缎而已。君不见某些民间祠堂之毛女、麻姑画像乎？

鸿渐有云"烹茶于所产处无不佳，盖水土之宜也"，此诚妙论。况旋摘旋瀹，两及其新邪。故《茶谱》亦云："蒙之中顶茶，若获一两，以本处水煎服，即能祛宿疾。"是也。今武林诸泉，惟龙泓入品，而茶亦惟龙泓山为最。盖兹山深厚高大，佳丽秀越，为两山之主。故其泉清寒甘香，雅宜煮茶。虞伯生诗："但见瓢中清，翠影落群岫。烹煎黄金芽，不取谷雨后。"姚公绶诗："品尝顾渚风斯下，零落《茶经》奈尔何。"则风味可知矣，又况为葛仙翁炼丹之所哉！又其上为老龙泓，寒碧倍之。其地产茶，其为南北山绝品。鸿渐第钱唐天竺、灵隐者为下品，当未识此耳。而《郡志》亦只称宝云、香林、白云诸茶，皆未若龙泓之清馥隽永也。余尝一一试之，求其茶泉双绝，两浙罕伍云。

【六闲居华旭注】未发酵茶以新鲜为上，刚炒制好的优于贮藏一段时间之后的。鲜茶应指加工后的，未曾加工的鲜叶未必如作者所说，有心者可以在初春时节，于茶园直接摘取鲜叶咀嚼品味，与干茶口感对比。炒制的过程，简单讲就是茶叶脱水的过程，因为茶已脱水，因此在冲泡过程中，杯中的水与茶叶中的物质容易形成溶解与置换，因此容易"出茶味"。鲜茶叶本身含有较丰富的水分，直接冲泡，溶解与置换效果反而不好。原则上，茶区周围的山泉水更适合冲泡本处出产的茶叶。

龙泓今称龙井，因其深之。《郡志》称有龙居之，非也。盖武林之山，皆发源天目，以龙飞凤舞之谶，故西湖之山，多以龙名，非真有龙居之也。有龙则泉不可食。泓上之阁，亟宜去之。浣花诸池，尤所当浚。

鸿渐品茶又云："杭州下，而临安、于潜生于天目山，与舒州同，固次品也。"叶清臣则云："茂钱唐者，以径山稀。"今天目远胜径山，而泉亦天渊也。洞霄次径山。

【六闲居华旭注】一地所产之茶，质量有高下之分，不同年份、节气所产有优劣之分。每个人以自己所品尝过的为代表品鉴各处茶之高低，当然会有局限，此不足为奇。茶叶的品种及种植技术在不断改良，加工工艺不断改进。唐时所品，不同宋时所品，更不同于明时所品。何必拘泥。正如唐时富庶在长安，明时富庶在东南。

严子濑，一名七里滩，盖砂石上，曰濑，曰滩也。总谓之浙江。但潮汐不及，而且深澄，故入陆品耳。余尝清秋泊钓台下，取囊中武夷、金华二茶试之。固一水也，武夷则黄而燥冽，金华则碧而清香，乃知择水当择茶也。鸿渐以婺州为次，而清臣以白乳为武夷之右，今优劣顿反矣。意者所谓离其处，水功其半者耶？

茶自浙以北者皆较胜。惟闽、广以南，不惟水不可轻饮，而茶亦当慎之。昔鸿渐未详岭南诸茶，仍云"往往得之，其味极佳"。余见其地多瘴疠之气，染着草木，北人食之，多致成疾，故谓人当慎之，要须采摘得宜，待其日出山霁，露收岚净可也。

【六闲居华旭注】有类似经历。曾于六和塔饮龙井茶，茶非顶级，滋味极佳，香气沁入心脾。以所购上品龙井茶携回岭南冲泡，反而不及六和塔所饮。所带之铁观音，于江浙取当地水冲泡，滋味亦不及在岭南所饮。整体感觉，江浙之水，较为轻柔；闽粤之水，较为重厚。江浙绿茶，较为清秀；闽粤之茶，较为厚重。以江浙之水冲泡闽粤之茶，总觉得未现其厚重，以闽粤之水冲泡江浙之茶，感觉未能尽显其清透。水之于茶，不仅是优劣的问题，还存在契合不契合的问题。

所谓"瘴疠之气，染着草木"，乃著者之局限与误解。不该以江浙之茶轻视闽粤之茶、川陕之茶。

茶之团者片者，皆出于碾硙之末，既损真味，复加油垢，即非佳品，总不若今之芽茶也。盖天然者自胜耳。曾茶山《日铸茶》诗"宝銙不自乏，山芽安可无"，苏子瞻《壑源试焙新茶》诗"要知玉雪心肠好，不是膏油首面新"，是也。且末茶瀹之有屑，滞而不爽，知味者当自辨之。

【六闲居华旭注】改团茶为散茶，更见茶之真味。

芽茶以火作者为次，生晒者为上，亦更近自然，且断烟火气耳。况作人手器不洁，火候失宜，皆能损其香色也。生晒茶，瀹之瓯中，则旗枪舒畅，青翠鲜明，尤为可爱。唐人煎茶，多用姜盐。故鸿渐云："初沸水，合量，调之以盐味。"薛能诗："盐损添常戒，姜宜著更夸。"苏子瞻以为茶之中等，用姜煎信佳，盐则不可。余则以为二物皆水厄也。若山居饮水，少下二物，以减岚气或可耳。而有茶，则此固无须也。

【六闲居华旭注】以晒青取代炒青,道理上确实如著者所说,实际操作较难,一则因为天气不允许——春茶采摘季节多雨季,少有持续的大晴天,二则晒青未必能令鲜叶快速脱水,达到合适的含水率。晒青处理不当,时间较长容易引起鲜叶的氧化反应。建茶、凤凰单枞等借助晒青工艺,还需烘焙。

为求茶之真味,以净水冲泡纯茶为佳,不宜添加盐、姜等。

今人荐茶,类下茶果,此尤近俗。纵是佳者,能损真味,亦宜去之。且下果则必用匙,若金银,大非山居之器,而铜又生腥,皆不可也。若旧称北人和以酥酪,蜀人入以白盐,此皆蛮饮,固不足责耳。

人有以梅花、菊花、茉莉花荐茶者,虽风韵可赏,亦损茶味。如有佳茶,亦无事此。

【六闲居华旭注】花香未必与茶香融合,还是以纯味为上。胡乱搭配,处理不当如同床异梦。

有水有茶,不可无火。非无火也,有所宜也。李约云:"茶须缓火炙,活火煎。"活火,谓炭火之有焰者,苏轼诗"活火仍须活水烹"是也。余则以为山中不常得炭,且死火耳,不若枯松枝为妙。若寒月多拾松实,畜为煮茶之具更雅。

【六闲居华旭注】枯松枝、松实油重,烟重,不宜烹水,油烟味易染茶味。新鲜的松木虽亦有一股清新的松木味道,但与茶味不合,何必强扮雅致。

人但知汤候,而不知火候。火然则水干,是试火先于试水也。《吕氏春秋》:"伊尹说汤五味,九沸九变,火为之纪。"

汤嫩则茶味不出,过沸则水老而茶乏。惟有花而无衣,乃得点瀹之候耳。

唐人以对花啜茶为杀风景,故王介甫诗"金谷看花莫漫煎"。其意在花,非在茶也。余则以为金谷花前信不宜矣。若把一瓯,对山花啜之,当更助风景,又何必羔儿酒也。

【六闲居华旭注】此为真雅致。茶道之落脚处在悟道,以茶为媒介而已,渡人渡己。文人作画,长以"汲泉品茗"为题,若仅仅是为品茗而品茗,何必如此多事。以茶为媒,以汲泉为由头,亲近自然,感悟山水罢了。花前品茗,用意类似。

煮茶得宜,而饮非其人,犹汲乳泉以灌蒿莸,罪莫大焉。饮之者一吸而尽,不暇辨味,俗莫甚焉。

【六闲居华旭注】视茶如人,感觉自然如此。吾常备数种茶,以佳茗对雅人,以劣茶应俗客、牛饮之辈。不应客以茶,有失礼数;以佳茗待俗客,有愧于佳茗。

灵水

灵,神也。天一生水,而精明不淆。故上天自降之泽,实灵水也,古称“上池之水”者非也。要之皆仙饮也。

露者,阳气胜而所散也。色浓为甘露,凝如脂,美如饴,一名膏露,一名天酒。《十洲记》“黄帝宝露”,《洞冥记》“五色露”,皆灵露也。《庄子》曰“姑射山神人,不食五谷,吸风饮露”,《山海经》“仙丘绛露,仙人常饮之”,《博物志》“沃渚之野,民饮甘露”,《拾遗记》“含明之国,承露而饮”,《神异经》“西北海外人长二千里,日饮天酒五斗”,《楚辞》“朝饮木兰之坠露”,是露可饮也。

雪者,天地之积寒也。《氾胜书》“雪为五谷之精”,《拾遗记》“穆王东至大骑之谷,西王母来进嵊州甜雪”,是灵雪也。陶毂取雪烹团茶。而丁谓煎茶诗“痛惜藏书箧,坚留待雪天”,李虚已《建茶呈学士》“试将梁苑雪,煎动建溪春”,是雪尤宜茶饮也。处士列诸末品,何邪?意者以其味之燥乎?若言太冷,则不然矣。

雨者阴阳之和,天地之施,水从云下,辅时生养者也。和风顺雨,明云甘雨。《拾遗记》“香云遍润则成香雨”,皆灵雨也,固可食。若夫龙所行者,暴而霪者,旱而冻者,腥而墨者,及檐溜者,皆不可食。

《文子》曰“水之道,上天为雨露,下地为江河”,均一水也,故特表灵品。

【六闲居华旭注】露水是因为温度较低,昼夜温差较大,产生的空气凝水。雨水、雪水则是高空云团凝水降落而成。这类水皆经历自然蒸发凝结过程。其长处在于水质较软,不足在于所含矿物成分较少,颇似今日之蒸馏水。

收集、贮藏这类水的时候需注意避免二次、三次污染。如露水,或许因为周边环境空气质量不佳,承载露水的荷叶等已被尘埃污染,难免不染尘。雨水、雪水如遭遇空气较为浑浊的环境,同样如此。各种原因,这类水中微生物所含较少,但不是没有,长期贮存,还是容易导致微生物繁衍,降低水质,如果贮存容器本身未能彻底清洁(实际上亦较难做到彻底清洁),贮存时间久了,水质也会降低。

异泉

异，奇也，水出地中，与常不同，皆异泉也，亦仙饮也。

醴泉，醴，一宿酒也，泉味甜如酒也。圣王在上，德普天地，刑赏得宜，则醴泉出。食之，令人寿考。

玉泉，玉石之精液也。《山海经》"密山出丹水，中多玉膏。其源沸汤，黄帝是食"，《十洲记》"瀛洲玉石高千丈，出泉如酒，味甘，名玉醴泉，食之长生"，又"方丈洲有玉石泉""昆仑山有玉水"。《尹子》曰："凡水方折者得玉。"

乳泉，石钟乳，山骨之膏髓也。其泉色白而体重，极甘而香，若甘露也。

朱砂泉，下产朱砂，其色红，其性温，食之延年却疾。

云母泉，下产云母，明而泽，可炼为膏，泉滑而甘。

茯苓泉，山有古松者多产茯苓，《神仙传》"松脂沦入地中，千岁为茯苓也"。其泉或赤或白，而甘香倍常。又术泉亦如之。非若杞菊之产于泉水者也。

金石之精，草木之英，不可殚述。与琼浆并美，非凡泉比也。故为异品。

【六闲居华旭注】异泉慎用！

"乳泉，石钟乳"，产生于石钟乳的泉水含碳酸钙偏高，口感上往往略带涩味，泡茶未必上佳，煮水结水垢较明显。

水色带红未必是朱砂导致，江南多红壤、黄壤，土中含氧化铁较多，部分水色偏红是因为氧化铁含量偏高所致。朱砂（主要成分为硫化汞）本身有微毒，不经处理，不宜食用。

江水

江，公也，众水共入其中也。水共则味杂，故鸿渐曰"江水中"，其曰"取去人远者"，盖去人远，则澄清而无荡漾之漓耳。

泉自谷而溪而江而海，力以渐而弱，气以渐而薄，味以渐而咸，故曰"水曰润下"。润下作咸，旨哉。又《十洲记》"扶桑碧海，水既不咸苦，正作碧色，甘香味美"，此固神仙之所食也。

潮汐近地必无佳泉，盖斥卤诱之也。天下湖汐惟武林最盛，故无佳泉。西湖山中则有之。扬子，固江也。其南泠则夹石淳渊，特入首品。余尝试之，诚与山泉无异。若吴淞江，则水之最下者也，亦复入首品，甚不可解。

井水

井，清也，泉之清洁者也；通也，物所通用者也；法也，节也，法制居人，令节饮食，无穷竭也。其清出于阴，其通入于渚，其法节由于不得已。脉暗而味滞，故鸿渐曰"井水下"。其曰"井取汲多者"，盖汲多则气通而流活耳。终非佳品，勿食可也。

市廛居民之井，烟爨稠密，污秽渗漏，特潢潦耳。在郊原者庶几。

深井多有毒气。葛洪方："五月五日，以鸡毛试投井中，毛直下无毒，若回四边，不可食。"淘法以竹筛下水，方可下浚。

若山居无泉，凿井得水者，亦可食。

井味咸色绿者，其源通海。旧云东风时凿井则通海脉，理或然也。

井有异常者，若火井、粉井、云井、风井、盐井、胶井，不可枚举。而冰井则又纯阴之寒沍也，皆宜知之。

绪谈

凡临佳泉，不可容易漱濯。犯者每为山灵所憎。

泉坎须越月淘之，革故鼎新，妙运当然也。

山水固欲其秀而荫，若丛恶则伤泉。今虽未能使瑶草琼花披拂其上，而修竹幽兰自不可少也。

作屋覆泉，不惟杀尽风景，亦且阳气不入，能致阴损，戒之戒之。若其小者，作竹罩以笼之，防其不洁之侵，胜屋多矣。

泉中有虾蟹子虫，极能腥味，亟宜淘净之。僧家以罗滤水而饮，虽恐伤生，亦取其洁也。包幼嗣《净律院》诗"滤水浇新长"，马戴《禅院》诗"虑泉侵月起"，僧简长诗"花壶滤水添"是也。于鹄《过张老园林》诗"滤水夜浇花"，则不惟僧家戒律为然，而修道者亦所当尔。

泉稍远而欲其自入于山厨，可接竹引之，承之以奇石，贮之以净缸，其声尤琤淙可爱。骆宾王诗"刳木取泉遥"，亦接竹之意。

去泉再远者，不能自汲，须遣诚实山童取之，以免石头城下之伪。苏子瞻爱玉女河水，付僧调水符取之，亦惜其不得枕流焉耳。故曾茶山《谢送惠山泉》诗："旧时水递费经营。"

移水而以石洗之，亦可以去其摇荡之浊滓。若其味，则愈扬愈减矣。

移水取石子置瓶中，虽养其味，亦可澄水，令之不渚。黄鲁直《惠山泉》诗"锡谷寒泉撷石俱"是也。择水中洁净白石，带泉煮之，尤妙尤妙。

汲泉道远,必失原味。唐子西云:"茶不问团锌,要之贵新。水不问江井,要之贵活。"又云:"提瓶走龙塘,无数千步,此水宜茶,不减清远峡。而海道趋建安,不数日可至。故新茶不过三月至矣。"今据所称,已非嘉赏。盖建安皆碾砲茶。且必三月而始得。不若今之芽茶,于清明谷雨于之前,陟采而降煮也。数千步取塘水,较之石泉新汲,左杓右铫,又何如哉。余尝谓二难具享,诚山居之福者也。

山居之人,固当惜水,况佳泉更不易得,尤当惜之,亦作福事也。章孝标《松泉》诗:"注瓶云母滑,漱齿茯苓香。野客偷煎茗,山僧惜净床。"夫言偷则诚贵矣,言惜则不贱用矣。安得斯客斯僧也,而与之为邻邪。

山居有泉数处,若冷泉,午月泉,一勺泉,皆可入品。其视虎丘石水,殆主仆矣,惜未为名流所赏也。泉亦有幸有不幸邪。要之隐于小山僻野,故不彰耳。竟陵子可作,便当煮一杯水,相与荫青松,坐白石,而仰视浮云之飞也。

【六闲居华旭注】艺蘅善鉴水,蒋灼善鉴人。同为人生之感悟,不虚度。

跋

子艺作泉品,品天下之泉也。予问之曰:"尽乎?"子艺曰:"未也。夫泉之名,有甘,有醴,有冷,有温,有廉,有让,有君子焉,皆荣也。在广有贪,在柳有愚,在狂国有狂,在安丰军有呐,在日南有淫,虽孔子亦不饮者有盗,皆辱也。"予闻之曰:"有是哉,亦存乎其人尔。天下之泉一也,惟和士饮之则为甘,祥士饮之则为醴,清士饮之则为冷,厚士饮之则为温;饮之于伯夷则为廉,饮之于虞舜则为让,饮之于孔门诸贤则为君子。使泉虽恶,亦不得而污之也。恶乎辱?泉遇伯封可名为贪,遇宋人可名为愚,遇谢奕可名为狂,遇项羽可名为呐,遇郑卫之俗可名为淫,其遇跖也,又不得不名为盗。使泉虽美,亦不得而自濯也,恶乎荣?"子艺曰:"噫!予品泉矣,子将兼品其人乎?"予山中泉数种,请附其语于集,且以贻同志者,毋混饮以辱吾泉。余杭蒋灼题。

【六闲居华旭注】蒋灼此跋颇见深意。心已污浊蒙蔽者,纵使荣泉佳水难以涤清。内心独立公允者,纵使辱泉浊水难以染污。正所谓清者自清,浊者自浊。

8.水品

徐献忠《水品》为当时另一水鉴之力作,与田艺蘅之《煮泉小品》堪称此专项研究领域之双峰。

序

余尝著《煮泉小品》,其取裁于鸿渐《茶经》者,十有三。每阅一过,则尘吻生津,自谓可以忘渴也。近游吴兴,会徐伯臣示《水品》,其旨契余者十有三。缅视又新、永叔诸篇,更入神矣。盖水之美恶,固不待易牙之口而自可辨。若必欲一一第其甲乙,则非尽聚天下之水而品之,亦不能无爽也。况斯地也,茶泉双绝;且桑苎翁作之于前,长谷翁述之于后,岂偶然耶?携归并梓之,以完泉史。

嘉靖甲寅秋七月七日钱塘田艺蘅题

【六闲居华旭注】"盖水之美恶,固不待易牙之口而自可辨。若必欲一一第其甲乙,则非尽聚天下之水而品之,亦不能无爽也。况斯地也,茶泉双绝",此处点出关键——品尝天下之水,排列一二三四,未必是上策;在意茶与水的契合效果是重点与关键。

目录

【六闲居华旭注】卷上主要从水源、水质等角度概括分析说明。卷下则具体点评分析各处水源。先来看《卷上》。

一源

或问山下出泉曰艮,一阳在上,二阴在下,阳腾为云气,阴注液为泉,此理也。二阴本空洞处,空洞出泉,亦理也。山中本自有水脉,洞壑通贯而无水脉,则通气为风。

山深厚者,若大者,气盛丽者,必出佳泉水。山虽雄大而气不清越,山观不秀,虽有流泉,不佳也。

源泉实关气候之盈缩,故其发有时而不常,常而不涸者,必雄长于群卑而深源之发也。

泉可食者,不但山观清华,而草木亦秀美,仙灵之都薄也。

【六闲居华旭注】山泉的质量,受两方面因素影响深刻:其一,水源涵养区的环境;其二,岩石、土层的类型。山观不秀,至少在水源涵养方面不足,水源恐难理想;山观虽秀,水源未必理想。如喀斯特地貌区域,山观奇秀,但水中含钙偏高,未必上佳。东北黑钙土地区,适宜植被,未必利于养水。

瀑布,水虽盛,至不可食。汛激撼荡,水味已大变,失真性矣。"瀑"字,从"水",从"暴",盖有深意也。予尝揽瀑水上源,皆派流会合处,出口有峻壁,始垂挂为瀑,未有单源只流如此者。源多则流杂,非佳品可知。

瀑水垂洞口者,其名曰帘,指其状也。如康王谷水是也。

瀑水虽不可食,流至下潭淳汇久者,复与瀑处不类。

【六闲居华旭注】认为瀑布水不宜烹茶,几成古人定论,但未见提供新证据。此处仅言及"流至下潭淳汇久者,复与瀑处不类"。此或许因为经过再次沉淀后,水质有所改观。就本人亲历而言,同一山区,各处所出之水味道差异明显,同一溪流,相距不远处,同样存有较明显差异。

深山穷谷,类有蛟蛇毒沫,凡流来远者,须察之。

春夏之交,蛟蛇相感,其精沫多在流中,食其清源或可尔,不食更稳。

【六闲居华旭注】此处涉语虽较荒诞,但触及泉水二次污染的问题。

泉出沙土中者,其气盛涌,或其下空洞通海脉,此非佳水。

山东诸泉,类多出沙土中,有涌激吼怒,如趵突泉是也。趵突水,久食生颈瘿,其气大浊。

【六闲居华旭注】沙质土的过滤效果不及岩石,有机土的过滤效果不及沙质土。"涌激吼怒,如趵突泉是也",说明地下岩层活跃,较容易带出某些气体及成分。

汝州水泉,食之多生瘿。验其水底,凝浊如胶,气不清越乃至此。闻兰州亦然。

济南王府有名珍珠泉者,不待拊掌振足,自浮为珠。然气太盛,恐亦不可食。

山东诸泉,海气太盛,漕河之利,取给于此。然可食者少,故有闻名甘露、淘米、茶泉者,指其可食也。若洗钵,不过贱用尔。其臭泉、皂泥泉、浊河等泉太甚,不可食矣。

传记论泉源有杞菊,能寿人。今山中松苓、云母、流脂、伏液,与流泉同宫,岂下杞菊。浮世以厚味夺真气,日用之不自觉尔。昔之饮杞水而寿,蜀道渐通,外取醯盐食之,其寿渐减,此可证。

水泉初发处,甚淡;发于山之外麓者,以渐而甘;流至海,则自甘而作咸矣。故汲者持久,水味亦变。

【六闲居华旭注】"水泉初发处,甚淡",论语较准确。流经渐广,外受环境影响,内有水草、鱼虫滋生,水质、水味渐变,未必变甘,亦有变味土腥等,故"发于山之外麓者,以渐而甘"则未必。

闽广山岚有热毒,多发于花草水石之间。如南靖沄水坑,多断肠草,落英在溪,十里内无鱼虾之类。黄岩人顾永主簿,立石水次,戒人勿饮。天台蔡霞山为省参时有语云"大雨勿饮溪,道傍休嗅草",此皆仁人用心也。

【六闲居华旭注】再次涉语二次污染。南方湿热,这一影响更为明显。

水以乳液为上,乳液必甘,称之,必重于他水。凡称之重厚者,必乳泉也。丙穴鱼以食乳液,特佳。煮茶稍久,上生衣,而酿酒大益。水流千里者,其性亦重。其能炼云母为膏,灵长下注之流也。

【六闲居华旭注】以比重鉴水较为偏颇。

水源有龙处,水中时有赤脉,盖其涎也,不可犯。晋温峤燃犀照水,为神所怒,可证。

【六闲居华旭注】上卷作整体理论构建;下卷作具体实例说明。

二清
泉有滞流积垢,或雾翳云蓊,有不见底者,大恶。
若泠谷澄华,性气清润,必涵内光澄物影,斯上品尔。

山气幽寂,不近人村落,泉源必清润可食。

骨石巉巖而外观青葱,此泉之土母也。若土母多而石少者,无泉,或有泉而不清,无不然者。

【六闲居华旭注】"清"是鉴水的最基本要点之一。水不清纯,不仅不宜烹茶,亦未必适合饮用。此处仍以乳泉为上,推论至"岩石所出,优于土层所出"。

春夏之交,其水盛至,不但蛟蛇毒沫可虑,山墟积腐经冬月者,多流出其间,不能无毒。雨后澄寂久,斯可言水也。

【六闲居华旭注】节气对水质亦有影响。春夏季节,降水较丰盛,水源多受地表水影响,即便是地下水,小循环影响亦较大。秋冬季降水少,出水多源于地下水之大循环,质量对比而言更佳。

泉上不宜有木,吐叶落英,悉为腐积,其幻为滚水虫,旋转吐纳,亦能败泉。泉有滓浊,须涤去之。但为覆屋作人巧者,非丘壑本意。

《湘中记》曰:湘水至清,虽深五六丈,见底了了。石子如樗蒲矢,五色鲜明。白沙如霜雪,赤岸如朝霞,此异境,又别有说。

三流

水泉虽清映甘寒可爱,不出流者,非源泉也。雨泽渗积,久而澄寂尔。

【六闲居华旭注】所谓"流"者,活水也。积水容易滋生微生物、鱼虫等,损及水质。

《易》谓"山泽通气"。山之气,待泽而通;泽之气,待流而通。

《老子》"谷神不死",殊有深义。源泉发处,亦有谷神,而混混不舍昼夜,所谓不死者也。

源气盛大,则注液不穷。陆处士品"山水上,江水中,井水下",其谓中理。然井水渟泓,地中阴脉,非若山泉天然出也,服之中聚易满,煮药物不能发散流通,忌之可也。《异苑》载句容县季子庙前井水常沸涌,此当是泉源,止深凿为井尔。

【六闲居华旭注】此处论及井泉之别。部分井水水质较硬,质量不佳。

《水记》第虎丘石水居三。石水虽泓渟,皆雨泽之积,渗窦之潢也。虎丘为阖闾墓隧,当时石工多阔死。山僧众多,家常不能无秽浊渗入,虽名陆羽泉,与此脉通,非天然水脉也。道家服食,忌与尸气近,若暑月凭临其上,解涤烦襟可也。

【六闲居华旭注】此处未困于前人成见,言之在理。

四甘

泉品以甘为上,幽谷绀寒清越者,类出甘泉,又必山林深厚盛丽,外流虽近而内源远者。

泉甘者,试称之必重厚。其所由来者,远大使然也。江中南零水,自岷江发流,数千里始澄于两石间,其性亦重厚,故甘也。

【六闲居华旭注】"甘"是对水质的另一重要要求,但水之甘,不同于糖之甜。水甘为清甘,较接近于纯净野生冬蜜冲泡较淡的口感,更清淡,不腻口。所鉴尝之水,甘者与常品之乳泉差异明显。"外流虽近而内源远者"翻译成现代语汇为:"地下水循环周期长,过程丰富完整;地表流程短,二次污染机会较小。"

古称醴泉,非常出者,一时和气所发,与甘露、芝草同为瑞应。《礼纬》云"王者刑杀当罪,赏锡当功,得礼之宜,则醴泉出于阙庭",《鹖冠子》曰"圣王之德,上薄太清,下及太宁,中及万灵,则醴泉出"。光武中元元年,醴泉出京师。唐文皇贞观初,出西域之阴。醴泉食之令人寿考,和气畅达,宜有所然。

泉上不宜有恶木,木受雨露,传气下注,善变泉味。况根株近泉,传气尤速,虽有甘泉,不能自美。犹童蒙之性,系于所习养也。

五寒

泉水不甘寒,俱下品。《易》谓"并列寒泉食",可见并泉以寒为上。金山在华亭海上,有寒穴,诸咏其胜者,见郡志。广中新城县,泠泉如冰,此皆其尤也。然凡称泉者,未有舍寒洌而著者。

【六闲居华旭注】此处见解有更新,亦有局限。一般而言,水温较低,多源出地下较深层,近于大循环。此所谓更新的一面。但就更广泛范围而言,西北地区永久冰川融水同样水温较低,水性偏寒,亦很纯净,但却未必适合烹茶。总感觉水的活性不够,同样烧开,却不容易泡出茶味。

温汤在处有之。《博物志》"水源有石硫黄,其泉温,可疗疮痏",此非食品也。《黄庭内景》汤谷神王,乃内景自然之阳神,与地道温汤相耀列尔。

予尝有《水颂》云"景丹霄之浩露,眷幽谷之浮华。琼醴庶以消忧,玄津抱而终老",盖指甘寒也。

泉水甘寒者多香,其气类相从尔。凡草木败泉味者,不可求其香也。

【六闲居华旭注】真水无香。香气多源于他出,且较有限。

六品

陆处士品水,据其所尝试者,二十水尔,非谓天下佳泉水尽于此也,然其论故有失得。自予所至者,如虎丘石水及二瀑水,皆非至品;其论雪水,亦自至地者,不知长桑君上池品,故在凡水上。其取吴松江水,故惘惘非可信。吴松潮汐上下,故无潴泓;若南泠在二石间也,潮海性滓浊,岂待试哉。或谓是吴江第四桥水,兹又震泽东注,非吴松江水也。予尝就长桥试之,虽清激处亦腐梗作土气,全不入品,皆过言也。

张又新记淮水,亦在品列。淮故湍悍滓浊,通海气,自昔不可食,今与河合派,又水之大幻也。李记以唐州柏岩县淮水源,庶矣。

陆处士能辨近岸水非南零,非无旨也。南零洄洑渊渟,清激重厚;临岸故常流水尔,且混浊迥异,尝以二器贮之自见。昔人且能辨建业城下水,况零岸故清浊易辨,此非诞也。欧阳修《大明水记》直病之,不甚详悟尔。

【六闲居华旭注】此处从清浊入手辨别南零水与近岸水,简单明了。

处士云:"山水上,江水中,井水下。其山水,拣乳泉、石池慢流者上,其瀑涌湍漱勿食之,久食令人颈疾。又多别流,于山谷者,澄浸不泄,自火天至霜郊以前,或潜龙蓄毒其间,饮者可决之,以流其恶;使新泉涓涓酌之。"此论至确,但瀑水不但颈疾,故多毒沫可虑。其云"澄寂不泄,是龙潭水",此虽出其恶,亦不可食。

论"江水取去人远者",亦确。"井取汲多者",止自乏泉处可尔。并故非品。

处士所品可据及不能尽试者,并列:蕲州兰溪石下水;峡州扇子山下,有石突然，泄水独清泠，状如龟形，俗云虾蟆口水；庐山招贤寺下方桥潭水；洪州西山东瀑布水；庐州龙池山水；汉江金州上游中零水；归州玉虚洞下香溪水；商州武关西洛水；郴州圆泉水。

【六闲居华旭注】独立立场、实证精神较为明确。未困于前人成见，以实际调查品鉴体验构建一己之见解。

七　杂说

移泉水远去，信宿之后，便非佳液。法取泉中子石养之，味可无变。

【六闲居华旭注】"信宿之后，便非佳液"言过其实。放置一两日往往更佳，有沉淀之效果。亦是鉴水方式之一。

移泉须用常汲旧器、无火气变味者，更须有容量，外气不干。

东坡洗水法，直戏论尔，岂有汲泉持久，可以子石淋数过还味者？

暑中取净子石垒盆盂，以清泉养之；此斋阁中天然妙相也，能清暑、长目力。东坡有"怪石供"，此殆"泉石供"也。

处士《茶经》，不但择水，其火用炭或劲薪，其炭曾经燔，为腥气所及，及膏木败器不用之。古人辨劳薪之味，殆有旨也。

处士论煮茶法，初沸水合量，调之以盐味。是又厄水也。

【六闲居华旭注】《卷下》所言并非皆为著者亲自品鉴，部分为转述前人记录。

上池水

湖守李季卿与陆处士论水精劣，得二十种，以雪水品在末后，是非知水者。昔者秦越人遇长桑君，饮以上池之水，三十日当见物。上池水者，水未至地，承取露华水也。汉武志慕神仙，以露盘取金茎饮之，此上池真水也。《丹经》以方诸取太阴真水，亦此义。予谓露雪雨冰，皆上池品，而露为上。朝露未晞时，取之柏叶及百花上佳，服之可长年不饥。《续齐谐记》："司农邓沼，八月朝，入华山，见一童子以五色囊承取叶下露。露皆如珠，云：'赤松先生取以明目。'"《吕氏春秋》云："水之美者，有三危之露"。为水即味重于水也。[1]《本草》载："六天

---

① 　三危山之露水，远较常见之水品质更佳。

气,令人不饥,长年美颜色。人有急难阻绝之处,用之如龟蛇服气不死。"陵阳子《明经》言"春食朝露,秋食飞泉,冬食沆瀣,夏食正阳,并天玄地黄,是为六气",亦言"平明为朝露,日中为正阳,日入为飞泉,夜半为沆瀣",此又服气之精者。

【六闲居华旭注】现代科学研究已经揭示,露雪雨冰等天然蒸馏水属于软质水,有其质优的一面。但其比重相对而言偏低,这与作者以比重高下论优劣的看法有出入。

玉井水

玉井者,诸产有玉处,其泉流泽润,久服令人仙。《异类》云:"昆仑山有一石柱,柱上露盘,盘上有玉水溜下,土人得一合服之,与天地同年。又太华山有玉水,人得服之长生。"今人山居者多寿考,岂非玉石之精乎。

《十洲记》:"瀛洲,有玉膏泉如酒,令人长生"。

【六闲居华旭注】未必如此。若真如此岂非和田白玉河、墨玉河水最佳?!

南阳郦县北潭水

郦县北潭水,其源悉芳菊生被岸,水为菊味。盛弘之《荆州记》:"太尉胡广久患风羸,常汲饮此水,遂疗。"《抱朴子》云:"郦县山中有甘谷水,其居民悉食之,无不寿考。故司空王畅、太尉刘宽、太傅袁隗,皆为南阳太守,常使郦县月送甘谷水四十斛,以为饮食,诸公多患风痹及眩,皆得愈。"

按:寇宗奭《衍义》菊水之说甚怪,水自有甘淡,焉知无有菊味者? 尝官于永耀间,沿干至洪门北山下古石渠中,泉水清澈,其味与惠山泉水等。亦微香,烹茶尤相宜。由是知泉脉如此。

金陵八功德水

八功德水,在钟山灵谷寺。八功德者:一清,二冷,三香,四柔,五甘,六净,七不噎,八除痾。昔山僧法喜,以所居乏泉,精心求西域阿耨池水,七日掘地得之。梁以前,常以供御池。故在峭壁,国初迁宝志塔,水自从之,而旧池遂涸,人以为异。谓之灵谷者,自琵琶街鼓掌,相应若弹丝声,且志其徙水之灵也。陆处士足迹未至此水,尚遗品录。予以次上池玉水及菊水者,盖不但谐诸草木之英而已。

钟阴有梅花水,手掬弄之,滴下皆成梅花。此石乳重厚之故,又一异景也。钟山故有灵气,而泉液之佳,无过此二水。

句曲山喜客泉

大茅峰东北,有喜客泉,人鼓掌即涌沸,津津散珠。昭明读书台下拊掌泉,亦同此类。茅峰故有丹金,所产多灵木,其泉液宜胜。

按:陶隐居《真诰》云,茅山"左右有泉水,皆金玉之津气"。又云:"水味是清源洞远沾尔,水色白,都不学道,居其土,饮其水,亦令人寿考。是金津润液之所溉耶。"今之好游者,多纪岩壑之胜,鲜及此也。

【六闲居华旭注】此类泉水未必适合饮用。拊掌即涌泉,多预示地下岩层活跃,容易带出地下深层气体;水色白,应含硫磺等矿物成分丰富,适合洗浴,未必适合饮用。

王屋玉泉

王屋山,道家小有洞天。盖济水之源,源于天坛之巅,伏流至济渎祠,复见合流,至温县虢公台,入于河,其流汛疾。在医家去痼,如东阿之胶。青州之白药,皆其伏流所制也。其半山有紫微宫,宫之西,至望仙坡北折一里,有玉泉,名玉泉圣水。《真诰》云"王屋山,仙之别天,所谓阳台是也。诸始得道者,皆诣阳台,阳台是清虚之宫""下生鲍济之水,水中有石精,得而服之可长生"。

泰山诸泉

玉女泉,在岳顶之上,水甘美,四时不竭,一名圣水池。白鹤泉,在升元观后,水冽而美。王母池,一名瑶池,在泰山之下,水极清,味甘美。崇宁间,道士刘崇□石。

此外有白龙池,在岳西南,其出为漆河。仙台岭南一池,出为汶河。桃花峪,出为泮河。天神泉悬流如练,皆非三水比也。

华山凉水泉

华山第二关即不可登越,凿石窍,插木攀援若猿猱,始得上。其凉水泉,出窦间,芳冽甘美,稍以憩息,固天设神水也。自此至青牛,平入通仙观,可五里尔。

终南山澄源池

终南山之阴太乙宫者,汉武因山有灵气,立太乙元君祠于澄源池之侧。宫南三里,入山谷中,有泉出奔,声如击筑,如轰雷,即澄源派也。池在石镜之上,一名太乙湫,环以群山,雄伟秀特,势逼霄汉。神灵降游之所,止可饮勺取甘,不可秽亵,盖灵山之脉络也。杜陵、韦曲列居其北,降生名世有自尔。

京师西山玉泉

玉泉山在西山大功德寺西数百步,山之北麓,凿石为蠵头,泉自口出,潴而为池。莹澈照映,其水甘洁,上品也。东流入大内,注都城出大通河,为京师八景之一。京师所艰得惟佳泉,且北地暑毒,得少憩泉上,便可忘世味尔。

又西香山寺有甘露泉,更佳。道险远,人鲜至,非内人建功德院,几不闻人间矣。

偃师甘露泉

甘泉在偃师东南,莹澈如练,饮之若饴。又缑山浮丘冢,建祠于庭下,出一泉,澄澈甘美,病者饮之即愈,名浮丘灵泉。

林虑山水帘

大行之奇秀,至林虑之水帘为最。水声出乱石中,悬而为练,湍而为漱,飞花旋碧,喧豗飘洒。其潴而为泓者,清澈如空,纤芥可见。坐数十人,盖天下之奇观也。

苏门山百泉

苏门山百泉者,卫源也。"毖彼泉水"诗,今尚可诵。其地山冈胜丽,林樾幽好,自古幽寂之士,卜筑啸咏,可以洗心漱齿。晋孙登、嵇康,宋邵雍皆有陈迹可寻。讨其光寒泂穆之象,闻之且可醒心,况下上其间耶?

济南诸泉

济南名泉七十有二,论者以瀑流为上,金线次之,珍珠又次之;若玉环、金虎、柳絮、皇华、无忧及水晶簟,皆出其下。所谓瀑流者,又名趵突,在城之西南泺水源也。其水涌瀑而起,久食多生颈疾。金线泉,有纹如金线;珍珠泉,今王府中,不待振足拊掌,自然涌出珠泡,恐皆山气太盛,故作此异状也。然昔人以三泉品居上者,以山川景象秀朗而言尔,未必果在七十二泉之上也。有杜康泉者,在舜祠西庑,云杜康取此酿酒。昔人称扬子中泠水,每升重二十四铢,此泉只减中泠一铢。今为覆屋而埋,或去庑屋受雨露,则灵气宣发也。又大明湖,发源于舜泉,为城府特秀处。绣江发源长白山下,二处皆有芰荷洲渚之胜,其流皆与济水合。恐济水隐伏其间,故泉池之多如此。

【六闲居华旭注】名泉未必是佳泉,未必适宜烹茶。

庐山康王谷水

陆处士云:瀑涌湍漱,勿食之。康王谷水帘上下,故瀑水也,至下潭澄寂处,始复其真性。李季卿序次有瀑水,恐托之处士。

扬子中泠水

往时江中惟称南零水,陆处士辨其异于岸水,以其清澈而味厚也。今称中泠。往时金山属之南岸,江中惟二泠,盖指石簰山南北流也。今金山沦入江中,则有三流水,故昔之南泠,乃列为中泠尔。中泠有石骨,能渟水不流,澄凝而味厚。今山僧惮汲险,凿西麓一井代之,辄指为中泠,非也。

无锡惠山泉

何子叔皮一日汲惠水遗予,时九月就凉,水无变味,对其使烹食之,大佳也。明年,予走惠山,汲煮阳羡斗品,乃知是石乳。就寺僧再宿而归。

洪州喷雾崖瀑

在蟠龙山,飞瀑倾注,喷薄如雾,宋张商英游此题云"水味甘腴,偏宜煮茗"。范成大亦以为天下瀑布第一。

万县西山包泉

宋元符间,太守方泽为铭,以其品与惠山泉相上下。转运张绩诗:"更把岩泉分茗碗,旧游仿佛记孤山。"

云阳县有天师泉,止自五月江涨时溢出,九月即止。虽甘洁清冽,不贵也;多喜山雌雄泉,分阴阳盈竭,斯异源也。

潼川

盐亭县西,自剑门南来四百里为负戴山。山有飞龙泉,极甘美。

遂宁县东十里,数峰壁立,有泉自岩滴下成穴,深尺余。绀碧甘美,流注不竭,因名灵泉。宋杨大渊等守灵泉山,即此。

雁荡龙鼻泉

浙东名山,自古称天台,而雁荡不著,今东南胜地辄称之。其上有二龙湫:大湫数百顷,小湫亦不下百顷。胜处有石屏、龙鼻水。屏有五色异景,石乳自龙鼻渗出,下有石涡承之,作金石声。皆自然景象,非人巧也。小湫今为游僧开泻成田。郡内养荫龙气,在术家为龙楼真气。今泄之,山川之秀顿减矣。

天目山潭水

浙西名胜必推天目。天目者,东南各一湫如目也。高巅与层霄北近,灵景超绝,下发清泠,与瑶池同胜。山多云母、金沙,所产吴术、附子、灵寿藤,皆异颖,何下之杞菊水?南北皆有六潭,道险不可尽历,且多异兽,虽好游者不能遍。山深气早寒,九月即闭关,春三月方可出入。其迹灵异,晴空稍起云一缕,雨辄大至,盖神龙之窟宅也。山居谷汲,予有凤慕云。

吴兴白云泉

吴兴金盖山,故多云气。乙未三月,与沈生子内晓入山。观望四山,缭绕如垣,中间田段平衍,环视如在甑中受蒸润也。少焉日出,云气渐散,惟金盖独迟,越不易解。予谓气盛必有佳泉水,乃南陟坡陁,见大杨梅树下,汩汩有声,清泠可爱,急移茶具就之,茶不能变其色。主人言,十里内蚕丝俱汲此煮之,辄光白大售。下注田段,可百亩,因名白云泉云。

吴兴更有杼山珍珠泉,如钱塘玉泉,可拊掌出珠泡;玉泉,多饵五色鱼,秽垢山灵尔。杼山因僧皎然夙著。

顾渚金沙泉

顾渚每岁采贡茶时,金沙泉即涌出。茶事毕,泉亦随涸,人以为异。元末时,乃常流不竭矣。

碧林池

在吴兴弁山太阳坞。《避暑录》云:"吾居东西两泉,汇而为沼,才盈丈,溢其余于外,不竭。东泉决为涧,经碧林池,然后汇大涧而出。两泉皆极甘,不减惠山,而东泉尤冽。"

四明山雪窦上岩水

四明山巅出泉甘冽,名四明泉,上矣。南有雪窦,在四明山南极处,千丈岩瀑水殊不佳,至上岩约十许里,名隐潭,其瀑在险壁中,甚奇怪。心弱者,不能一置足其下,此天下奇洞房也。至第三潭水,清泚芳洁,视天台千丈瀑殊绝尔。天台康王谷,人迹易至,雪窦甚阒,潭又雪窦之阒者。世间高人自晦于蓬藋间,若此水者,岂堪算计耶?

天台桐柏宫水

宫前千仞石壁,下发一源,方丈许,其水自下涌起如珠,灌溉甚多,水甘冽入品。

黄岩灵谷寺香泉

寺在黄岩、太平之间,寺后石罅中,出泉甘冽而香,人有名为圣泉者。

麻姑山神功泉

其水清冽甘美,石中乳液也。土人取以酿酒,称麻姑者,非酿法,乃水味佳也。

【六闲居华旭注】喀斯特地貌区域,水中含钙稍高,水味微涩。未必适合烹茶,更适宜酿酒。或因其中钙质容易平衡酿酒过程中的酸性成分。四川、贵州多产佳酿,或许亦源于此。

黄岩铁筛泉

方山下出泉甚甘,古人欲避其泛沙,置铁筛其内,因名。士大夫煎茶,必买此水,境内无异者。有宋人潘恩谷诗《黄岩八景》之意也。

乐清县沐箫泉

沐箫是王子晋遗迹,山上有箫台,其水阖境用之,佳品也。

福州南台泉

泉上有白石壁,中有二鲤形,阴雨鳞目粲然。贫者汲卖泉水,水清泠可爱。土人以南山有白石,又有鲤鱼,似宁戚歌中语,因傅会戚饭牛于此。

桐庐严子濑

张君过桐庐江,见严子濑溪水清泠,取煎佳茶,以为愈于南泠水。予尝过濑,其清湛芳鲜,诚在南泠上。而南泠性味俱重,非濑水及也。濑流泻处,亦殊不佳。台下湾窈回洑澄渟,始是佳品。必缘陟上下方得之,若舟行捷取,亦常然波尔。

姑苏七宝泉

光禄寺左邓尉山东三里有七宝泉,发石间,环甃以石,形如满月。庵僧接竹引之,甚甘。吴门故乏泉,虽虎丘名陆羽泉,予尚以非源水下之。顾此水不录,以地僻隐,人迹罕至故也。

宜兴三洞水

善权寺前有涌金泉,发于寺后小水洞,有窦形如偃月,深不可测。李司空碑谓:微时亲见白龙腾出洞中。盖龙穴也,恐不可食。今人有饮者,云无害。西南至大水洞,其前涌泉奔赴石上,溅沫如银,注入洞中,出小水洞。盖一源也。

张公洞东南至会仙岩,其下空洞,有泉出焉。自右而趋,有声潺潺可听。

南岳铜官山麓有寺,寺有卓锡泉,其地即古之阳羡,产茶独佳。每季春,县官祀神泉上,然后入贡。寺左三百步,有飞瀑千尺,如白龙下饮,汇而为池。相传稠锡禅师卓锡出泉于寺,而剖腹洗肠于此,今名洗肠池。此或巢由洗耳之意,或饮此水可以洗涤肠中秽迹,因而得名尔。其侧有善行洞,庵后有泉出石间,涓涓不息。僧引竹入厨煎茶,甚佳。

天下山川,奇怪幽寂,莫愈此三洞。近溧阳史君恭甫,更于玉女潭搜别水石,构结精庐,其名胜殆冠绝,虽降仙真可也,况好游人士耶?

华亭五色泉

松治西南数百步,相传五色泉,士子见之,辄得高第。今其地无泉,止有八角井,云是海眼。祷雨时,以鱼负铁符下其中,后渔人得之。白龙潭井水,甘而冽,不下泉水。所谓五色泉,当是此,非别有泉也。丹阳观音寺、扬州大明寺水,俱入处士品,予尝之,与八角无异。

金山寒穴泉

松江治南海中金山上有寒穴泉。按,宋毛滂《寒穴泉铭序》云"寒穴泉甚甘,取惠山泉并尝,至三四反复,略不觉异"。王荆公《和唐令寒穴泉》诗有云:"山风吹更寒,山月相与清。"今金山沦入海中,汲者不至。他日桑海变迁,或仍为岸谷,未可知也。

【六闲居华旭注】品茗与诗意相通,徐献忠、田艺蘅、蒋灼皆为真雅士。

后跋

徐子伯臣,往时曾作《唐诗品》,今又品水。岂水之与诗,其泠然之声、冲然之味有同流邪?予尝语田子曰:吾三人者,何时登昆仑。探河源,听奏钧天之洋洋,还涉三湘;过燕秦诸川,相与饮水赋诗,以尽品咸池、韶濩之乐。徐子能复有以许之乎!

余杭蒋灼跋

【六闲居华旭评】堪与田艺蘅之《煮泉小品》比肩。

9.茶说

屠隆作《考槃余事》,所涉甚夥,第四卷中谈茶的部分共三十三则,明人喻政编《茶书全集》时,将这一部分抽出,删去《洗器》《熁盏》《择果》《茶效》《茶具》五条,编为一书,名曰《茶说》。此处据《考槃余事》本全部收录。

茶寮

构一斗室,相傍书斋。内设茶具,教一童子专主茶役,以供长日清谈,寒宵兀坐。幽人首务,不可少废者。

茶品

与《茶经》稍异,今烹制之法,亦与蔡、陆诸前人不同矣。

虎丘

最号精绝,为天下冠。惜不多产,皆为豪右所据。寂寞山家,无由获购矣。

【六闲居华旭注】苏州长洲县虎丘山。

天池

青翠芳馨，啖之赏心，嗅亦消渴，诚可称仙品。诸山之茶，尤当退舍。

【六闲居华旭注】同为苏州长洲县虎丘山所产。

阳羡

俗名罗芥，浙之长兴者佳，荆溪稍下。细者其价两倍天池，惜乎难得，须亲自采收方妙。

六安

品亦精，入药最效。但不善炒，不能发香而味苦。茶之本性实佳。

【六闲居华旭注】应为今安徽六安县。今产六安瓜片、霍山黄芽等。

龙井

不过十数亩，外此有茶，似皆不及。大抵天开龙泓美泉，山灵特生佳茗以副之耳。山中仅有一二家炒法甚精；近有山僧焙者亦妙。真者，天池不能及也。

天目

为天池、龙井之次，亦佳品也。地志云：山中寒气早严，山僧至九月即不敢出。冬来多雪，三月后方通行。茶之萌芽较晚。

【六闲居华旭注】浙江临安天目山。

采茶

不必太细，细则芽初萌而味欠足；不必太青，青则茶以老而味欠嫩[①]。须在谷雨前后，觅成梗带叶，微绿色而团且厚者为上。更须天色晴明，采之方妙。若闽广岭南，多瘴疠之气，必待日出山霁，雾瘴岚气收净，采之可也。谷雨日晴明采者，能治痰嗽、疗百疾。

【六闲居华旭注】明代茶人著录至此所见多出自江浙文人，推崇岕茶原本情有可原，何必贬低闽粤所产？且所据多为无稽之谈。何来"瘴疠之气"波及所产之物？莫非两宋文人嗜建茶，乃嗜服"瘴疠之气"？

---

① 原文有"以"字，确实为赘语。

日晒茶

茶有宜以日晒者,青翠香洁,胜以火炒。

【六闲居华旭注】炒青之外,此为晒青加工方式。

焙茶

茶采时,先自带锅灶入山,别租一室。择茶工之尤良者,倍其雇值,戒其搓摩,勿使生硬,勿令过焦,细细炒燥,扇冷方贮罂中。

藏茶

茶宜箬叶而畏香药,喜温燥而忌冷湿。故收藏之家,先于清明时收买箬叶。拣其最青者,预焙极燥,以竹丝编之,每四片编为一块听用。又买宜兴新坚大罂,可容茶十斤以上者,洗净焙干听用。山中焙茶回,复焙一番。去其茶子、老叶、枯焦者及梗屑,以大盆埋伏生炭,覆以灶中,敲细赤火,既不生烟,又不易过,置茶焙下焙之。约以二斤作一焙,别用炭火入大炉内,将罂悬其架上,至燥极而止。以编箬衬于罂底,茶燥者,扇冷方先入罂。茶之燥,以拈起即成末为验。随焙随入,既满,又以箬叶覆于罂上。每茶一斤,约用箬二两。口用尺八纸焙燥封固,约六七层,捆以寸厚白木板一块,亦取焙燥者。然后于向明净室高阁之。用时以新燥宜兴小瓶取出,约可受四五两,随即包整。夏至后三日,再焙一次;秋分后三日,又焙一次。一阳后三日,又焙之。连山中共五焙,直至交新,色味如一。罂中用浅,更以燥箬叶贮满之,则久而不浥。

【六闲居华旭注】清透鲜嫩乃上品岕茶之长,不易贮存乃其短。至今其贮存方式仍较闽茶粤茶严苛繁缛。

又法

以中坛盛茶,十斤一瓶,每瓶烧稻草灰入于大桶,将茶瓶座桶中。以灰四面填桶,瓶上覆灰筑实。每用,拨开瓶,取茶些少,仍复覆灰,再无蒸坏。次年换灰。

又法

空楼中悬架,将茶瓶口朝下放,不蒸。缘蒸汽自天而下也。

【六闲居华旭注】干燥、隔绝空气乃其贮藏之要点。今日江浙之贮藏方式较为简约,要义依旧。茶以小包包裹,石灰亦以小包包裹,交错置于大瓮之内,尽量密闭封存。

诸花茶

莲花茶：于日未出时，将半含莲花拨开，放细茶一撮纳满蕊中，以麻皮略絷，令其经宿。次早摘花，倾出茶叶，用建纸包茶焙干。再如前法，又将茶叶入别蕊中，如此数次，取其焙干收用，不胜香美。

橙茶：将橙皮切作细丝一斤，以好茶五斤焙干，入橙丝间和，用密麻布衬垫火箱，置茶于上，烘热；净绵被罨之三两时，随用建连纸袋封裹，仍以被罨焙干收用。

木樨、玫瑰、蔷薇、兰蕙、橘花、栀子、木香、梅花，皆可作茶。诸花开时，摘其半含半放、蕊之香气全者，量其茶叶多少，摘花为茶。花多则太香而脱茶韵，花少则不香而不尽美。三停茶叶一停花始称。假如木樨花，须去其枝蒂及尘垢、虫蚁，用磁罐一层茶、一层花投入至满，纸箬絷固，入锅重汤煮之。取出待冷，用纸封裹，置火上焙干收用，则花香满颊，茶味不减。诸花仿此，已上俱平等细茶拌之可也。茗花入茶，本色香味尤嘉。

茉莉花，以熟水半杯放冷，铺竹纸一层，上穿数孔。晚时采初开茉莉花，缀于孔内，上用纸封，不令泄气。明晨取花簪之水，香可点茶。

【六闲居华旭注】此类加工方式多展现传统文人的趣味情调。以现代商业意识审视，未必有商业操作意义，即不具有较大规模生产的前提条件。"三停茶叶一停花始称"则未必。花香之浓淡不同，香型不同，岂可拘泥于某一固定比例。若如此，以兰花制作，或许香气太淡，未入香气；以橘花、栀子花、桂花等制作，则香气过于浓郁，已失茶韵。

该书《择水》一节分说诸要甚详细。

天泉

秋水为上，梅水次之。秋水白而冽，梅水白而甘。甘则茶味稍夺，冽则茶味独全，故秋水较差胜之。春冬二水，春胜于冬，皆以和风甘雨，得天地之正施者为妙。惟夏月暴雨不宜，或因风雷所致，实天之流怒也。

龙行之水，暴而霪者，旱而冻者，腥而墨者，皆不可食。

雪为五谷之精，取以煎茶，幽人清贶。

【六闲居华旭注】梅水为何种水？费解，或为梅雨季节所取雨水。所谓天泉，实指自然蒸发而成的水，如雨雪霜露。较地表水，此类水首先盐分较少，其次硬度较低。决定其品质的主要因素应为形成或降落过程中的二次污染。因此秋高气爽，无风或微风的环境，降水质量较佳；大风天气，尤其是北方风沙状态下的降水,质量不佳;东南风状态下降水,质量较西北风状态下的更佳。"春胜于冬",或许依据在此。西北风生成于内陆,较形成于海上的东南风含尘埃更重。恶劣天气状况下的降水不取。对此不是很理解,或许源于有悖平和的传统理念吧。

地泉

取乳泉漫流者,如梁溪之惠山泉为最胜。

取清寒者,泉不难于清,而难于寒。石少土多,沙腻泥凝者,必不清寒;且濑峻流驶而清,岩奥阴积而寒者,亦非佳品。

取香甘者,泉惟香甘,故能养人。然甘易而香难,未有香而不甘者。

取石流者,泉非石出者,必不佳。

取山脉逶迤者,山不停处,水必不停。若停,即无源者矣,旱必易涸。往往有伏流沙土中者,抱之不竭,即可食。不然,则渗潴之潦耳,虽清勿食。

有瀑涌湍急者勿食,食久令人有头疾。如庐山水帘、洪州天台瀑布,诚山居之珠箔锦幌,以供耳目则可,入水品则不宜矣。有温泉,下生硫黄故然。有同出一壑,半温半冷者,皆非食品。有流远者,远则味薄;取深潭停蓄,其味乃复。有不流者,食之有害。《博物志》曰:山居之民多瘿肿,由于饮泉之不流者。

泉上有恶木,则叶滋根润,能损甘香,甚者能酿毒液,尤宜去之。如南阳菊潭,损益可验。

【六闲居华旭注】简明扼要,提醒不要汲取温泉及半温半冷者,很重要。

江水

取去人远者,扬子南泠夹石渟渊,特入首品。

长流

亦有通泉窦者,必须汲贮,候其澄澈,可食。

井水

脉暗而性滞,味咸而色浊,有妨茗气。试煎茶一瓯,隔宿视之,则结浮腻一层,他水则无,此其明验矣。虽然汲多者可食,终非佳品。或平地偶穿一井,适通泉穴,味甘而淡,大旱不涸,与山泉无异,非可以井水例观也。若海滨之井,必无佳泉,盖潮汐近,地斥卤故也。

【六闲居华旭注】此项较具深意。容易"结浮腻一层",是井水常见之短;

"适通泉穴,味甘而淡,大旱不涸,与山泉无异"亦属实。

灵水

上天自降之泽,如上池天酒、甜雪香雨之类,世或希觏,人亦罕识,乃仙饮也。

【六闲居华旭注】所指为何? 不解。

丹泉

名山大川,仙翁修炼之处,水中有丹,其味异常,能延年却病,尤不易得。凡不净之器,切不可汲。如新安黄山东峰下,有朱砂泉,可点茗。春色微红,此自然之丹液也。临沅廖氏家世寿,后掘井左右,得丹砂数十斛。西湖葛洪井,中有石瓮,陶出丹数枚,如芡实,啖之无味,弃之。有施渔翁者,拾一粒食之,寿一百六岁。

【六闲居华旭注】如温泉,慎食用。泉水变红,多因氧化汞、氧化铁之类成色。氧化汞(朱砂)本身不利于身体,中医多炮制后使用;氧化铁虽为人体所需,但非多多益善,且对其存在方式多有要求。

养水

取白石子瓮中,能养其味,亦可澄水不淆。

【六闲居华旭注】取白石子养水,传统文人之雅意而已,未必合理。今日之物理过滤方式或更多可取之处、合理之处。

洗茶

凡烹茶,先以熟汤洗茶,去其尘垢冷气,烹之则美。

【六闲居华旭注】洗茶以水沸腾后,待温度降低为宜,时间宜短不宜长。对鲜嫩之绿茶更是如此。水温较高,时间较久,有损茶之鲜嫩味。

候汤

凡茶,须缓火炙,活火煎。活火,谓炭火之有焰者。以其去余薪之烟,杂秽之气,且使汤无妄沸,庶可养茶。始如鱼目微有声,为一沸;缘边涌泉连珠,为二沸;奔涛溅沫,为三沸。三沸之法,非活火不成。如坡翁云"蟹眼已过鱼眼生,飕飕欲作松风声",尽之矣。若薪火方交,水釜才炽,急取旋倾,水气未消,谓之懒。若人过百息，水逾十沸，或以话阻事废，始取用之，汤已失性，谓之老。老与懒，皆非也。

【六闲居华旭注】"三沸之法，非活火不成"，未必如此。

注汤

茶已就膏，宜以造化成其形。若手颤臂軃，惟恐其深；瓶嘴之端，若存若亡，汤不顺通，则茶不匀粹，是谓缓注。一瓯之茗，不过二钱。茗盏量合宜，下汤不过六分。万一快泻而深积之，则茶少汤多，是谓急注。缓与急，皆非中汤。欲汤之中，臂任其责。

择器

凡瓶，要小者，易候汤；又点茶、注汤有应。若瓶大，啜存停久，味过则不佳矣。所以策功建汤业者，金银为优；贫贱者不能具，则瓷石有足取焉。瓷瓶不夺茶气，幽人逸士，品色尤宜。石凝结天地秀气而赋形，琢以为器，秀犹在焉。其汤不良，未之有也。然勿与夸珍炫豪臭公子道。铜、铁、铅、锡，腥苦且涩；无油瓦瓶，渗水而有土气，用以炼水，饮之逾时，恶气缠口而不得去。亦不必与猥人俗辈言也。

宣庙时有茶盏，料精式雅，质厚难冷，莹白如玉，可试茶色，最为要用。蔡君谟取建盏，其色绀黑，似不宜用。

涤器

茶瓶、茶盏、茶匙生鉎，致损茶味，必须先时洗洁则美。

熁盏

凡点茶，必须熁盏，令热则茶面聚乳；冷则茶色不浮。

择薪

凡木可以煮汤，不独炭也；惟调茶在汤之淑慝。而汤最恶烟，非炭不可。若暴炭膏薪，浓烟蔽室，实为茶魔。或柴中之麸火，焚余之虚炭，风干之竹筱树梢，燃鼎附瓶，颇甚快意，然体性浮薄，无中和之气，亦非汤友。

择果

茶有真香，有佳味，有正色。烹点之际，不宜以珍果、香草夺之。夺其香者，松子、柑、橙、木香、梅花、茉莉、蔷薇、木樨之类是也。夺其味者，番桃、杨梅之类是也。凡饮佳茶，去果方觉清绝，杂之则无辨矣。若必曰所宜，核桃、榛子、杏仁、榄仁、菱米、栗子、鸡豆、银杏、新笋、莲肉之类精制或可用也。

茶效

人饮真茶,能止渴,消食,除痰,少睡……蛊毒自已矣。然率用中下茶。出苏文

【六闲居华旭注】《茶效》后有"出苏文"三字应为"出自苏轼之文"的意思,疑为作者自注。

人品

茶之为饮,最宜精行修德之人,兼以白石清泉,烹煮如法,不时废而或兴,能熟习而深味,神融心醉,觉与醍醐、甘露抗衡,斯善赏鉴者矣。使佳茗而饮非其人,犹汲泉以灌蒿莱,罪莫大焉。有其人而未识其趣,一吸而尽,不暇辨味,俗莫甚焉。司马温公与苏子瞻嗜茶墨,公云:"茶与墨正相反,茶欲白,墨欲黑;茶欲重,墨欲轻;茶欲新,墨欲陈。"苏曰:"奇茶妙墨俱香。"公以为然。

唐武曌,博学,有著述才,性恶茶,因以诋之,其略曰:"释滞销壅,一日之利暂佳;瘠气侵精,终身之害斯大。获益则收功茶力,贻患则不为茶灾,岂非福近易知,祸远难见。"

李德裕奢侈过求,在中书时,不饮京城水,悉用惠山泉,时谓之水递。清致可嘉,有损盛德。《芝田录》传称陆鸿渐阃门著书,诵诗击木,性甘茗荈,味辨淄渑,清风雅趣,脍炙古今,嗜茶者至陶其形,置炀突间,祀为茶神,可谓尊崇之极矣。尝考《蛮瓯志》云:"陆羽采越江茶,使小奴子看焙,奴失睡,茶燋烁不可食,羽怒,以铁索缚奴而投火中。残忍若此,其余不足观也已矣。"

【六闲居华旭注】以辩证眼光审视,万物皆有其利弊,不存在只有利,却无弊之物,茶亦如此。饮用得法,便于放松,提神;把握不当,有碍睡眠。且放松仅为自我调整状态之一,并非唯一。在需要高度紧张的状态下,未必宜茶;事后,调整放松时刻,宜茶。所谓武曌之见,有其合理一面。但茶如药,其弊多在医,在施用者,而非其本身。

"李德裕奢侈过求","有损盛德"言之在理。茶养人生,岂可以人生养茶?!

若《蛮瓯志》所记录陆羽之事属实,亦有损茶圣之盛德。但此前未见此记录,此处所言究竟何出?待考。

茶具

苦节君(湘竹风炉),建城(藏茶箬笼),湘筠焙(焙茶箱,盖其上以收火气

也；隔其中，以有容也；纳火其下，去茶尺许，所以养茶色香味也），云屯（泉缶）乌府（盛炭篮），水曹（涤器桶），鸣泉（煮茶罐），品司（编竹为橦，收贮各品叶茶），沉垢（古茶洗），分盈（水杓，即《茶经》水则。每两升用茶一两），执权（准茶秤，每茶一两，用水二斤），合香（藏日支茶，瓶以贮司品者），归洁（竹筅帚，用以涤壶），漉尘（洗茶篮），商象（古石鼎），递火（铜火斗），降红（铜火箸，不用联索），团风（湘竹扇），注春（茶壶），静沸（竹架，即《茶经》支鍑），运锋（镂果刀），啜香（茶瓯），撩云（竹茶匙），甘钝（木砧墩），纳敬（湘竹茶橐），易持（纳茶漆雕秘阁），受污（拭抹布）。

【六闲居华旭评】部分内容参考了前人著录，多数属于自己的心得体会。言简意赅，值得一览。

10.茶录

明代张源于采茶、制茶、藏茶、冲泡、品鉴等诸方面实践经验丰富，其所作《茶录》甚为可观。

引

洞庭张樵，海山人，志甘恬淡，性合幽栖，号称隐君子。其隐于山谷间，无所事事，日习诵诸子百家言。每博览之暇，汲泉煮茗，以自愉快。无间寒暑，历三十年，疲精殚思，不究茶之指归不已，故所著《茶录》，得茶中三昧。余乞归十载，凤有茶癖，得君百千言，可谓纤悉具备。其知者以为茶，不知者亦以为茶。山人盍付之剞劂氏？即王濛、卢全复起，不能易也。

吴江顾大典题

【六闲居华旭注】茶中真味只合道与内行知，"其知者以为茶，不知者亦以为茶"。真知乎？假知乎？知之在味！知之在耳！

采茶

采茶之候，贵及其时，太早则味不全，迟则神散。以谷雨前五日为上，后五日次之，再五日又次之。茶芽紫者为上，面皱者次之，团叶又次之，光面如筱叶者最下。彻夜无云，浥露采者为上，日中采者次之。阴雨中不宜采。产谷中者为上，竹下者次之，烂石中者又次之，黄砂中者又次之。

【六闲居华旭注】此处采茶时节、时间、环境等以岕茶为标准，并不适用于闽茶粤茶。

造茶

新采,拣去老叶及枝梗碎屑。锅广二尺四寸,将茶一斤半焙之。候锅极热始下茶,急炒,火不可缓。待熟方退火,彻入筛中,轻团那数遍,复下锅中,渐渐减火,焙干为度。中有玄微,难以言显。火候均停,色香全美;玄微未究,神味俱疲。

【六闲居华旭注】今日江浙茶常见之炒青工艺,此时已基本完备。"轻团那数遍","那"同"挪"。

辨茶

茶之妙,在乎始造之精,藏之得法,泡之得宜。优劣定乎始锅,清浊系乎末火。火烈香清,锅寒神倦。火猛生焦,柴疏失翠。久延则过熟,早起却还生。熟则犯黄,生则着黑。顺那则甘,逆那则涩。带白点者无妨,绝焦点者最胜。

【六闲居华旭注】此处仍为炒青过程之操作要点。

藏茶

造茶始干,先盛旧盒中,外以纸封口。过三日,俟其性复,复以微火焙极干,待冷,贮坛中。轻轻筑实,以箬衬紧。将花笋箬及纸数重封扎坛口,上以火煨砖冷定压之,置茶育中。切勿临风近火。临风易冷,近火先黄。

火候

烹茶旨要,火候为先。炉火通红,茶瓢始上。扇起要轻疾,待有声,稍稍重疾,斯文武之候也。过于文,则水性柔,柔则水为茶降;过于武,则火性烈,烈则茶为水制。皆不足于中和,非茶家要旨也。

【六闲居华旭注】此处所谓火候,不同于下一节之"汤辨",更近于传统煲汤及中药煎熬过程中之文火、武火之辨。文火与武火的效用不同,对煲汤、熬药如此,对烹茶亦如此。

汤辨

汤有三大辨、十五小辨。一曰形辨,二曰声辨,三曰气辨。形为内辨,声为外辨,气为捷辨。如虾眼、蟹眼、鱼眼连珠,皆为萌汤,直至涌沸如腾波鼓浪,水气全消,方是纯熟。如初声、转声、振声、骤声,皆为萌汤,直至无声,方是纯熟。如气浮一缕、二缕、三四缕,及缕乱不分,氤氲乱绕,皆为萌汤,直至气直冲贵,方是纯熟。

【六闲居华旭注】简单明了精要,与上一节融汇理解更佳。

汤用老嫩

蔡君谟汤用嫩而不用老,盖因古人制茶,造则必碾,碾则必磨,磨则必罗,则茶为飘尘飞粉矣。于是和剂,印作龙凤团,则见汤而茶神便浮,此用嫩而不用老也。今时制茶,不假罗磨,全具元体,此汤须纯熟,元神始发也。故曰汤须五沸,茶奏三奇。

【六闲居华旭注】明用散茶,不同于宋用碾茶,因此对煮水的要求亦不同。简而言之,水温要求更精微。否则茶味很难较充分地析出。

泡法

探汤纯熟,便取起。先注少许壶中,祛荡冷气,倾出,然后投茶。茶多寡宜酌,不可过中失正。茶重则味苦香沉,水胜则色清气寡。两壶后,又用冷水荡涤,使壶凉洁。不则减茶香矣。确熟,则茶神不健;壶清,则水性常灵。稍俟茶水冲和,然后分酾布饮。酾不宜早,饮不宜迟。早则茶神未发,迟则妙馥先消。

【六闲居华旭注】此处仅提供基本原则,较着眼于具体操作形式更为明智。"又用冷水荡涤,使壶凉洁",实为控制茶汤温度的方式。

投茶

投茶有序,毋失其宜。先茶后汤,曰下投;汤半下茶,复以汤满,曰中投;先汤后茶,曰上投。春秋中投,夏上投,冬下投。

【六闲居华旭注】如今多用下投法,唯碧螺春为保鲜嫩,仍用上投法。茶叶偏老,而用上投,难以出味;茶叶过于细嫩,而用下投,汤老害茶,如煮过,损其鲜嫩。

饮茶

饮茶以客少为贵,客众则喧,喧则雅趣乏矣。独啜曰神,二客曰胜,三四曰趣,五六曰泛,七八曰施。

香

茶有真香,有兰香,有清香,有纯香。表里如一曰纯香,不生不熟曰清香,火候均停曰兰香,雨前神具曰真香。更有含香、漏香、浮香、问香,此皆不正之气。

【六闲居华旭注】此为传统文人文艺式的归纳与表述,妙在真切形象。不同于学术规范式的定义与表达。

色

茶以青翠为胜,涛以蓝白为佳。黄黑红昏,俱不入品。雪涛为上,翠涛为中,黄涛为下。新泉活火,煮茗玄工,玉茗冰涛,当怀绝技。

味

味以甘润为上,苦涩为下。

【六闲居华旭注】并非如此简单。茶味本微苦,部分略带青涩,所谓甘润多指回甘及饮后滋润生津。

点染失真

茶自有真香,有真色,有真味。一经点染,便失其真。如水中着咸,茶中着料,碗中着果,皆失真也。

【六闲居华旭注】茶贵清纯。

茶变不可用

茶始造则青翠。收藏不法,一变至绿,再变至黄,三变至黑,四变至白。食之则寒胃。甚至瘠气成积。

品泉

茶者水之神,水者茶之体。非真水莫显其神,非精茶曷窥其体。山顶泉清而轻,山下泉清而重,石中泉清而甘,砂中泉清而冽,土中泉淡而白。流于黄石为佳,泻出青石无用。流动者愈于安静,负阴者胜于向阳。真源无味,真水无香。

【六闲居华旭注】"流于黄石为佳,泻出青石无用",此句费解。青石中仅喀斯特地貌岩石所出,因含钙较高,未必味佳。就成色原因而言,黄石出水偏酸性,含铁较高,较典型如黄蜡石(主要成分为二氧化硅),致黄多为水中含氧化铁浸润而成。

井水不宜茶

《茶经》云:山水上,江水次,井水最下矣。第一方:不近江,山卒无泉水,惟当多积梅雨,其味甘和,乃长养万物之水。雪水虽清,性感重阴,寒入脾胃,不宜多积。

【六闲居华旭注】有道理。

贮水

贮水瓮,须置阴庭中,覆以纱帛,使承星露之气,则英灵不散,神气常存。假令压以木石,封以纸箬,曝于日下,则外耗其神,内闭其气,水神敝矣。饮茶,惟贵乎茶鲜水灵。茶失其鲜,水失其灵,则与沟渠水何异?

茶具

桑苎翁煮茶用银瓢,谓过于奢侈。后用磁器,又不能持久,卒归于银。愚意银者宜贮朱楼华屋,若山斋茅舍,惟用锡瓢,亦无损于香、色、味也。但铜铁忌之。

茶盏

盏以雪白者为上,蓝白者不损茶色,次之。

拭盏布

饮茶前后,俱用细麻布拭盏。其他易秽,不宜用。

分茶盒

以锡为之。从大坛中分用,用尽再取。

茶道

造时精,藏时燥,泡时洁。精、燥、洁,茶道尽矣。

【六闲居华旭评】张源,字伯渊,号樵海山人,生平不详,从顾大典序言看,张源应为江苏吴县人,隐居于吴县洞庭,生活于嘉靖万历间。此书应成于万历中,约在万历二十三年(1595 年)前后。

本书言简意赅,见解颇多独到之处。

11.茶疏

许次纾《茶疏》应为明代最优秀的茶学著作,该著亮点有二:其一,兼取精微独到之体验与理论总结;其二,面对传统论断,勇于质疑与辩驳。

序

陆羽品茶,以吾乡顾渚所产为冠,而明月峡尤其所最佳者也。余辟小园其中,岁取茶租自判,童而白首,始得臻其玄诣。武林许然明,余石交也①,亦有嗜茶之癖。每茶期,必命驾造余斋头,汲金沙、玉窦二泉,细啜而探讨品骘之。余罄生平习试自秘之诀,悉以相授。故然明得茶理最精,归而著《茶疏》一帙,余未之知也。然明化三年所矣,余每持茗碗,不能无期牙之感。丁未春,许才甫携然明《茶疏》见示,且征于梦。然明存日著述甚富,独以清事托之故人,岂其神情所注,亦欲自附于《茶经》不朽欤。昔巩民陶瓷肖鸿渐像,沽茗者必祀而沃之。余亦欲貌然明于篇端,俾读其书者,并挹其丰神可也。

万历丁未春日,吴兴友弟姚绍宪识明月峡中

【六闲居华旭注】"余罄生平习试自秘之诀,悉以相授",此语是否托大。姚绍宪为许次纾之真师长或假知己?

小引

吾邑许然明,擅声词场旧矣。丙申之岁,余与然明游龙泓,假宿僧舍者浃旬。日品茶尝水,抵掌道古。僧人以春茗相佐,竹炉沸声,时与空山松涛响答,致足乐也。然明喟然曰:"阮嗣宗以步兵厨贮酒三百斛,求为步兵校尉,余当削发为龙泓僧人矣。"嗣此经年,然明以所著《茶疏》视余,余读一过,香生齿颊,宛然龙泓品茶尝水之致也。余谓然明曰:"鸿渐《茶经》,寥寥千古,此流堪为鸿渐益友,吾文词则在汉魏间,鸿渐当北面矣。"然明曰:"聊以志吾嗜痂之癖,宁欲为鸿渐功匠也。"越十年,而然明修文地下,余慨其著述零落,不胜人琴亡俱之感。一夕梦然明谓余曰:"欲以《茶疏》灾木,业以累子。"余蘧然觉而思龙泓品茶尝水时,遂绝千古,山阳在念,泪淫淫湿枕席也。夫然明著述富矣,《茶疏》其九鼎一脔耳,何独以此见梦?岂然明生平所癖,精爽成厉,又以余为臭味也,遂从九京相托耶?因授剞劂以谢然明。其所撰有《小品室》《荡栉斋》集,友人若贞父诸君方谋锲之。

丁未夏日,社弟许世奇才甫撰

【六闲居华旭注】许世奇为许次纾之真知交,所论较为公允,见情见理。

产茶

天下名山,必产灵草。江南地暖,故独宜茶。大江以北,则称六安,然六安

---

① 石交:交情深厚的朋友(原《全书》有注)。

乃其郡名，其实产霍山县之大蜀山也，茶生最多，名品亦振，河南、山、陕人皆用之。南方谓其能消垢腻，去积滞，亦共宝爱。顾彼山中不善制造，就于食铛大薪炒焙，未及出釜，业已焦枯，讵堪用哉。兼以竹造巨笱，乘热便贮，虽有绿枝紫笋，辄就萎黄，仅供下食，奚堪品斗。

江南之茶，唐人首称阳羡，宋人最重建州，于今贡茶，两地独多。阳羡仅有其名，建茶亦非最上，惟有武夷雨前最胜。近日所尚者，为长兴之罗岕，疑即古人顾渚此笋也。介于山中谓之岕，罗氏隐焉故名罗。然岕故有数处，今惟洞山最佳。姚伯道云：明月之峡，厥有佳茗，是名上乘。要之，采之以时，制之尽法，无不佳者。其韵致清远，滋味甘香，清肺除烦，足称仙品。此自一种也。若在顾渚，亦有佳者，人但以水口茶名之，全与岕别矣。若歙之松罗、吴之虎丘、钱唐之龙井，香气秾郁，并可雁行，与岕颉颃。往郭次甫亟称黄山，黄山亦在歙中，然去松罗远甚。往时士人皆贵天池，天池产者，饮之略多，令人胀满。自余始下其品，向多非之。近来赏音者，始信余言矣。浙之产，又曰天台之雁宕、括苍之大盘、东阳之金华、绍兴之日铸，皆与武夷相为伯仲。然虽有名茶，当晓藏制。制造不精，收藏无法，一行出山，香味色俱减。钱塘诸山，产茶甚多。南山尽佳，北山稍劣。北山勤于用粪，茶虽易苗，气韵反薄。往时颇称睦之鸠坑，四明之朱溪，今皆不得入品。武夷之处，有泉州之清源，倘以好手制之，亦是武夷亚匹。惜多焦枯，令人意尽。楚之产曰宝庆，滇之产曰五华，此皆表表有名，犹在雁茶之上。其他名山所产，当不止此。或余未知，或名未著，故不及论。

【六闲居华旭注】此节所见，作者对各地所产茶叶的了解，尚不及陆羽，明显偏重岕茶；强于江浙所产；于两省之外涉猎有限，更无一语涉及川茶。

"大江以北，则称六安"，此处产茶，唐宋以来一直有名。且有"霍享其实，六当其名"之说，意思是名头以六安茶声名为赫，实际出产，以霍山居多。原有名茶"小岘春"，现以"六安瓜片""霍山黄芽"最为著名。

"顾彼山中不善制造，就于食铛大薪炒焙，未及出釜，业已焦枯，讵堪用哉。兼以竹造巨笱，乘热便贮"，看问题不可以偏概全，此处看法仅供参考。正如寿山石，下品与上品、极品相差甚大，简单以某一两次所见，即断定寿山石的基本情况，过于武断、草率，也是很害人的。自唐宋以来，该处茶叶种植经营不断，相关的烘焙工艺不可能不有所积累，不能因偶遇东施而断定诸暨无美女。

"六安瓜片"本人曾品饮四次，四次的品质落差较大。第一次为直接购自茶农家的十斤经济茶。采摘并不很精细，芽端不乏炒焦的痕迹，代购之熟人亦有说明:为保障炒制时火候到位,因此芽端稍焦。如芽端不见焦者,或为火候不够,或为高手炒制。高手如能炒制到火候到位而芽端不焦者,价位则偏高许多。其茶底不错,口感介于高山茶与平原茶之间,较柔。第二次为同事赠送一罐,较高档,亦较为鲜嫩,印证了第一次对其茶底的判断。第三次为亲友所赠一罐,本为较高档茶,采制精细,机炒尚可,可惜放置不妥,且时间较久,已失本色,大伤元气。第四次为周宁姐数年寄赠的"六安瓜片""霍山黄芽",其中前两次包装较一般,采摘、炒制到位,时令刚好,味道最佳。印象中六安瓜片与霍山黄芽茶底差异不是很明显。

茶铛专用,早成茶区之共识,少有敢破此例者。以食铛炒茶者多发生在非传统茶产区。朋友曾携赠大围山农家自制茶,茶底不错,但第一二泡有油腻味,知是以食铛炒制,但两泡以后,油腻味基本可以去除。印证于朋友处及亲赴大围山游历,确实如此。该地不以茶闻名,偶有山民置小片茶园,疏于打理,产量又少,主要为自家用,因此借食铛以炒制。

"天池产者,饮之略多,令人胀满",怀疑其所饮者为春雨之后催发的茶,并非春季第一道采制的茶。因春雨催发,养分稍弱,因此数泡后容易产生回水涨肚之感觉。

"南山尽佳,北山稍劣。北山勤于用粪,茶虽易苗,气韵反薄",整体而言,由于我国中东部地区多处于季风性气候带,主要降水来自春夏季的东南海洋性暖湿气团,因此山区所产茶叶,东南向优于西北向。北山勤于用粪,这是通过人工追施有机肥的方式,改善作物品质。有所改善,但难彻底改变。

"楚之产曰宝庆,滇之产曰五华",怀疑为今日湖南安化、云南普洱等地所产之茶,这两处之茶如做发酵茶,如安化黑茶、普洱茶,应有优势,如做不发酵之绿茶,茶底未必有优势。

今古制法

古人制茶,尚龙团凤饼,杂以香药。蔡君谟诸公,皆精于茶理。居恒斗茶,亦仅取上方珍品碾之,未闻新制。若漕司所进第一纲,名北苑试新者,乃雀舌、冰芽所造。一銙之直至四十万钱,仅供数盂之啜,何其贵也。然冰芽先以水浸,已失真味,又和以名香,益夺其气,不知何以能佳。不若近进制法,旋摘旋焙,香色俱全,尤蕴真味。

【六闲居华旭注】"冰芽先以水浸,已失真味,又和以名香,益夺其气",此两项确实为宋茶之弊。"不若近进制法,旋摘旋焙,香色俱全,尤蕴真味",此处所言确实是明茶不同于此前之处,导致这种变化的根源,表面上是弃宋茶之繁缛,更深层则是求茶之真味。

采摘

　　清明、谷雨,摘茶之候也。清明太早,立夏太迟,谷雨前后,其时适中。若肯再迟一二日,期待其气力完足,香烈尤倍,易于收藏。梅时不蒸,虽稍长大,故是嫩枝柔叶也。杭俗喜于盂中撮点,故贵极细。理烦散郁,未可遽非。吴淞人极贵吾乡龙井,肯以重价购雨前细者,狃于故常,未解妙理。芥中之人,非夏前不摘。初试摘者,谓之开园。采自正夏,谓之春茶。其地稍寒,故须待夏,此又不当以太迟病之。往日无有于秋日摘茶者,近乃有之。秋七八月,重摘一番,谓之早春。其品甚佳,不嫌少薄。他山射利,多摘梅茶。梅茶涩苦,止堪作下食,且伤秋摘,佳产戒之。

　　【六闲居华旭注】确实,春茶采摘并非越早越好。各地纬度、环境、品种不同,因此春茶萌发的时间不同,不可一概而论。整体而言,南方早于北方,低海拔早于高海拔,山的东南向早于山的西北向。春天雨季来临前最初萌发的茶芽最佳。更早多非新芽,且伤茶树;雨后,新嫩虽够,但春雨催发,内在养分稍稍欠缺,数泡之后容易感觉回水涨肚。茶芽亦非越细小越好,过细味薄,且伤茶树,过老则欠于鲜嫩。

　　所品饮之秋茶,确有极佳者,不让春茶,不但耐泡、味浓,上品且带秋寒之清透劲儿,吾爱此秋茶尤甚一般春茶。但秋茶闽粤两地出产较多,北方各省较少。是否担心秋茶采摘较多,伤及茶树。

　　各处所言之秋茶较混乱。我所品饮之秋茶上品怀疑是某些人口中之冬茶,即采摘自深秋季节,天气转寒之际。夏天雨季已过,久旱,昼夜温差较大,植物开始转入休眠期,因此这类茶叶滋味较厚,更耐泡。而不少茶商所言之秋茶,乃依旧历,采摘时节正逢夏日雨季,植物正处于生长的旺盛期,因此滋味偏薄。这类茶其实更近于夏茶。

炒茶

　　生茶初摘,香气未透,必借火力以发其香。然性不耐劳,炒不宜久。多取入铛,则手力不匀,久于铛中,过熟而香散矣。甚且枯焦,尚堪烹点?炒茶之器,最嫌新铁,铁腥一入,不复有香。尤忌脂腻,害甚于铁,须豫取一铛,专用炊饭。无得别作他用。炒茶之薪,仅可树枝,不用干叶。干则火力猛炽,叶则易焰易灭。铛必磨莹,旋摘旋炒。一铛之内,仅容四两。先用文火焙软,次加武火催之。手加木指。急急钞转,以半熟为度。微俟香发,是其候矣。急用小扇钞置被笼,纯绵大纸衬底燥焙,积多候冷,入罐收藏。人力若多,数铛数笼。人力即少,仅一铛二铛,亦须四五竹笼。盖炒速而焙迟,燥湿不可相混,混则大减香力。一叶稍焦,全铛无用。然火虽忌猛,尤嫌铛冷,则枝叶不柔。以意消息,最难最难。

【六闲居华旭注】此为炒青做法,不同于唐宋之蒸青做法。炒青用柴火,火力不宜太猛,不可太弱,因此有"炒茶之薪,仅可树枝,不用干叶。干则火力猛炽,叶则易焰易灭"一说;茶忌油腻、生铁,因此又有"炒茶之器,最嫌新铁""尤忌脂腻,害甚于铁,须豫取一铛,专用炊饭""铛必磨莹"之说。但焙茶忌柴火,多取炭火,且先去尽其烟气,以免害茶味。

至于"生茶初摘,香气未透,必借火力以发其香",此乃前人经验性解读,虽然正确,却未必精确、准确。此中之物理、化学反应及变化已经被现代茶学知识基本破解。

岕中制法

岕之茶不炒,甑中蒸熟,然后烘焙。缘其摘迟,枝叶微老,炒亦不能使软,徒枯碎耳。亦有一种极细炒岕,乃采之他山炒焙,以欺好奇者。彼中甚爱惜茶,决不忍乘嫩摘采,以伤树本。余意他山所产,亦稍迟采之,待其长大,如岕中之法蒸之,似无不可。但未试尝,不敢漫作。

【六闲居华旭注】此中所言甚是精要。炒青法自有其妙处,但蒸青法亦有其长处。何种为佳,尚待具体而论,总之以能够最大程度展现茶叶之优势,化解其不足为原则。

岕茶取"枝叶微老""甑中蒸熟",显然茶农并非简单出于成本及不伤树本考虑,更多还是采摘最佳时间考虑,相关制作工艺也是服务于这一大原则,他山炒焙之"极细炒岕"也只是"以欺好奇者"而已。真正懂茶善品者应该清楚过嫩之茶所缺何在。应是如此,许次纾才想"余意他山所产,亦稍迟采之,待其长大,如岕中之法蒸之,似无不可",如此或许品质更佳。

收藏

收藏宜用瓷瓮，大容一二十斤，四围厚箬，中则贮茶。须极燥极新。专供此事，久乃愈佳，不必岁易。茶须筑实，仍用厚箬填紧，瓮口再加以箬，以真皮纸包之，以苎麻紧扎，压以大新砖，勿令微风得入，可以接新。

【六闲居华旭注】茶叶收藏历来困扰茶人。炒青之法为求鲜嫩，今日江浙之制作者多取炒制较轻之方式。如此虽更显鲜嫩，但后续之收藏难度更大。此处所说之收藏方式，在当代看来，颇为麻烦，多已弃用，但基本道理未错，依旧被延续传承——干燥、密封。

置顿

茶恶湿而喜燥，畏寒而喜温，忌蒸郁而喜清凉。置顿之所，须在时时坐卧之处。逼近人气，则常温不寒。必在板房，不宜土室。板房则燥，土室则蒸。又要透风，勿置幽隐。幽隐之处，尤易蒸湿，兼恐有失点检。其阁庋之方，宜砖底数层，四围砖砌，形若火炉，愈大愈善，勿近土墙。顿瓮其上，随时取灶下火灰，候冷，簇于瓮傍。半尺以外，仍随时取灰火簇之，令裹灰常燥，一以避风，一以避湿。却忌火气，入瓮则能黄茶。世人多用竹器贮茶，虽复多用箬护，然箬性峭劲，不甚伏贴，最难紧实，能无渗罅？风湿易侵，多故无益也。且不堪地炉中顿，万万不可。人有以竹器盛茶，置被笼中，用火即黄，除火即润。忌之忌之！

【六闲居华旭注】前人旧法，今日多被弃用，唯其基本原理仍多被传承。

取用

茶之所忌，上条备矣。然则阴雨之日，岂宜擅开。如欲取用，必候天气晴明，融和高朗，然后开缶，庶无风侵。先用热水濯手，麻帨拭燥。缶口内箬，别置燥处。另取小罂贮所取茶，最日几何，以十日为限。去茶盈寸，则以寸箬补之，仍须碎剪。茶日渐少，箬日渐多，此其节也。焙燥筑实，包扎如前。

包裹

茶性畏纸，纸于水中成，受水气多也。纸裹一夕，随纸作气尽矣。虽火中焙出，少顷即润。雁宕诸山，首坐此病。每以纸贴寄远，安得复佳。

【六闲居华旭注】纸容易吸潮，传统手工纸更为明显，因此用纸包裹，茶叶确实容易受潮。

日用顿置

日用所需,贮小罂中,箬包苎扎,亦勿见风。宜即置之案头,勿顿巾箱、书
簏,尤忌与食器同处。并香药则染香药,并海味则染海味,其他以类而推。不
过一夕,黄矣变矣。

【六闲居华旭注】茶叶吸味,忌与其他物品,尤其是有气味、有味道的物品
放在一起。

择水

精茗蕴香,借水而发,无水不可与论茶也。古人品水,以金山中泠为第一
泉,或曰庐山康王谷第一。庐山余未之到,金山顶上井亦恐非中泠古泉。陵谷
变迁,已当湮没。不然,何其漓薄不堪酌也?今时品水,必首惠泉,甘鲜膏腴,
致足贵也。往三渡黄河,始忧其浊,舟人以法澄过,饮而甘之,尤宜煮茶,不下
惠泉。黄河之水,来自天上,浊者土色也。澄之既净,香味自发。余尝言有名
山则有佳茶,兹又言有名山必有佳泉。相提而论,恐非臆说。余所经行,吾两
浙、两都、齐鲁、楚粤、豫章、滇黔,皆尝稍涉其山川,味其水泉,发源长远,而潭
沚澄澈者,水必甘美。即江河溪涧之水,遇澄潭大泽,味咸甘洌。唯波涛湍急,
瀑布飞泉,或舟楫多处,则苦浊不堪。盖云伤劳,岂其恒性。凡春夏水长则减,
秋冬水落则美。

【六闲居华旭注】水本身质优,也要与茶契合。某水质地上佳,通常是针对
周围所产佳茗而言,如以之冲泡外省异地之佳茗,则口感未必如此上佳。

贮水

甘泉旋汲,用之斯良,丙舍在城①,夫岂易得。理宜多汲,贮大瓮中,但忌
新器,为其火气未退,易于败水,亦易生虫。久用则善,最嫌他用。水性忌木,
松杉为甚。木桶贮水,其害滋甚,挈瓶为佳耳。贮水瓮口,厚箬泥固,用时旋
开。泉水不易,以梅雨水代之。

【六闲居华旭注】新陶瓮多带土腥味,因此不合用。生虫应非陶瓮的原因,
多源于陶瓮的二次污染或水质本身微生物较多。木桶贮水一方面容易滋生微
生物,损害水质,另一方面木质本身容易腐朽生味。水不宜存放太久,汲自天

---

① 《全书》有注:丙舍:别室。这里指家。

然水源,其中多少带有一些微生物,存放太久容易导致微生物滋生,改变水质及味道。

舀水

舀水必用瓷瓯。轻轻出瓮,缓倾铫中。勿令淋漓瓷内,致败水味,切须记之。

煮水器

金乃水母,锡备柔刚,味不咸涩,作铫最良。铫中必穿其心,令透火气。沸速则鲜嫩风逸,沸迟则老熟昏钝,兼有汤气,慎之慎之。茶滋于水,水藉乎器,汤成于火,四者相须,缺一则废。

【六闲居华旭注】锡器有净水之效。此其可取之处。

火候

火必以坚木炭为上。然木性未尽,尚有余烟,烟气入汤,汤必无用。故先烧令红,去其烟焰,兼取性力猛积,水乃易沸。既红之后,乃授水器,仍急扇之,愈速愈妙,毋令停手。停过之汤,宁弃而再烹。

【六闲居华旭注】不同燃料,在较短时间内获得高温的效果不同,其热力亦不同。相对而言,短时间内,木材,尤其是质地较为疏松的木材,难以获得较高的燃烧温度,木炭及高热量的煤炭则较容易获得。因此古人炼铁炼钢多用木炭、煤炭,不大用木材。泡茶烧水道理类似。煤炭多少有些硫的味道,比木炭的烟气更损茶味,因此煤炭少用。

烹点

未曾汲水,先备茶具。必洁必燥,开口以待。盖或仰放,或置瓷盂,勿竟覆之案上。漆气、食气,皆能败茶。先握茶手中,俟汤既入壶,随手投茶汤,以盖覆定。三呼吸时,次满倾盂内,重投壶内,用以动荡香韵,兼色不沉滞。更三呼吸顷,以定其浮薄。然后泻以供客,则乳嫩清滑,馥郁鼻端。病可令起,疲可令爽,吟坛发其逸思,谈席涤其玄襟。

【六闲居华旭注】老漆器较好,新漆器味道较明显,会影响茶叶。“先握茶手中”此做法容易令茶沾染汗味,今人多改用茶匙取茶。

此处之泡茶方式较为独特。上投法,即先冲水,后投放茶叶的冲泡方式,多针对极鲜嫩之茶叶,如碧螺春。但许次纾所推崇的岕茶,从前面的描述来看,并非以极鲜嫩的茶叶制作,反而相对茶叶较大,因此其先冲水,后投放茶叶的作法应不同于上投法的需要,更多带有醒茶的意思。投茶后,茶汤倒出,重投壶内。是否借此调整冲泡的水温。因为绿茶的冲泡水温一般较发酵茶、半发酵茶稍稍低一些。同时令茶汤更加均匀。

秤量

茶注宜小,不宜甚大。小则香气氤氲,大则易于散漫。大约及半升,是为适可。独自斟酌,愈小愈佳。容水半升者,量茶五分,其余以是增减。

【六闲居华旭注】壶大水多茶易老,味道似煮过。北方因冬季时间长,恐茶冷却过快,因此多取大壶,有大碗茶之说。仅就品饮而言,即失雅意,又损味道。南方天气炎热时间较长,为便于茶汤冷却饮用,多用小壶,即雅致,又更容易展现茶味。

汤候

水一入铫,便须急煮。候有松声,即去盖,以消息其老嫩。蟹眼之后,水有微涛,是为当时。大涛鼎沸,旋至无声,是为过时。过则汤老而香散,决不堪用。

【六闲居华旭注】今日之研究已经说明,未发酵茶、半发酵茶、全发酵茶最适合的冲泡温度并不一样,整体而言未发酵茶适用温度稍低,半发酵茶、全发酵茶适用温度较高。

瓯注

茶瓯,古取建窑兔毛花者,亦斗碾茶用之宜耳。其在今日,纯白为佳,兼贵于小。定窑最贵,不易得矣。宣、成、嘉靖,俱有名窑,近日仿造,间亦可用。次用真正回青,必拣圆整。勿用啙窳。

茶注,以不受他气者为良,故首银次锡。上品真锡,力大不减,慎勿杂以黑铅,虽可清水,却能夺味。其次内外有油瓷壶亦可,必如柴、汝、宣、成之类,然后为佳。然滚水骤浇,旧瓷易裂,可惜也。近日饶州所造,极不堪用。往时龚春茶壶,近日时彬所制,大为时人宝惜。盖皆以粗砂制之,正取砂无土气耳。随手造作,颇极精工,顾烧时必须火力极足,方可出窑。然火候少过,壶又多碎坏者,以是益加贵重。火力不到者,如以生砂注水,土气满鼻,不中用也。较之锡器,尚减三分。砂性微渗,又不用油,香不窜发,易冷易馊,仅堪供玩耳。其余细砂,及造自他匠手者,质恶制劣,尤有土气,绝能败味,勿用勿用。

【六闲居华旭注】紫砂壶对比于盖碗杯更容易聚热,更适用于半发酵、全发酵茶,未必适合不发酵茶。其微孔隙结构容易吸贮茶味,有碍不发酵茶之鲜嫩味。宜兴紫砂壶砂料中多含粗质石英成分,透气性更好。其他地方所产往往炼泥料过细,透气性不及宜兴所产。紫砂壶烧制温度过高,易脆易裂;过低料性不熟,土腥味较明显。当初多为柴窑,温控不易,今日多为电窑,温控较易。

荡涤

汤铫瓯注,最宜燥洁。每日晨兴,必以沸汤荡涤,用极熟黄麻巾帨向内拭干,以竹编架,覆而度之燥处,烹时随意取用。修事既毕,汤铫拭去余沥,仍覆原处。每注茶甫尽,随以竹筋尽去残叶,以需次用。瓯中残沛,必倾去之,以俟再斟。如或存之,夺香败味。人必一杯,毋劳传递,再巡之后,清水涤之为佳。

饮啜

一壶之茶,只堪再巡。初巡鲜美,再则甘醇,三巡意欲尽矣。余尝与冯开之戏论茶候,以初巡为婷婷袅袅十三余,再巡为碧玉破瓜年,三巡以来,绿叶成荫矣。开之大以为然。所以茶注欲小,小则再巡已终,宁使余芬剩馥,尚留叶中,犹堪饭后供啜漱之用,未遽弃之可也。若巨器屡巡,满中泻饮,待停少温,或求浓苦,何异农匠作劳。但需涓滴,何论品尝,何知风味乎。

【六闲居华旭注】审美局限。仅仅识得青春妙龄,焉知成熟风韵,更不解桑榆夕阳之意境。如此何必辨别雨前雨后,乔木台地?

论客

宾朋杂沓,止堪交错觥筹;乍会泛交,仅须常品酬酢。惟素心同调,彼此畅适,清言雄辩,脱略形骸,始可呼童篝火,酌水点汤。量客多少,为役之烦简。三人以下,止若蓺一炉,如五六人,便当两鼎炉,用一童,汤方调适。若还兼作,恐有参差。客若众多,姑且罢火,不妨中茶投果,出自内局。

【六闲居华旭注】佳茗不与俗人品。

茶所

小斋之外,别置茶寮。高燥明爽,勿令闭塞。壁边列置两炉,炉以小雪洞覆之。止开一面,用省灰尘腾散。寮前置一几,以顿茶注、茶盂,为临时供具。别置一几,以顿他器。旁列一架,巾帨悬之,见用之时,即置房中。斟酌之后,旋加以盖,毋受尘污,使损水力。炭宜远置,勿令近炉,尤宜多办宿干易炽。炉少去壁,灰宜频扫。总之,以慎火防热,此为最急。

洗茶

芥茶摘自山麓,山多浮沙,随雨辄下,即着于叶中。烹时不洗去沙土,最能败茶。必先盥手令洁,次用半沸水,扇扬稍和,洗之。水不沸,则水气不尽,反能败茶。毋得过劳以损其力。沙土既去,急于手中挤令极干,另以深口瓷合贮之,抖散待用。洗必躬亲,非可摄代。凡汤之冷热,茶之燥湿,缓急之节,顿置之宜,以意消息,他人未必解事。

【六闲居华旭注】古今工序流程不同,不必拘泥。今日涉及制茶一类多有卫生要求,部分传统工艺已被取代,如建茶曾有用脚揉茶之工序,今日多被废除。如若洗茶,不妨水沸以后,温度稍降之后,快速过水。如此即达到清洁茶叶的效果,又不至于因此损失茶味。

绿茶第一泡甚佳,一般不洗;建茶等半发酵茶多有洗茶习惯,建议沸腾后低温水快速冲洗,以免流失茶味。发酵茶之陈茶,还是以高温洗茶为妙,以去陈味。洗茶往往还带有醒茶的作用。

童子

煎茶烧香,总是清事,不妨躬自执劳。然对客谈谐,岂能亲莅,宜教两童司之。器必晨涤,手令时盥,爪可净剔,火宜常宿,量宜饮之时,为举火之候。又当先白主人,然后修事。酌过数行,亦宜少辍。果饵间供,别进浓渖,不妨中品充之。盖食饮相须,不可偏废,甘酼杂陈,又谁能鉴赏也。举酒命觞,理宜停罢,或鼻中出火,耳后生风,亦宜以甘露浇之。各取大盂,撮点雨前细玉,正自不俗。

饮时

心手闲适,披咏疲倦。意绪棼乱,听歌闻曲。歌罢曲终,杜门避事。
鼓琴看画,夜深共语。明窗净几,洞房阿阁。宾主款狎,佳客小姬。
访友初归,风日晴和。轻阴微雨,小桥画舫。茂林修竹,课花责鸟。
荷亭避暑,小院焚香。酒阑人散,儿辈斋馆。清幽寺院,名泉怪石。

宜辍

作字,观剧,发书柬,大雨雪,长筵大席,翻阅卷帙,人事忙迫,及与上宜饮时相反事。

不宜用

恶水、敝器、铜匙、铜铫、木桶、柴薪、麸炭、粗童、恶婢、不洁巾帨、各色果实、香药。

不宜近

阴室、厨房、市喧、小儿啼、野性人、童奴相哄、酷热斋舍。

良友

清风明月、纸账楮衾、竹床石枕、名花琪树。

出游

士人登山临水，必命壶觞。乃茗碗薰炉，置而不问，是徒游于豪举，未托素交也。余欲特制游装，备诸器具，精茗名香，同行异室。茶罂一，注二，铫一，小瓯四，洗一，瓷合一，铜炉一，小面洗一，巾副之，附以香奁、小炉、香囊、匕筋，此为半肩。薄瓮贮水三十斤，为半肩足矣。

权宜

出游远地，茶不可少。恐地产不佳，而人鲜好事，不得不随身自将。瓦器重难，又不得不寄贮竹笥。茶甫出瓮，焙之。竹器晒干，以箬厚贴，实茶其中。所到之处，即先焙新好瓦瓶，出茶焙燥，贮之瓶中。虽风味不无少减，而气力味尚存。若舟航出入，及非车马修途，仍用瓦缶，毋得但利轻赍，致损灵质。

虎林水

杭两山之水，以虎跑泉为上。芳洌甘腴，极可贵重，佳者乃在香积厨中上泉，故有土气，人不能辨。其次若龙井、珍珠、锡杖、韬光、幽淙、灵峰，皆有佳泉，堪供汲煮。及诸山溪涧澄流，并可斟酌，独水乐一洞，跌荡过劳，味遂漓薄。玉泉往时颇佳，近以纸局坏之矣。

宜节

茶宜常饮，不宜多饮。常饮则心肺清凉，烦郁顿释。多饮则微伤脾肾，或泄或寒。盖脾土原润，肾又水乡，宜燥宜温，多或非利也。古人饮水饮汤，后人始易以茶，即饮汤之意。但令色香味备，意已独至，何必过多，反失清洌乎。且茶叶过多，亦损脾肾，与过饮同病。俗人知戒多饮，而不知慎多费，余故备论之。

【六闲居华旭注】万事一利之外，必有一弊。即便是饮水过多也会增加肾的负担。

辨讹

古人论茶,必首蒙顶。蒙顶山,蜀雅州山也,往常产,今不复有。即有之,彼中夷人专之,不复出山。蜀中尚不得,何能至中原、江南也。今人囊盛如石耳,来自山东者,乃蒙阴山石苔,全无茶气,但微甜耳,妄谓蒙山茶。茶必木生,石衣得为茶乎?

【六闲居华旭注】蒙顶甘露仍有,较少出现于四川以外地区。品质上佳。"蒙阴山石苔"似乎是针对明初朱权《茶谱》之相关内容有感而发。

考本

茶不移本,植必子生。古人结婚,必以茶为礼,取其不移植子之意也。今人犹名其礼曰下茶。南中夷人定亲,必不可无,但有多寡。礼失而求诸野,今求之夷矣。

余斋居无事,颇有鸿渐之癖。又桑苎翁所至,必以笔床、茶灶自随。而友人有同好者,数谓余宜有论著,以备一家,贻之好事,故次而论之。倘有同心,尚箴余之阙,葺而补之,用告成书,甚所望也。次纾再识。

12.罗岕茶记

明代熊明遇所撰《罗岕茶记》虽短小,却多己见,着眼点多在岕茶。

产茶处,山之夕阳,胜于朝阳。庙后山西向,故称佳;总不如洞山南向,受阳气特专,称仙品。

【六闲居华旭注】"产茶处,山之夕阳,胜于朝阳",此句应有误。"总不如洞山南向,受阳气特专,称仙品",此论断较为准确。

茶产平地,受土气多,故其质浊。岕茗产于高山,浑是风露清虚之气,故为可尚。

【六闲居华旭注】高山多云雾,致使阳光多漫射,更利于茶叶生长;高山昼夜温差大,便于植物内部糖分积累,故口味更佳。

茶以初出雨前者佳,惟罗岕立夏开园。吴中所贵,梗粗叶厚,微有萧箬之气。还是夏前六七日,如雀舌者佳,最不易得。

藏茶宜箬叶而畏香药,喜温燥而忌冷湿。收藏时,先用青箬以竹丝编之,置罂四周。焙茶俟冷,贮器中,以生炭火煅过,烈日中曝之令灭,乱插茶中,封固罂口,覆以新砖,置高爽近人处。霉天雨候,切忌发覆,须于晴明,取少许别贮小瓶。空缺处,即以箬填满,封置如故,方为可久。或夏至后一焙,或秋分后一焙。

烹茶,水之功居大。无泉则用天水,秋雨为上,梅雨次之。秋雨冽而白,梅雨醇而白。雪水,五谷之精也,色不能白。养水须置石子于瓮,不惟益水,而白石清泉,会心亦不在远。

茶之色重、味重、香重者,俱非上品。松萝香重,六安味苦而香,与松萝同;天池亦有草菜气,龙井如在之;至云雾,则色重而味浓矣。尝啜虎丘茶,色白而香似婴儿肉,真精绝。

【六闲居华旭注】熊明遇之口味主清淡,因此有此评断,稍嫌偏狭。

茶色贵白,然白亦不难。泉清瓶洁,叶少水洗,旋烹旋啜,其色自白。然真味抑郁,徒为目食耳。若取青绿,则天池、松萝及岕之最下者,虽冬月,色亦如苔衣,何足为妙? 莫若余所收洞山茶,自谷雨后五日者,以汤薄浣,贮壶良久,其色如玉;至冬则嫩绿,味甘色淡,韵清气醇,亦作婴儿肉香,而芝芬浮荡,则虎丘所无也。

【六闲居华旭注】确实,不可一概而论,惟色有新老之差。就绿茶而论,新色胜老色,色暗者多逊于鲜嫩。

13.茶笺

明代闻龙所作《茶笺》篇幅不大,所述多基于亲身实践,颇多独到之见解。

茶初摘时,须拣去枝梗老叶,惟取嫩叶;又须去尖与柄,恐其易焦。此松萝法也。炒时须一人从旁扇之,以祛热气,否则黄色,香味俱减。予所亲试,扇者翠,不扇色黄。炒起出铛时,置大磁盘中,仍须急扇,令热气稍退,以手重揉之;再散入铛,文火炒干入焙。盖揉则其津上浮,点时香味易出。田子艺以生晒、不炒、不揉者为佳,亦未之试耳。

【六闲居华旭注】去梗是因为粗梗妨碍品饮,未必因为易焦;去尖则因为叶尖易焦。彼时炒青工艺尚待完善,故取此法。今日或延续此法,或改善炒青方式,以求不去尖而全其形,把控火候而全其味者。

炒青工艺之要点在于高温快速脱水,阻止茶叶内生物酶的化学反应。温度不够,内部生物酶之反应未能充分破坏,影响茶叶质量;散热散湿不迅速,又亦导致茶叶内部成分的氧化及其他反应,破坏茶叶的口感。"须一人从旁急扇之"正是出于这类考虑。此中原理与现代食品加工的原理是相通的,仅仅实现的方式是传统的。

"以手重揉之",说明此时已有揉青工艺。揉与不揉,除了是否揉整茶叶形状之外,还有更深层的考量。

《经》云"焙,凿地深二尺,阔二尺五寸,长一丈。上作短墙,高二尺,泥之","以木构于焙上,编木两层,高一尺,以焙茶。茶之半干,升下棚;全干,升上棚",愚谓今人不必全用此法。予尝构一焙,室高不逾寻,方不及丈,纵广正等。四围及顶,绵纸密糊,无小罅隙。置三四火缸于中,安新竹筛于缸内,预洗新麻布一片以衬之。散所炒茶于筛上,阖户而焙。上面不可覆盖。盖茶叶尚润,一覆则气闷罨黄,须焙二三时,俟润气尽,然后覆以竹箕。焙极干,出缸待冷,入器收藏。后再焙,亦用此法,免香与味不致大减。

【六闲居华旭注】一寻为八尺。唐有唐人法,明有明规,不可以唐法衡量明之实情。闻龙此处实事求是。

诸名茶,法多用炒,惟罗芥宜于蒸焙。味真蕴藉,世竞珍之。即顾渚、阳羡密迩洞山,不复仿此。想此法偏宜于芥,未可概施于他茗。而《经》已云蒸之、焙之,则所从来远矣。

【六闲居华旭注】明朝茶叶之焙制更趋于细分与深入。不仅见于此,更见于其他重要新茶品之出现。

吴人绝重芥茶,往往杂以黄黑箬,大是阙事。余每藏茶,必令樵青入山采竹箭箬,拭净焙干,护罂四周,半用剪碎,拌入茶中。经年发覆,青翠如新。

【六闲居华旭注】非茶不佳,而在于贮藏过程中细节之缺失,"往往杂以黄黑箬"即因为包裹茶叶之竹叶陈腐,而导致伤及茶味。

吾乡四陲皆山,泉水在在有之,然皆淡而不甘,独所谓它泉者,其源出自四明潺缓洞,历大阑、小皎诸名岫,回溪百折,幽涧千支,沿洄漫衍,不舍昼夜。唐鄞令王公元伟,筑堤它山,以分注江河,自洞抵堤,不下三数百里。水色蔚蓝,素砂白石,粼粼见底,清寒甘滑,甲于郡中。余愧不能为浮家泛宅,送老于斯,每一临泛,浃旬忘返,携茗就烹,珍鲜特甚,洵源泉之最,胜瓯牺之上味矣。以僻在海陬，图经是漏，故又新之记罔闻，季疵之杓莫及，遂不得与谷帘诸泉齿。譬犹飞遁吉人，灭影贞士，直将逃名世外，亦且永托知稀矣。

【六闲居华旭注】闻龙应属真知水之人，非以耳鉴水之辈。

山林隐逸，水铫用银，尚不易得，何况鍑乎？若用之恒，而卒归于铁也。

茶具涤毕，覆于竹架，俟其自干为佳。其拭巾只宜拭外，切忌拭内。盖巾帨虽洁，一经人手，极易作气。纵器不干，亦无大害。

吴兴姚叔度言"茶叶多焙一次，则香味随减一次"，予验之良然。但于始焙极燥，多用炭箸，如法封固，即梅雨连旬，燥固自若。惟开坛频取，所以生润，不得不再焙耳。自四五月至八月，极宜致谨；九月以后，天气渐肃，便可解严矣。虽然，能不弛懈，尤妙尤妙。

东坡云："蔡君谟嗜茶，老病不能饮，日烹而玩之。可发来者之一笑也。"孰知千载之下，有同病焉。余尝有诗云："年老耽弥甚，脾寒量不胜。"去烹而玩之者，几希矣。因忆老友周文甫，自少至老，茗碗薰炉，无时暂废。饮茶日有定期，旦明、晏食、禺中、铺时、下春、黄昏，凡六举。而客至烹点不与焉。寿八十五无疾而卒。非宿植清福，乌能毕世安享？视好而不能饮者，所得不既多乎？尝畜一龚春壶，摩挲宝爱，不啻掌珠，用之既久，外类紫玉，内如碧云，真奇物也。后以殉葬。

【六闲居华旭注】旦明：天亮时；晏食：早饭时；禺中：将近中午时，上午九至十一时；铺时：申时，下午三至五时；下春：日落时；黄昏：傍晚。

按《经》云："第二沸，留热以贮之，以备育华救沸之用者，名曰隽永。五人则行三碗，七人则行五碗，若遇六人，但阙其一。正得五人，即行三碗，以隽永补所阙人，故不必别约碗数也。"

【六闲居华旭评】闻龙此文篇幅不大，所述多基于亲身实践，颇多独到之见解。

14.茶解

《茶解》作者为明代的罗廪，同为实战型茶君子，文中颇多切身体会。

叙

罗高君性嗜茶，于茶理有县解①，读书中隐山，手著一编曰《茶解》云。书

---

① 《全书》有注：县解：悬解，高妙的解释。

凡十目:一之原,其茶所自出;二之品,其茶色、味、香;三之程,其艺植高低;四之定,其采摘时候;五之撷,其法制焙炒;六之辨,其收藏凉燥;七之评,其点瀹缓急;八之明,其水泉甘冽;九之禁,其酒果腥秽;十之约,其器皿精粗。为条凡若干,而茶勋于是乎勒铭矣。其论审而确也,其词简而核也,以斯解茶,非眠云跂石人不能领略。高君自述曰:"山堂夜坐,汲泉烹茗,至水火相战,俨听松涛,倾泻入杯,云光潋滟。此时幽趣,未易与俗人言者,其致可挹矣。"初,予得《茶经》《茶谱》《茶疏》《泉品》等书,今于《茶解》而合璧之,读者口津津,而听者风习习,渴闷既涓,荣宪斯畅。予友闻隐鳞,性通茶灵,早有季疵之癖,晚悟禅机,正对赵州之锋,方与袁辑《茗笈》,持此示之,隐鳞印可,曰:"斯足以为政于山林矣。"

万历己酉岁端阳日友人屠本畯撰

【六闲居华旭注】屠本畯之叙多为罗列,少见深意。

总论

茶通仙灵,久服能令升举,然蕴有妙理,非深知笃好,不能得其当。盖知深斯鉴别精,笃好斯修制力。余自儿时,性喜茶,顾名品不易得,得亦不常有,乃周游产茶之地,采其法制,参互考订,深有所会。遂于中隐山阳,栽植培灌,兹且十年。春夏之交,手为摘制,聊足供斋头烹啜,论其品格,当雁行虎丘。因思制度有古人意虑所不到,而今始精备者,如席地团扇,以册易卷,以墨易漆之类,未易枚举。即茶之一节,唐宋间研膏蜡面,京挺龙团,或至把握纤微,直钱数十万,亦珍重哉。而碾造愈工,茶性愈失,矧杂以香物乎?曾不若今人止精于炒焙,不损本真。故桑苎《茶经》,第可想其风致,奉为开山,其春碾罗则诸法,殊不足仿。余尝谓茶、酒二事,至今日可称精妙,前无古人,此亦可与深知者道耳。

【六闲居华旭注】后人论茶,较少有类似陆羽者。陆羽的传统文化背景深厚;又熟悉产地、种植、焙炒、贮藏、烹茶、品鉴等技术方面。后人多折损于一端,或凭借文化背景优势泛泛而谈,缺乏强有力的技术支持;或沉迷于技术细节,无法深入文化解读。罗禀两端优势皆很明显,其见解开阔、深入。

原

鸿渐志茶之出,曰山南、淮南、剑南、浙东、黔州、岭南诸地。而唐宋所称,则建州、洪州、穆州、惠州、绵州、福州、雅州、南康、婺州、宣城、饶池、蜀州、潭州、彭州、袁州、龙安、涪州、建安、岳州。绍兴进茶,自宋范文虎始。余邑贡茶,亦自南宋季至今。南山有茶局、茶曹、茶园之名,不一而止。盖古多园中植茶。沿至我朝,贡茶为累,茶园尽废,第取山中野茶,聊且塞责,而茶品遂不得与阳羡、天池相抗矣。

余按:唐宋产茶地,仅仅如前所称,而今之虎丘、罗芥、天池、顾渚、松萝、龙井、雁荡、武夷、灵山、大盘、日铸诸有名之茶,无一与焉。乃知灵草在在有之,但人不知培植,或疏于制度耳,嗟嗟! 宇宙大矣![1]

《经》云:一茶、二槚、三蔎、四茗、五荈,精粗不同,总之皆茶也。而至如岭南之苦登、玄岳之骞林叶、蒙阴之石藓,又各为一类,不堪入口(《研北志》云:交趾登茶如绿苔,味辛烈而不言其苦恶,要非知茶者)。

茶,六书作"荼",《尔雅》《本草》《汉书》,茶陵俱作"荼"。《尔雅》注云"树如栀子"是已。而谓冬生叶,可煮作羹饮,其故难晓。

【六闲居华旭注】"但人不知培植,或疏于制度耳",此处不仅包含茶园之日常管理与采制等,更包含优良品种之选育,尤其是借助有性繁殖,从本地原始茶树品种培育、优选、繁育新品种。

品

茶须色、香、味三美具备。色以白为上,青绿次之,黄为下。香如兰为上,如蚕豆花次之。味以甘为上,苦涩斯下矣。

茶色贵白。白而味觉甘鲜,香气扑鼻,乃为精品。盖茶之精者,淡固白,浓亦白,初泼白,久贮亦白。味足而色白,其香自溢,三者得则俱得也。近好事家,或虑其色重,一注之水,投茶数片,味既不足,香亦杳然,终不免水厄之诮耳。虽然,尤贵择水。

茶难于香而燥。燥之一字,唯真芥茶足以当之。故虽过饮,亦自快人。重而湿者,天池也。茶之燥湿,由于土性,不系人事。

茶须徐啜,若一吸而尽,连进数杯,全不辨味,何异佣作?卢仝七碗,亦兴到之言,未是实事。

山堂夜坐,手烹香茗,至水火相战,俨听松涛,倾泻入瓯,云光缥渺,一段幽趣,故难与俗人言。

---

[1] 此处余按之余为罗廪。前面说明《茶经》之记录,后世之变迁。余按之后为作者罗廪之分析解读。

【六闲居华旭注】此处所论色香味,彼一时一地之标准耳,以之视今日之绿茶,或许较为契合,以之视今日之半发酵、全发酵茶,则如以晋唐行草标准审视篆隶、碑刻。

艺

种茶,地宜高燥而沃。土沃,则产茶自佳。《经》云"生烂石者上,土者下;野者上,园者次",恐不然。

秋社后摘茶子,水浮,取沉者。略晒去湿润,沙拌,藏竹篓中,勿令冻损。俟春旺时种之。茶喜丛生,先治地平正,行间疏密,纵横各二尺许。每一坑下子一撮,覆以焦土,不宜太厚,次年分植,三年便可摘取。

茶地斜坡为佳,聚水向阴之处,茶品遂劣。故一山之中,美恶相悬。至吾四明海内外诸山,如补陀、川山、朱溪等处,皆产茶,而色、香、味俱无足取者。以地近海,海风咸而烈,人面受之,不免憔悴而黑,况灵草乎。

茶根土实,草木杂生,则不茂。春时薙草,秋夏间锄掘三四遍,则次年抽茶更盛。茶地觉力薄,当培以焦土。治焦土法:下置乱草,上覆以土,用火烧过。每茶根傍掘一小坑,培以升许。须记方所,以便次年培壅。晴昼锄过,可用米泔浇之。

茶园不宜杂以恶木,惟桂、梅、辛夷、玉兰、苍松、翠竹之类,与之间植,亦足以蔽覆霜雪,掩映秋阳。其下可莳芳兰、幽菊及诸清芬之品。最忌与菜畦相逼,不免秽污渗漉,滓厥清真。

【六闲居华旭注】常操此艺者所云自是不同,更显深入细致。但所谓"'生烂石者上,土者下;野者上,园者次',恐不然",此论稍嫌偏狭,对江浙所产绿茶而言较为准确,就闽粤所产、云南所产而言则未必如此。

采

雨中采摘,则茶不香。须晴昼采,当时焙;迟则色、味、香俱减矣。故谷雨前后,最怕阴雨,阴雨宁不采。久雨初霁,亦须隔一两日方可。不然,必不香美。采必期于谷雨者,以太早则气未足,稍迟则气散。入夏,则气暴而味苦涩矣。

采茶入箪,不宜见风日,恐耗其真液。亦不得置漆器及瓷器内。

制

炒茶,铛宜热;焙,铛宜温。凡炒止可一握,候铛微炙手,置茶铛中,札札有声,急手炒匀。出之箕上,薄摊用扇扇冷,略加揉接。再略炒,入文火铛焙干,色如翡翠。若出铛不扇,不免变色。

茶叶新鲜,膏液具足,初用武火急炒,以发其香。然火亦不宜太烈,最忌炒制半干,不于铛中焙燥而厚篝笼内慢火烘炙。

茶炒熟后,必须揉接。揉接则脂膏熔液,少许入汤,味无不全。

铛不嫌熟,磨擦光净,反觉滑脱。若新铛,则铁气暴烈,茶易焦黑。又若年久锈蚀之铛,即加磋磨,亦不堪用。

炒茶用手,不惟匀适,亦足验铛之冷热。

薪用巨干,初不易燃,既不易熄,难于调适。易燃易熄,无逾松丝。冬日藏积,临时取用。

茶叶不大苦涩,惟梗苦涩而黄,且带草气。去其梗,则味自清澈。此松萝、天池法也。余谓及时急采急焙,即连梗亦不甚为害。大都头茶可连梗,入夏便须择去。

松萝茶,出休宁松萝山,僧大方所创造。其法,将茶摘去筋脉,银铫炒制。今各山悉仿其法,真伪亦难辨别。

茶无蒸法,惟芥茶用蒸。余尝欲取真芥,用炒焙法制之,不知当作何状?近闻好事者亦稍稍变其初制矣。

【六闲居华旭注】言简意赅,直入精妙之处。

藏

藏茶,宜燥又宜凉。湿则味变而香失,热则味苦而色黄。蔡君谟云"茶喜温",此语有疵。大都藏茶宜高楼,宜大瓮。包口用青箬。瓮宜覆,不宜仰,覆则诸气不入。晴燥天,以小瓶分贮用。又贮茶之器,必始终贮茶,不得移为他用。小瓶不宜多用青箬,箬气盛,亦能夺茶香。

烹

名茶宜瀹以名泉。先令火炽,始置汤壶,急扇令涌沸,则汤嫩而茶色亦嫩。《茶经》云:"如鱼目微有声,为一沸;沿边如涌泉连珠,为二沸;腾波鼓浪,为三沸;过此则汤老,不堪用。"李南金谓当用背二涉三之际为合量,此真赏鉴家言。而罗大经惧汤过老,欲于松涛涧水后移瓶去火,少待沸止而瀹之。不知汤既老矣,虽去火何救耶?此语亦未中窍。

芥茶用热汤洗过挤干,沸汤烹点。缘其气厚,不洗则味色过浓,香亦不发耳。自余名茶，俱不必洗。

【六闲居华旭注】"自余名茶，俱不必洗"，我亦如此。

水

古人品水，不特烹时所须，先用以制团饼，即古人亦非遍历宇内，尽尝诸水，品其次第，亦据所习见者耳。甘泉偶出于穷乡僻境，土人或藉以饮牛涤器，谁能省识？即余所历地，甘泉往往有之。如象川蓬莱院后，有丹井焉，晶莹甘厚，不必瀹茶，亦堪饮酌。盖水不难于甘，而难于厚；亦犹之酒不难于清香美冽，而难于淡。水厚酒淡，亦不易解。若余中隐山泉，止可与虎跑、甘露作对，较之惠泉，不免径庭。大凡名泉，多从石中迸出，得石髓，故佳。沙潭为次，出于泥者多不中用。宋人取井水，不知井水止可炊饭作羹，瀹茗必不妙，抑山井耳。

瀹茗必用山泉，次梅水。梅雨如膏，万物赖以滋长，其味独甘。《仇池笔记》云：时雨甘滑，泼茶煮药，美而有益。梅后便劣。至雷雨最毒，令人霍乱；秋雨冬雨，俱能损人；雪水尤不宜，令肌肉销铄。

梅水，须多置器于空庭中取之，并入大瓮，投伏龙肝两许包，藏月余汲用，至益人。伏龙肝，灶心中干土也。

武林南高峰下，有三泉。虎跑居最，甘露亚之，真珠不失下劣，亦龙井之匹耳。许然明，武林人，品水不言甘露，何耶？甘露寺在虎跑左，泉居寺殿角，山径甚僻，游人罕至，岂然明未经其地乎？

黄河水，自西北建瓴而东，支流杂聚，何所不有？舟次无名泉，聊取充用可耳。谓其源从天来，不减惠泉，未是定论。

《开元遗事》纪逸人王休，每至冬时，取冰敲其精莹者，煮建茶以奉客，亦太多事。

【六闲居华旭注】以口感品鉴，非人云亦云。

禁

采茶、制茶，最忌手汗、膻气、口臭、多涕、多沫不洁之人及月信妇人。

茶、酒性不相入，故茶最忌酒气，制茶之人，不宜沾醉。

茶性淫，易于染著，无论腥秽及有气之物，不得与之近。即名香亦不宜相杂。

茶内投以果核及盐、椒、姜、橙等物，皆茶厄也。茶采制得法，自有天香，不可方拟。蔡君谟云莲花、木犀、茉莉、玫瑰、蔷薇、惠兰、梅花种种皆可拌茶，且云重汤煮焙收用,似于茶理不甚晓畅。至倪云林点茶用糖,则尤为可笑。

器

箪以竹篾为之,用以采茶。须紧密,不令透风。

灶置铛二,一炒,一焙,火分文武。

箕大小各数个。小者盈尺,用以出茶;大者二尺,用以摊茶,揉挼其上。并细篾为之。

扇茶出箕中,用以扇冷。或藤,或箬,或蒲。

笼茶从铛中焙燥,复于此中再总焙入瓮,勿用纸衬。

帨用新麻布,洗至洁。悬之茶室,时时拭手。

瓮用以藏茶,须内外有油水者。预涤净晒干以待。

【六闲居华旭注】此"有油水"指"施釉"。

炉用以烹泉,或瓦或竹,大小要与汤壶称。

注以时大彬手制粗沙烧缸色者为妙,其次锡。

壶内所受多寡,要与注子称。或锡或瓦,或汴梁摆锡铫。

瓯以小为佳,不必求古,只宣、成、靖窑足矣。

梜以竹为之,长六寸。如食箸而尖其末,注中泼过茶叶,用此梜出。

跋

宋孝廉兄有茶圃,在桃花源西岩,幽奇别一天地,琪花珍羽,莫能辨识其名。所产茶,实用蒸法如芥茶,弗知有炒焙、揉挼之法。予理鄞日,始游松萝山,亲见方长老制茶法甚具,予手书茶僧卷赠之,归而传。其法故出山中,人弗习也。中岁自祠部出,偕高君访太和,辄入吾里。偶纳凉城西庄称美家山者,上有茶数株,翳丛薄中,高君手撷其芽数升,旋沃山庄铛,炊松茅活火,且炒且揉,得数合,驰献先计部,余命童子汲溪流烹之。洗盏细啜,色白而香,仿佛松萝等。自是吾兄弟每及谷雨前,遣干仆入山,督制如法,分藏堇堇。迩年,荣邸中益稔兹法,近采诸梁山制之,色味绝佳,乃知物不殊,顾腕法工拙何如耳。

予晚节嗜茶益癖,且益能别渑淄。觉舌根结习未化,于役湟塞,遍品诸水。得城隅北泉,自岩隙中渐沥如线渐出,辄潃然逆流。尝之味甘冽且厚,寒碧沁人,即弗能雁行中泠,亦庶几昆龙泓而季蒙惠矣。日汲一盏,供博士炉。茗必松萝始御,弗继,则以天池、顾渚需次焉。

顷从皋兰书邮中,接高君八行兼寄《茶解》,自明州至。亟读之,语语中伦,法法入解,赞皇失其鉴,竟陵褫其衡。风旨泠泠,翛然人外,直将莲花齿颊,吸尽西江,洗涤根尘,妙证色、香、味三昧,无论紫茸作供,当拉玉版同参耳。予因追忆西庄采啜酬笑时,一弹指十九年矣。予疲暮,尚逐戎马,不耐膻乡潼酪,赖有此家常生活,顾绝塞名茶不易致,而高君乃用此为政中隐山,足以茹真却老,予实妒之。更卜何时盘砖相对,倚听松涛,口津津林壑间事,言之色飞。予近筑园,作沤息计,饶阳阿爽毗艺茶,归当手兹编为善知识,亦甘露门不二法也。昔白香山治池园洛下,以所获颍川酿法、蜀客秋声、传陵之椠、弘农之石为快。惜无有以兹解授之者,予归且习禅,无所事酿,孤桐怪石,凤故畜之。今复得兹,视白公池上物奢矣。率尔书报高君,志兰息心赏。

时方历壬子春三月武陵友弟龙膺君御甫书

【六闲居华旭评】罗廪,字高君,明浙江慈溪人,生活于明后期,生平不详。此《茶解》堪称同时期水平较高者,颇多真知灼见。

15.茶说

黄龙德所著《茶说》,题名来自胡之衍所作之序,借总论中"国朝茶说"一语。全书结构及章目名称模仿陆羽《茶经》,较系统地介绍明朝之茶道。

序

茶为清赏,其来尚矣。自陆羽著《茶经》,文字遂繁。为谱为录,以及诗歌咏赞,云连霞举,奚啻五车。眉山氏有言,穷一物之理,则可尽南山之竹,其斯之谓软。黄子骧溟著《茶说》十章,论国朝茶政,程幼舆搜补逸典,以艳其传。斗雅试奇,各臻其选,文葩句丽,秀如春烟。读之神爽,俨若吸风露而羽化清凉矣。书成,属予忝订,付之剞劂。夫鸿渐之《经》也以唐,道辅之《品》也以宋,骧溟之《说》、幼舆之《补》也以明。三代异治,茶政亦差,譬寅丑殊建,乌得无文。噫!君子之立言也,寓事而论其理,后人法之,是谓不朽,岂可以一物而小之哉。

岁乙卯,天都逸叟胡之衍题于栖霞之试茶亭

【六闲居华旭注】旧文人之序,多溢美之词。

总论

茶事之兴,始于唐而盛于宋。读陆羽《茶经》及黄儒《品茶要录》,其中时代递迁,制各有异。唐则熟碾细罗,宋为龙团金饼。斗巧炫华,穷其制而求耀于世。茶性之真,不无为之穿凿矣。若夫明兴,骚人词客,贤士大夫,莫不以此相为玄赏。至于曰采造,曰烹点,较之唐宋,大相径庭。彼以繁难胜,此以简易胜;昔以蒸碾为工,今以炒制为工。然其色之鲜白,味之隽永,无假于穿凿。是其制不法唐宋之法,而法更精奇,有古人思虑所不到。而今始精备茶事,至此即陆羽复起,视其巧制,啜其清英,未有不爽然为之舞蹈者。故述国朝《茶说》十章,以补宋黄儒《茶录》之后。

【六闲居华旭注】自论尚见公允与深意。未以古非今,而以自家之说补前人之未及之处。此乃发展辩证之见。

前人论及茶道多推唐宋,而忽视明清。唐备雏形,宋求精细繁缛,明求简约本真。此明强于唐宋处。明清更新、发展制茶工艺,不但变蒸青为主为炒青为主,更发展出半发酵、全发酵茶。中国茶道之真正巅峰在明清。明之茶道,正如明之家具。可惜后人于此着力较少。

一之产

茶之所产,无处不有。而品之高下,鸿渐载之甚详。然所详者,为昔日之佳品矣,而今则更有佳者焉。若吴中虎丘者上,罗岕者次之,而天池、龙井、伏龙则又次之。新安松萝者上,朗源沧溪次之,而黄山磻溪则又次之。彼武夷、云雾、雁荡、灵山诸茗,悉为今时之佳品。至金陵摄山所产,其品甚佳,仅仅数株,然不能多得。其余杭浙等产,皆冒虎丘、天池之名,宣、池等产,尽假松萝之号。此乱真之品,不足珍赏者也。其真虎丘,色犹玉露,而泛时香味若将放之橙花。此茶之所以为美。真松萝出自僧大方所制,烹之色若绿筠,香若兰蕙,味若甘露,虽经日而色香味竟如初烹而终不易。若泛时少顷而昏黑者,即为宣、池伪品矣。试者不可不辨。又有六安之品,尽为僧房道院所珍赏,而文人墨士则绝口不谈矣。

【六闲居华旭注】仍未能跳脱前人排名一二三之窠臼。且所涉猎之茶品明显以苏浙为主,兼及皖南。于建茶涉语较少,其余或语焉不详,或未涉及。

此一时之茶书多出自江浙文人。江浙之茶亦因此而声誉日隆。

二之造

采茶,应于清明之后,谷雨之前。俟其曙色将开,雾露未散之顷,每株视其中枝颖秀者取之。采至盈籝即归,将芽薄铺于地,命多工挑其筋脉,去其蒂杪。盖存杪则易焦,留蒂则色赤故也。先将釜烧热,每芽四两作一次下釜,炒去草气,以手急拨不停。睹其将熟,就釜内轻手揉卷,取起铺于箕上,用扇扇冷。俟炒至十余釜,总覆炒之。旋炒旋冷,如此五次。其茶碧绿,形如蚕钩,斯成佳品。若出釜时而不以扇,其色未有不变者。又秋后所采之茶,名曰"秋露白";初冬所采,名曰"小阳春"。其名既佳,其味亦美,制精不亚于春茗。若待日午阴雨之候,采不以时,造不如法,篓中热气相蒸,工力不遍,经宿后制,其叶会黄,品斯下矣。是茶之为物,一草木耳。其制作精微,火候之妙,有毫厘千里之差,非纸笔所能载者。故羽云"茶之臧否,存乎口诀",斯言信矣。

【六闲居华旭注】此处较详细地记录了炒青茶之制作方法。有关秋茶、初冬茶之评价,亦较为公允。"其制作精微,火候之妙,有毫厘千里之差,非纸笔所能载者",文字所录仅为大概,具体操作更多精细、精妙之处。

三之色

茶色以白、以绿为佳。或黄,或黑,失其神韵者,芽叶受奄之病也。善别茶者,若相士之视人气色,轻清者上,重浊者下,瞭然在目,无容逃匿。若唐宋之茶,既经碾罗,复经蒸模,其色虽佳,决无今时之美。

【六闲居华旭注】此处所论更多仅适用于绿茶,并非所有茶类。虽说"轻清者上",但忌轻薄;虽说"重浊者下",今日之乌龙茶系,恰恰以质重味醇胜,而发酵类普洱茶等则以重拙胜。

明人求茶之真味,因此轻视唐宋之"既经碾罗,复经蒸模",不无道理。

四之香

茶有真香,无容矫揉。炒造时草气既去,香气方全。在炒造得法耳。烹点之时,所谓"坐久不知香在室,开窗时有蝶飞来"。如是光景,此茶之真香也。少加造作,便失本真。遐想龙团金饼,虽极靡丽,安有如是清美?

【六闲居华旭注】炒青以求味真。

五之味

茶贵甘润,不贵苦涩,惟松萝、虎丘所产者极佳,他产皆不及也,亦须烹点得应。若初烹辄饮,其味未出,而有水气;泛久后尝,其味失鲜,而有汤气。试者先以水半注器中,次投茶入,然后沟注。视其茶汤相合,云脚渐开,乳花沟面。少啜则清香芬美,稍益润滑而味长,不觉甘露顿生于华池。或水火失候,器具不洁,真味因之而损,虽松萝诸佳品,既遭此厄,亦不能独全其天,至若一饮而尽,不可与言味矣。

【六闲居华旭注】此处以江浙绿茶为本,稍嫌不够包容,见解亦不够辩证。

"试者先以水半注器中,次投茶入,然后沟注。视其茶汤相合,云脚渐开,乳花沟面",此冲泡方式类今日之中投法,颇见新意。

六之汤

汤者,茶之司命,故候汤最难。未熟,则茶浮于上,谓之婴儿汤,而香则不能出;过熟,则茶沉于下,谓之百寿汤,而味则多滞。善候汤者,必活火急扇,水面若乳珠,其声若松涛,此正汤候也。余友吴润卿,隐居秦淮,适情茶政,品泉有又新之奇,候汤得鸿渐之妙,可谓当今之绝技者也。

七之具

器具精洁,茶愈为之生色。用以金银,虽云美丽,然贫贱之士未必能具也。若今时姑苏之锡注,时大彬之砂壶,汴梁之汤铫,湘妃竹之茶灶,宣成窑之茶盏,高人词客,贤士大夫,莫不为之珍重。即唐宋以来,茶具之精,未必有如斯之雅致。

八之侣

茶灶疏烟,松涛盈耳,独烹独啜,故自有一种乐趣。又不若与高人论道,词客聊诗,黄冠谈玄,缁衣讲禅,知己论心,散人说鬼之为愈也。对此佳宾,躬为茗事,七碗下咽而两腋清风顿起矣。较之独啜,更觉神怡。

九之饮

饮不以时为废兴,亦不以候为可否,无往而不得其应。若明窗净几,花喷柳舒,饮于春;凉亭水阁,松风萝月,饮于夏也;金风玉露,蕉畔桐阴,饮于秋也;暖阁红炉,梅开雪积,饮于冬也。僧房道院,饮何清也;山林泉石,饮何幽也;焚香鼓琴,饮何雅也;试水斗茗,饮何雄也;梦回卷把,饮何美也!古鼎金瓯,饮之富贵者也;瓷瓶窑盏,饮之清高者也。较之呼卢浮白之饮,更胜一筹。即有"瓷中百斛金陵春,当不易吾炉头七碗松萝茗"。若夏兴冬废,醒弃醉索,此不知茗事者。不可与言饮也!

【六闲居华旭注】以茶为友,视物如人。

十之藏

茶性喜燥而恶湿,最难收藏。藏茶之家,每遇梅时,即以箬裹之。其色未有不变者。由湿气入于内,而藏之不得法也。虽用火时时温焙,而免于失色者鲜矣。是善藏者,亦茶之急务,不可忽也。今藏茶当于未入梅时,将瓶预先烘暖,贮茶于中,加箬于上,仍用厚纸封固于外。次将大瓮一只,下铺谷灰一层,将瓶倒列于上,再用谷灰埋之。层灰层瓶,瓮口封固,贮于楼阁,湿气不能入内。虽经黄梅,取出泛之,其色、香、味犹如新茗而色不变。藏茶之法,无愈于此。

16.岕茶笺

明冯可宾所著《岕茶笺》初收于冯可宾自编丛书《广百川学海》中,专谈当时之名茶岕茶,内容新颖,多独出己见。

序岕名

环长兴境,产茶者曰罗嶰,曰白岩,曰乌瞻,曰青东,曰顾渚,曰筱浦,不可指数,独罗嶰最胜。环嶰境十里而遥,为嶰者亦不可指数。嶰而曰岕,两山之介也;罗氏居之,在小秦王庙后,所以称庙后罗岕也。洞山之岕,南面阳光,朝旭夕晖,云滃雾浡,所以味迥别也。

【六闲居华旭注】"洞山之岕,南面阳光,朝旭夕晖,云滃雾浡,所以味迥别也",这是此处出好茶的重要环境因素之一,除此以外,东临太湖,春夏两季,受东南季风性气候影响,产地空气湿度较大,降水较为充沛同样利于茶叶。

论采茶

雨前则精神未足,夏后则梗叶大粗,然茶以细嫩为妙,须当交夏时,看风日晴和,月露初收,亲自监采入篮。如烈日之下,又防篮内郁蒸,须伞盖至舍,速倾净匾薄摊,细拣枯枝、病叶、蛸丝、青牛之类,一一剔去,方为精洁也。

论蒸茶

蒸茶须看叶之老嫩,定蒸之迟速。以皮梗碎而色带赤为度,若太熟则失鲜。其锅内汤须频换新水,盖熟汤能夺茶味也。

论焙茶

茶焙每年一修,修时杂以湿土,便有土气。先将干柴隔宿熏烧,令焙内外干透,先用粗茶入焙,次日,然后以上品焙之。焙上之帘,又不可用新竹,恐惹竹气。又须匀摊,不可厚薄。如焙中用炭,有烟者急剔去。又宜轻摇大扇,使火气旋转。竹帘上下更换。若火太烈，恐糊焦气；太缓，色泽不佳；不易帘，又恐干湿不匀。须要看到茶叶梗骨处俱已干透，方可并作一帘或两帘，置在焙中最高处。过一夜，仍将焙中炭火留数茎于灰烬中，微烘之，至明早可收藏矣。

【六闲居华旭注】忌湿土、新竹、炭中有烟者等，皆为实操之细节。非长期实际操作者，较难体验如此深刻、真切。

论藏茶

新净磁坛①，周回用干箬叶密砌，将茶渐渐装进摇实，不可用手揿。上覆干箬数层，又以火炙干，炭铺坛口扎固；又以火炼候冷，新方砖压坛口上。如潮湿，宜藏高楼；炎热则置凉处。阴雨不宜开坛。近有以夹口锡器贮茶者，更燥更密。盖磁坛犹有微罅透风，不如锡者坚固也。

辨真赝

茶虽均出于芥，有如兰花香而味甘，过霉历秋，开坛烹之，其香愈烈，味若新，沃以汤，色尚白者，真洞山也。若他巘，初时亦有香味，至秋香气索然，便觉与真品相去天壤。又一种有香而味涩者，又一种色淡黄而微香者，又一种色青而毫无香味者，又一种极细嫩而香浊味苦者，皆非地道。品茶者辨色闻香，更时察味，百不失一矣。

【六闲居华旭注】何处源出茶之本味，何处又源出烘焙工艺，何处更源出藏茶之细节。尚待进一步辨析。

论烹茶

先以上品泉水涤烹器，务鲜务洁；次以热水涤茶叶，水不可太滚，滚则一涤无余味矣。以竹箸夹茶于涤器中，反复涤荡，去尘土、黄叶、老梗净，以手搦干，置涤器内盖定。少刻开视，色青香烈，急取沸水泼之。夏则先贮水而后入茶，冬则先贮茶而后入水。

【六闲居华旭注】彼时烹茶之道，今日已非如此。陈茶除外，洗多损茶；洗茶之水温偏高，损茶；洗茶时间过久，损茶。

---

① "磁坛"，部分为今日之瓷器，亦包括上釉之较高温细密陶器。

品泉水

锡山惠泉、武林虎跑泉上矣;顾渚金沙泉、德清半月泉、长兴光竹潭皆可。

论茶具

茶壶,窑器为上,锡次之。茶杯,汝、官、哥、定,如未可多得,则适意者为佳耳。

或问:"茶壶毕竟宜大宜小?"茶壶以小为贵。每一客,壶一把,任其自斟自饮,方为得趣。何也? 壶小则香不涣散,味不耽阁①;况茶中香味,不先不后,只有一时。太早则未足,太迟则已过。的见得恰好,一泻而尽。化而裁之,存乎其人,施于他茶,亦无不可。

【六闲居华旭注】芥茶以细嫩为优,壶大积温,容易损及茶味,如蒸煮过。小壶较为适宜。

茶宜

无事,佳客,幽坐,吟咏,挥翰,倘佯,睡起,宿醒,清供,精舍,会心,赏鉴,文僮

茶忌

不如法,恶具,主客不韵,冠裳苛礼,荤肴杂陈,忙冗,壁间案头多恶趣。

【六闲居华旭评】作者专事芥茶,体验深刻、真切,所述所论多源自本人真实体验及长期实践。言简意赅。

跋

右《芥茶笺》十一条,虽篇幅无多,而言皆居要。冒巢民《芥茶汇抄》盖大半取材于此。作者为前明天启进士,曾任湖州司理,善画竹石,尝刻《广百川学海》行世,入国朝尚无恙云。

乙亥仲秋,震泽杨复吉识

【六闲居华旭注】冒巢民:明末清初人冒襄。杨复吉:清代文学家、藏书家。

17.洞山芥茶系

周高起《洞山芥茶系》就芥茶展开专项研究,分出品级。其另著有《阳羡名壶系》,就宜兴紫砂壶展开专项研究。

---

① 即今日常说的"耽搁"。本意是壶小容易积聚香气,确保茶味较浓。如是大壶,投茶量类似,因水多,香气不容易生发出来,茶味相对较淡。

唐李栖筠守常州日，山僧进阳羡茶，陆羽品为"芬芳冠世，产可供上方"，遂置茶舍于罨画溪，去湖㳇一里所，岁供万两。许有榖诗云"陆羽名荒旧茶舍，却教阳羡置邮忙"，是也。其山名茶山，亦曰贡山，东临罨画溪。修贡时，山中涌出金沙泉，杜牧诗所谓"山实东南秀，茶称瑞草魁。泉嫩黄金涌，芽香紫璧裁"者是也。山在均山乡，县东南三十五里。又茗山，在县西南五十里永丰乡。皇甫曾有《送陆羽南山采茶诗》："千峰待逋客，香茗复丛生。采摘知深处，烟霞羡独行。幽期山寺远，野饭石泉清。寂寂燃灯夜，相思磬一声"。见时贡茶在茗山矣。又唐天宝中，稠锡禅师名清晏，卓锡南岳，洞上泉忽迸石窟间，字曰"真珠泉"。师曰"宜瀹吾乡桐庐茶"，爰有白蛇衔种庵侧之异。南岳产茶不绝，修贡迄今。方春采茶，清明日，县令躬享白蛇于卓锡泉亭，隆厥典也。后来檄取，山农苦之。故袁高有"阴岭茶未吐，使者牒已频"之句。郭三益题南岳寺壁云："古木阴森梵帝家，寒泉一勺试新茶。官符星火催春焙，却使山僧怨白蛇"。卢仝《茶歌》亦云"天子须尝阳羡茶，百草不敢先开花"，又云"安知百万亿苍生，命坠颠崖受辛苦"，可见贡茶之苦，民亦自古然矣。至岕茶之尚于高流，虽近数十年中事，而厥产伊始，则自卢仝隐居洞山，种于阴岭，遂有茗岭之目。相传古有汉王者，栖迟茗岭之阳，课童艺茶。踵卢仝幽致，阳山所产，香味倍胜茗岭。所以老庙后一带，茶犹唐宋根株也。贡山茶今已绝种。

罗岕去宜兴而南逾八九十里，浙直分界，只一山冈，冈南即长兴山。两峰相阻，介就夷旷者，人呼为岕（履其地，始知古人制字有意。今字书"岕"字，但注云山名耳），云有八十八处。前横大涧，水泉清驶，漱润茶根，泄山土之肥泽，故洞山为诸岕之最。自西氿溯张渚而入，取道茗岭，甚险恶（县西南八十里）。自东氿溯湖㳇而入，取道缠岭，稍夷才通车骑。

【六闲居华旭注】茶本无所谓利害百姓，发现其可资利用之处，则获其利；利益分配不当，一味强索于民，而无视其成本，则为害。所谓祸害百姓，其一在于皇家索取渐多，其二各级官吏层层加码，因此民多感触其害，未见其利。如是面向市场，以质定价，价高者得，民又将何害之有？或者，索取有度，未曾层层加码，少数入贡，多数仍为面向市场，以质论价，民又将何害之有？古时如此，今日何曾不是如此？

第一品

老庙后，庙祀山之土神者，瑞草丛郁，殆比茶星胙氂矣。地不二三亩，茗溪姚象先与婿朱奇生分有之。茶皆古本,每年产不廿斤,色淡黄不绿,叶筋淡白而厚,制成梗绝少。入汤,色柔白如玉露,味甘,芳香藏味中。空蒙深永,啜之愈出,致在有无之外。

【六闲居华旭注】"茶皆古本",此应为有性繁殖之古树茶。除了地理环境、土壤等原因外,此亦为其优质原因之一。今日多为无性繁殖之茶树,何以与之较高下?以无性繁殖图短期之利,而漠视优良物种之保护,何以确保茶业百世之昌盛?

第二品(皆洞顶芥也)

新庙后、棋盘顶、纱帽顶、手巾条、姚八房及吴江周氏地,产茶亦不能多。香幽色白,味冷隽,与老庙不甚别,啜之差觉其薄耳。总之,品芥至此,清如孤竹,和如柳下,并入圣矣。今人以色浓香烈为芥茶,真耳食而眯其似也。

【六闲居华旭注】"啜之差觉其薄耳",顶级与次一级之差异往往仅在毫厘之间。如以第一品之二道所采比之第二品一道所采,只恐长短更难辨别。

第三品

庙后涨沙、大衮头、姚洞、罗洞、王洞、范洞、白石。

第四品(皆平洞本芥也)

下涨沙、梧桐洞、余洞、石场、丫头芥、留青芥、黄龙、炭灶、龙池。

不入品(外山)

长潮、青口、箬庄、顾渚、茅山芥。

贡茶

即南岳茶也。天子所尝,不敢置品。县官修贡,期以清明日,入山肃祭,乃始开园采。制视松萝、虎丘,而色香丰美。自是天家清供,名曰片茶。初亦如芥茶制,万历丙辰,僧稠荫游松萝,乃仿制为片。

芥茶采焙,定以立夏后三日,阴雨又需之。世人妄云"雨前真芥",抑亦未知茶事矣。茶园既开,入山卖草枝者,日不下二三百石,山民收制乱真。好事家躬往,予租采焙,几视惟谨,多被潜易真茶去。人地相京,高价分买,家不能二三斤。近有采嫩叶,除尖蒂,抽细筋炒之,亦曰片茶;不去筋尖,炒而复焙,燥如叶状,曰摊茶,并难多得。又有俟茶市将阑,采取剩叶制之者,名修山,香味足而色差老。若今四方所货芥片,多是南岳片子,署为"骗茶"可矣。茶贾炫人,率以长潮等茶,本芥亦不可得。噫!安得起陆龟蒙于九京,与之赓茶人诗也。陆诗云："天赋识灵草，自然钟野姿。闲来北山下，似与东风期。雨后采芳去，云间幽路危。惟应报春鸟，得共此人知。"茶人皆有市心，令予徒仰真茶已。故予烦闷时，每诵姚合《乞茶诗》一过："嫩绿微黄碧涧春，采时闻道断荤辛。不将钱买将诗乞，借问山翁有几人。"

岕茶德全，策勋惟归洗控。沸汤泼叶即起，洗髇敛其出液，候汤可下指，即下洗髇排荡沙沫；复起，并指控干，闭之茶藏候投。盖他茶欲按时分投，惟岕既经洗控，神理绵绵，止须上投耳。倾汤满壶，后下叶子，曰上投，宜夏日（倾汤及半，下叶满汤，曰中投，宜春秋。叶着壶底，以汤浮之，曰下投，宜冬日初春）。

【六闲居华旭评】此《洞山岕茶系》是继熊明遇《罗岕茶记》、冯可宾《岕茶笺》之后，又一部关于太湖西部岕茶的地区性茶叶专著。多存己见，少逐人后。

18.茶法

清陆廷灿所著《茶法》三十三则附录于《续茶经》之后。所收集茶法内容由唐至清，详实完备，堪称《续茶经》之一大亮点。

《唐书》："德宗纳户部侍郎赵赞议，税天下茶、漆、竹、木，十取一以为常平本钱。及出奉天，乃悼悔，下诏亟罢之。及朱泚平，佞臣希意兴利者益进。贞元八年，以水灾减税。明年，诸道盐铁使张滂奏：'出茶州县若山及商人要路，以三等定估，十税其一。'自是岁得钱四十万缗。穆宗即位，盐铁使王播图宠以自幸，乃增天下茶税，率百钱增五十。天下茶加斤至二十两，播又奏加取焉。右拾遗李珏上疏谓：'榷率本济军兴，而税茶自贞元以来方有之，天下无事，忽厚敛以伤国体，一不可；茗为人饮，盐粟同资，若重税之，售必高，其弊先及贫下，二不可；山泽之产无定数，程斤论税，以售多为利，若腾价则市者寡，其税几何？三不可。'其后王涯判二使，置榷茶使，徙民茶树于官场，焚其旧积者，天下大怨。令狐楚代为盐铁使兼榷茶使，复令纳榷加价而已。李石为相，以茶税皆归盐铁，复贞元之制。武宗即位，崔珙又增江淮茶税。是时，茶商所过州县有重税，或夺掠舟车，露积雨中；诸道置邸以收税，谓之踏地钱。大中初，转运使裴休著条约，私鬻如法论罪，天下税茶，倍增贞元。江淮茶为大模，一斤至五十两，诸道盐铁使于悰，每斤增税钱五，谓之剩茶钱；自是斤两复旧。"

【六闲居华旭注】茶本上苍所赐，利民之物。唐初设茶税，十取其一，本不为过；以常平为目的，平抑物价，更属高明。此后累累加税，索取无度。此非茶事之祸，实为吏治之害。加税无度，先失官府之威信；更伤及百姓；深层则是政府运作效率渐趋低下，目标计划越发模糊。

元和十四年，归光州茶园于百姓，从刺史房克让之请也。

裴休领诸道盐铁转运使，立税茶十二法，人以为便。

【六闲居华旭注】立法以治，裴休此举一如商鞅立柱树威，明智之举。

藩镇刘仁恭禁南方茶，自撷山为茶，号山曰"大恩"以邀利。

何易于为益昌令，盐铁官榷取茶利诏下，所司毋敢隐。易于视诏曰："益昌人不征茶且不可活，矧厚赋毒之乎！"命吏阁诏。吏曰："天子诏何敢拒？吏坐死，公得免窜耶？"易于曰："吾敢爱一身移暴于民乎？亦不使罪及尔曹。"即自焚之，观察使素贤之，不劾也。

陆贽为宰相，以赋役烦重，上疏云："天灾流行四方，代有税茶钱积户部者，宜计诸道户口均之。"

【六闲居华旭注】当时牧民，视百姓为牛羊，索取无度。略有约束者，一二所谓廉吏而已。

《五代史》："杨行密，字化源，议出盐、茗俾民输帛幕府。高勖曰：'创破之余，不可以加敛。且帑赍何患不足？若悉我所有，以易四邻所无，不积财而自有余矣。'行密纳之。"

【六闲居华旭注】争议仍在牧民与养民之间。

《宋史》："榷茶之制，择要会之地，曰江陵府，曰真州，曰海州，曰汉阳军，曰无为军，曰蕲之蕲口，为榷货务六。初京城、建安、襄、复州皆有务，后建安、襄、复之务废，京城务虽存，但会给交钞往还而不积茶货。在淮南则蕲、黄、庐、舒、光、寿六州，官自为场，置吏总之，谓之山场者十三。六州采茶之民皆隶焉，谓之园户。岁课作茶输租，余则官悉市之，总为岁课八百六十五万余斤。其出鬻者，皆就本场。在江南则宣、歙、江、池、饶、信、洪、抚、筠、袁十州，广德、兴国、临江、建昌、南康五军。两浙则杭、苏、明、越、婺、处、温、台、湖、常、衢、睦十二州。荆湖则江陵府，潭、澧、鼎、鄂、岳、归、峡七州，荆门军。福建则建、剑二州。岁如山场输租折税，总为岁课，江南百二十七万余斤，两浙百二十七万九千余斤，荆湖二百四十七万余斤，福建三十九万三千余斤，悉送六榷货务鬻之。"

【六闲居华旭注】"六州采茶之民皆隶焉,谓之园户。岁课作茶输租",此时茶叶已作经济作物专项经营,且已成为重要财政来源。

茶有两类:曰片茶,曰散茶。片茶蒸造,实棬模中串之;唯建、剑则既蒸而研,编竹为格,置焙室中,最为精洁,他处不能造。有龙凤、石乳、白乳之类十二等,以充岁贡及邦国之用。其出虔、袁、饶、池、光、歙、潭、岳、辰、澧州,江陵府,兴国、临江军,有仙芝、玉津、先春、绿芽之类二十六等。两浙及宣、江、鼎州,又以上中下或第一至第五为号。散茶出淮南、归州、江南、荆湖,有龙溪、雨前、雨后之类十一等。江浙又有上中下或第一等至第五为号者。民之欲茶者,售于官。给其食用者,谓之食茶。出境者,则给券。商贾贸易,入钱若金帛京师榷货务,以射六务十三场。愿就东南入钱若金帛者听。凡民茶匿不送官及私贩鬻者,没入之,计其直论罪。园户辄毁败茶树者,计所出茶,论如法。民造温桑伪茶,比犯真茶计直,十分论二分之罪。主吏私以官茶贸易及一贯五百者,死。自后定法,务从轻减。太平兴国二年,主吏盗官茶贩鬻钱三贯以上,黥面送阙下。淳化三年,论直十贯以上,黥面配本州岛牢城。巡防卒私贩茶,依旧条加一等论。凡结徒持仗贩易私茶,遇官司擒捕抵拒者,皆死。太平兴国四年,诏鬻伪茶一斤,杖一百;二十斤以上弃市(厥后更改不一,载全史)。

陈恕为三司使,将立茶法,召茶商数十人,俾条陈利害,第为三等,具奏太祖曰:"吾视上等之说,取利太深,此可行于商贾,不可行于朝廷。下等之说,固灭裂无取。惟中等之说,公私皆济,吾裁损之,可以经久。"行之数年,公用足而民富实。

太祖开宝七年,有司以湖南新茶异于常岁,请高其价以鬻之。太祖曰:"道则善,毋乃重困吾民乎?"即诏第复旧制,勿增价值。

【六闲居华旭注】纯以官府垄断经营,此非上策。徒增政府管理成本,其弊一也;人为设置流程、障碍,以致扰乱市场,其弊二也;滋生腐败,其弊三也。

熙宁三年,熙河运使以岁计不足,乞以官茶博籴。每茶三斤,易粟一斛,其利甚薄。朝廷谓茶马司本以博马,不可以博籴于茶。马司岁额外,增买川茶两倍,朝廷别出钱二万给之,令提刑司封椿,又令茶马官程之邵兼转运使,由是数岁,边用粗足。

神宗熙宁七年,干当公事李杞入蜀经画买茶,秦凤熙河博马。王韶上言:"西人颇以善马至边交易,所嗜惟茶。"

【六闲居华旭注】宋朝失北方牧马之地,而军马为当时之重要战略资源,茶马交易使得宋朝有条件以茶弥补此战略物资之匮乏。因此茶在宋朝具有战略物资的意义,可惜宋人经营不善。

自熙丰以来,旧博马皆以粗茶,乾道之末,始以细茶遗之。成都利州路十二州,产茶二千一百二万斤,茶马司所收,大较若此。

茶利,嘉祐间禁榷时,取一年中数,计一百九万四千九十三贯八百八十五钱,治平间通商后,计取数一百一十七万五千一百四贯九百一十九钱。

琼山邱氏曰:"后世以茶易马,始见于此;盖自唐世回纥入贡,先已以马易茶,则西北之嗜茶,有自来矣。"

苏澈《论蜀茶状》:"园户例收晚茶,谓之秋老黄茶,不限早晚,随时即卖。"

沈括《梦溪笔谈》:"乾德二年……降敕罢茶禁。"

洪迈《容斋随笔》:"蜀茶税额,总三十万。熙宁七年,遣三司干当公事李杞,经画买茶,以蒲宗闵同领其事,创设官场,增为四十万。后李杞以疾去,都官郎中刘佐继之,蜀茶尽榷,民始病矣。知彭州吕陶言:'天下茶法既通,蜀中独行禁榷。杞、佐、宗闵作为弊法,以困西南生聚。'佐虽罢去,以国子博士李稷代之,陶亦得罪。侍御史周尹复极论榷茶为害,罢为河北提点刑狱。利路漕臣张宗谔、张升卿复建议废茶场司,依旧通商,皆为稷劾坐贬……知县宋大章缴奏,以为非所当用,又为稷诋坐冲替。一岁之间,通课利及息耗至七十六万缗有奇。"

熊蕃《宣和北苑贡茶录》:陆羽《茶经》、裴汶《茶述》……以待时而已。

外焙——石门、乳吉、香口。右三焙,常后北苑五七日兴工,每日采茶蒸榨,以其黄悉送北苑并造。

《北苑别录》:"先人作《茶录》,当贡品极盛之时,凡有四十余色。绍兴戊寅岁,克摄事北苑,阅近所贡皆仍旧,其先后之序亦同,惟跻龙园胜雪于白茶之上,及无兴国岩小龙、小凤①。盖建炎南渡,有旨罢贡三之一而省去也。先人但著其名号,克今更写其形制,庶览之者无遗恨焉。先是,壬子春,漕司再葺茶政,越十三载,仍复旧额。且用政和故事,补种茶二万株。次年益虔贡职,遂有创增之目。仍改京铤为大龙团,由是大龙多于大凤之数。凡此皆近事,或者犹

---

① 以及没有了兴国岩的小龙团、小凤团(茶)。

未之知也。"

三月初吉男克北苑寓舍书

中略。

《金史》：茶自宋人岁供之外，皆贸易于宋界之榷场。世宗大定十六年，以多私贩，乃定香茶罪赏格。章宗承安三年，命设官制之。以尚书省令史往河南视官造者，不尝其味，但采民言，谓为温桑，实非茶也，还即白上；以为不干，杖七十罢之。四年三月，于淄、密、宁、海、蔡州各置一坊造茶。照南方例，每斤为袋，直六百文。后令每袋减三百文。五年春，罢造茶之坊。六年，河南茶树槁者，命补植之。十一月，尚书省奏禁茶，遂命七品以上官，其家方许食茶，仍不得卖及馈献。七年，更定食茶制。八年，言事者以止可以盐易茶，省臣以为所易不广，兼以杂物博易。宣宗元光二年，省臣以茶非饮食之急，今河南、陕西凡五十余郡，郡日食茶率二十袋，直银二两，是一岁之中，妄费民间三十余万也。奈何以吾有用之货而资敌乎？乃制亲王、公主及现任五品以上官，素蓄存者存之，禁不得买馈；余人并禁之。犯者徒五年，告者赏宝泉一万贯。

【六闲居华旭注】宋北面之金朝对茶叶之需要，由此可见一斑。此处所言主要还是北面金朝占领之原汉族聚集区，尚未涉及北方少数民族牧区。

《元史》：本朝茶课，由约而博，大率因宋之旧而为之制焉。至元六年，始以兴元交钞同知运使白赓言，初榷成都茶课。十三年，江南平，左丞吕文焕首以主茶税为言，以宋会五十贯，准中统钞一贯。次年定长引、短引，是岁征一千二百余锭。泰定十七年，置榷茶都转运使司于江州路，总江淮、荆湖、福广之税，而遂除长引，专用短引。二十一年，免食茶税以益正税。二十三年，以李起南言，增引税为五贯。二十六年，丞相桑哥增为一十贯。延祐五年，用江西茶运副法忽鲁丁言，减引添钱，每引再增为一十二两五钱。次年，课额遂增为二十八万九千二百一十一锭矣。天历己巳，罢榷司而归诸州县，其岁征之数，盖与延祐同。至顺之后，无籍可考。他如范殿帅茶、西番大叶茶、建宁铸茶，亦无从知其始末，故皆不录著。

《明会典》：陕西置茶马司四——河州、洮州、西宁、甘州，各司并赴徽州茶引所批验，每岁差御史一员巡茶马。

明洪武间，差行人一员，赍榜文于行茶所在，悬示以肃禁。永乐十三年，差御史三员巡督茶马。正统十四年,停止茶马金牌,遣行人四员巡察。景泰二年,令川、陕布政司各委官巡视,罢差行人。四年,复差行人。成化三年,奏准每年定差御史一员陕西巡茶。十一年,令取回御史,仍差行人。十四年,奏准定差御史一员,专理茶马,每岁一代,遂为定例。弘治十六年,取回御史,凡一应茶法,悉听督理马政都御史兼理。十七年,令陕西每年于按察司拣宪臣一员驻洮,巡禁私茶;一年满日,择一员交代。正德二年,仍差巡茶御史一员兼理马政。

光禄寺衙门,每岁福建等处解纳茶叶一万五千斤,先春等茶芽三千八百七十八斤,收充茶饭等用。

《博物典汇》云:本朝捐茶,利予民而不利其入。凡前代所设榷务贴射、交引、茶由诸种名色,今皆无之,惟于四川置茶马司四所,于关津要害置数批验茶引所而已。及每年遣行人于行茶地方,张挂榜文,俾民知禁。又于西番入贡为之禁限,每人许其顺带有定数,所以然者,非为私奉,盖欲资外国之马,以为边境之备焉耳。

洪武五年,户部言:四川产巴茶凡四百四十七处,茶户三百一十五,宜依定制,每茶十株,官取其一,岁计得茶一万九千二百八十斤,令有司贮候西番易马。从之。至三十一年,置成都、重庆、保宁三府及播州宣慰司茶仓四所,命四川布政司移文天全六番招讨司[①],将岁收茶课,仍收碉门茶课司,余地方就送新仓收贮,听商人交易及与西番易马。茶课岁额五万余斤,每百加耗六斤,茶商岁中率八十斤,令商运卖,官取其半易马。纳马番族,洮州三十,河州四十三,又新附归德所生番十一,西宁十三。茶马司收贮,官立金牌信符为验。洪武二十八年,驸马欧阳伦以私贩茶扑杀。明初禁茶之严如此。

【六闲居华旭注】茶叶仍是重要战略物资,以茶易马。

《武夷山志》:茶起自元初,至元十六年,浙江行省平章高兴过武夷,制石乳数斤入献。十九年,乃令县官莅之,岁贡茶二十斤,采摘户凡八十。大德五年,兴之子久住为邵武路总管,就近至武夷督造贡茶。明年创焙局,称为御茶园。有仁凤门、第一春殿、清神堂诸景。又有通仙井,覆以龙亭,皆极丹艧之盛,设官场二员领其事。后岁额浸广,增户至二百五十,茶三百六十斤,制龙团五千饼。泰定五年,崇安令张端本重加修葺,于园之左右各建一坊,匾曰茶场。至

---

① 四川布政司发文给天全、六番等地的招讨司。天全是地名,六番很可能指当时西康地区六个少数民族地区,而非某一地名。

顺三年,建宁总管暗都剌于通仙井畔筑台。高五尺,方一丈六尺,名曰喊山台。其上为喊泉亭,因称井为呼来泉。旧《志》云:祭后群喊,而水渐盈,造茶毕而遂涸,故名。迨至正末,额凡九百九十斤。明初仍之,著为令。每岁惊蛰日,崇安令具牲醴诣茶场致祭,造茶入贡。洪武二十四年,诏天下产茶之地,岁有定额,以建宁为上,听茶户采进,勿预有司。茶名有四:探春、先春、次春、紫笋,不得碾揲为大小龙团,然而祀典贡额犹如故也。嘉靖三十六年,建宁太守钱嶫,因本山茶枯,令以岁编茶夫银二百两及水脚银二十两贵府造办。自此遂罢茶场,而崇民得以休息。御园寻废,惟井尚存。井水清甘,较他泉迥异。仙人张邈遇过此饮之曰:"不徒茶美,亦此水之力也。"

我朝茶法,陕西给番易马,旧设茶马御史,后归巡抚兼理。各省发引通商,止于陕境交界处盘查。凡产茶地方,止有茶利,而无茶累,深山穷谷之民,无不沾濡雨露,耕田凿井,其乐升平,此又有茶以来希遇之盛也。

雍正十二年七月既望陆廷灿识

【六闲居华旭评】此书具备如下几项要点:一是"著书所见"的材料,"止摘要分录",即根据需要自行归纳,而不全部取用;二是不录茶文学作品(但事实上还是摘录了一些);三是于《茶经》原书内容之外,另附《茶法》于全书之末。此处仅收录其附录《茶法》。

其所引内容,大多注明出处,但也有若干未注。其中一些条目内容应为作者自撰。

所附录之《茶法》三十三则,堪称此书一大亮点。此前历代茶书,除沈括的《本朝茶法》外,基本未见提及,而沈文甚短。此文所涉茶法,由唐至清,详实完备,仅此部分足以彪炳茶史。

此前文人多视茶以雅玩,此为小茶道;少有视茶为国计民生,此为大茶道。此文难得之处在于梳理历朝茶政之得失,检视其中国计民生。稍觉缺憾之处在于,明后期始,闽茶外贸渐盛,影响深远。此中值得关注之处颇多,此文中却未曾涉语。

19.其他

本书下编所引用茶学资料主要针对历史上的各类茶学专著,依照时间顺序展开,不专门收集茶文学作品。自宋开始,明清更盛,茶书喜辟专章收录茶道题材的文学作品,尤其是诗词。这类诗词作品成为中华茶道的重要组成部分,从侧面折射出中华茶道的精神取向。在此遵从原茶学专著的刊行顺序,而非原诗创作的时间摘录。

其一,明代真清辑录《茶经外集》,其中收录两首诗,一为唐代皇甫曾所作《送羽采茶》,一为宋代徐咸所作《游西禅寺漫兴》,揭于下处:

送羽采茶

千峰待逋客,香茗复丛生。采摘知深处,烟霞美独行。

幽期山寺远,野饭石泉清。寂寂燃灯夜,相思一磬声。

游西禅寺漫兴

湖波万顷一桥通,西入禅房路莫穷。

白鹤避烟茶灶在,青松留影法堂空。

闲心未似沾泥絮,宦迹真成踏雪鸿。

乘兴忽来还忽去,此情浑与剡溪同。

【六闲居华旭注】历代茶诗多矣!或伤于文辞,或伤于茶艺见解。此处仅采其文辞、见解皆优者,下文类似。

其二,明代陆树声辑录《茶寮记》,罗列煎茶七类,其中仅第四项《尝茶》稍见新意,详文如下:

茶入口,先灌漱,须徐啜。俟甘津潮舌,则得真味。杂他果,则香味俱夺。

【六闲居华旭注】因为舌头各个部位对不同味道的敏感度各不相同(这一点,现代医学、生理学已经证明),因此“先灌漱”很有道理。非如此,不足以令茶水与口腔各个部位充分接触,亦很难体验到茶水的细微滋味。“徐啜”同样是为了便于茶水与口腔充分接触。茶,尤其是不发酵茶及半发酵茶,滋味清淡,容易受杂味干扰,品佳茗,不杂他果为妙。

其三,明代陈师著《茶考》:

杭俗,烹茶用细茗置茶瓯,以沸汤点之,名为“撮泡”。北客多哂之,予亦不满。一则味不尽出;一则泡一次而不用,亦费而可惜,殊失古人蟹眼鹧鸪斑之意。

【六闲居华旭注】本书成书于万历二十一年(1593年)。由此可见,今日流行之绿茶冲泡方式彼时已经开始,始发地是杭州。

此“撮泡”方式最初并不被广泛接受,因此“北客多哂之,予亦不满”。可见所有新方式从推出至形成,皆需一过程,少有一蹴而就者。此撮泡方式之所以能够产生,应与两项前提有关,其一团茶改散茶;其二“细茗”。若茶叶过粗过老,此冲泡方式较难出味。相反,较嫩的茶叶,更容易保留其清新味。

该冲泡方式也有不足,"一则味不尽出;一则泡一次而不用,亦费而可惜",后来不断改进。"殊失古人蟹眼鹧鸪斑之意"则指其与宋茶道变化差异甚大。宋茶道趋于精细华丽,以致繁缛。明代文化理念渐趋简约自然与清纯,明家具取向如此,明茶道亦如此。明茶道更在意体现茶之本色本性,审美倾向更近于清纯、清淡。或亦因此,明代,江浙茶之名渐盛于建茶。其实若能品得茶之真味,又何必在意于蟹眼鹧鸪斑之枝节。

其四,明代孙大绶《茶经外集》收录唐代卢仝《茶歌》,歌如下:

日高丈五睡正浓,将军扣门惊周公。

口传谏议送书信,白绢斜封三道印。

开缄宛见谏议面,手阅月团三百片。

闻道新年入山里,蛰虫惊动春风起。

天子须尝阳羡茶,百草不敢先开花。

仁风暗结珠蓓蕾,先春抽出黄金芽。

摘鲜焙芳旋封裹,至精至好且不奢。

至尊之余合王公,何事便到山人家。

柴门反关无俗客,纱帽笼头自煎吃。

碧云引风吹不断,白花浮光凝碗面。

一碗喉吻润;二碗破孤闷;

三碗搜枯肠,惟有文字五千卷;

四碗发轻汗,平生不平事,尽向毛孔散;

五碗肌骨清;六碗通仙灵;

七碗吃不得也,唯觉两腋习习清风生。

蓬莱山,在何处?

玉川子,乘此清风欲归去。

山上群仙司下土,地位清高隔风雨。

安得知百万亿苍生,命堕颠崖受辛苦。

便从谏议问苍生,到头不得苏息否。

【六闲居华旭注】茶人眼中的诗人,或许应推举卢仝为第一,茶诗或许应推此作为第一。

其五,明代孙大绶《茶谱外集》收录唐代刘禹锡所作《试茶歌》和宋代黄鲁直所作《惠山泉》,还收录黄庭坚诗两首。

试茶歌

山僧后檐茶数丛,春来映竹抽新茸。

宛然为客振衣起,自傍芳丛摘鹰嘴。

斯须炒成满室香,便酌砌下金沙水。

骤雨松声入鼎来,白云满碗花徘徊。

悠扬喷鼻宿醒散,清峭彻骨烦襟开。

阳崖阴岭各殊气,未若竹下莓苔地。

炎帝虽尝不解煎,桐君有录那知味。

新芽连拳半未舒,自摘至煎俄顷余。

木兰坠露香微似,瑶草临波色不如。

僧言灵味宜幽寂,采采翘英为嘉客。

不辞缄封寄郡斋,砖井铜炉损标格。

何况蒙山顾渚春,白泥赤印走风尘。

欲知花乳清泠味,须是眠云岐石人。

惠山泉

锡谷寒泉漱石俱,并得新诗蚕尾书。

急呼烹鼎供茶事,澄江急雨看跳珠。

是功与世涤膻腴,今我一空常晏如。

安得左蟠箕颖尾,风炉煮茗卧西湖。

茶碾烹煎

风炉小鼎不须催,鱼眼长随蟹眼来。

深注寒泉收第一,亦防枵腹爆干雷。

双井茶

人间风日不到处,太上玉堂森宝书。

相见东坡旧居士,挥毫百斛泻明珠。

我家江南摘云腴,落硙纷纷雪不如。

为君唤起黄州梦,归载扁舟向五湖。

【六闲居华旭注】《茶谱外集》原著未标《茶碾烹煎》《双井茶》两诗作者。此二首作者皆为黄庭坚。

其六,明代胡文焕《茶集》收录罗大经《茶瓶汤候》:

松风桧雨到来初,急引铜瓶离竹炉。

待得声闻俱寂后,一瓯春雪胜醍醐。

【六闲居华旭注】此作颇见明前上品绿茶之气息。

其七,明代冯时可《茶录》:

苏州茶饮遍天下,专以采造胜耳。徽郡向无茶,近出松萝茶,最为时尚。是茶始比丘大方。大方居虎丘最久,得采造法,其后于徽之松萝结庵,采诸山茶于庵焙制,远迩争市,价倏翔涌,人因称松萝茶,实非松萝所出也。是茶比天池茶稍粗,而气甚香,味更清,然于虎丘能称仲,不能伯也。

【六闲居华旭注】此处点出皖南茶之所出,其制作引进虎丘茶之烘焙方式,创始人为僧人大方。皖南茶为高山茶,虎丘、天池茶为平原茶,环境海拔不同,口感自然不同。所谓“是茶(指松萝茶)比天池茶稍粗,而气甚香,味更清,然于虎丘能称仲,不能伯也”,有道理。

其八,明代高元濬著《茶乘》,其卷之一《艺法》:

秋社后,摘茶子,水浮取沉者,略晒去湿润,沙拌,藏竹篓子,勿令冻损,俟春旺时种之。茶喜丛生,先治地平正,行间疏密,纵横各二尺许,每一坑下子一掬,覆以焦土。次年分植,三年便可摘取。凡种茶,地宜高燥,沃土斜坡,得早阳者,产茶自佳;聚水向阴之处遂劣。故一山之中,美恶相悬。茶根土实,草木杂生则不茂。春时薙草,秋夏间锄掘三四遍。茶地觉力薄,每根傍掘小坑,培焦土升许,用米泔浇之。次年别培,最忌与菜畦相逼,秽污渗漉,滓厥清真。

【六闲居华旭注】此处较为详细地介绍茶树的繁育与种植。此时仍为有性繁殖,不同于今日,多采用无性繁殖;此前多认为茶树不宜移植,此处提及“次年分植”。

其卷五《文苑》下“五言排律”条收唐代杜牧所作《茶山》:

山实东吴秀,茶称瑞草魁。剖符虽俗吏,修贡亦仙才。
溪尽停蛮棹,旗张卓翠苔。柳村穿窈窕,松径度喧豗。
等级云峰峻,宽平洞府开。拂天闻笑语,特地见楼台。
泉嫩黄金涌,芽香紫璧栽。拜章期沃日,轻骑若奔雷。
舞袖岚侵涧,歌声谷答回。磬音藏叶鸟,雪艳照潭梅。
好是全家到,兼为奉诏来。树阴香作帐,花径落成堆。
景物残三月,登临怆一杯。重游难自克,俯首入尘埃。

【六闲居华旭注】此作首联常被后世茶人引用。

其九,明代程用宾《茶录》,其《末集》下“茶具十二执事名说”条有附图十一幅,有助于读者直观了解当时茶具。

其十,明代屠本畯著《茗笈》二卷,摘录于其他茶书,分别归于十六类。总体看,类似专科性小型类书。其有三个重要特点:一是形式颇具独创性;二是引文均注明出处;三是评点颇具眼光识见。正文分上、下篇,各八章,分别介绍情况如下:

《第一溯源章》,谈茶的渊源及其在全国各地主要产区的情况。

《第二得地章》,谈宜于茶叶生长的地质、气候等条件。

《第三乘时章》,谈茶叶采摘的时机。

《第四揆制章》,谈茶叶的焙炒制作。

《第五藏茗章》,谈茶叶的收藏。

《第六品泉章》,谈烹茶所用之水。

《第七候火章》,谈烹煮茶水的燃料与火候把握。

《第八定汤章》,谈辨识茶汤的要领。

《第九点瀹章》,谈泡茶的要领。

《第十辩器章》,评论各类茶具。

《十一申忌章》,论采茶、制茶、藏茶的各种禁忌。

《十二防滥章》,论饮茶之适度与茶友的选择。

《十三戒淆章》,谈茶不宜混入花果等物。

《十四相宜章》,谈最宜饮茶之时、地。

《十五衡鉴章》,从色、味等方面品评茶叶优劣。

《十六玄赏章》,谈茶之总体赏鉴品藻。

其十一,明代喻政著《茶书》(亦名《茶书全集》),是茶书总集,收录从唐代陆羽《茶经》开始直到明代的各种茶书。其中多为已经成书的著作,有极少数本来是单篇短文或笔记中的一部分,但被编者作为专书收入,此后就被视为专书。

此书有初编本和增补本之分。

初编本出版于万历四十年(1612)或万历四十一年(1613)。分四部,分别以元、亨、利、贞名之。元部收录六种:唐代陆羽《茶经》,宋代蔡襄《茶录》、朱子安《东溪试茶录》、熊蕃《北苑贡茶录》、赵汝砺《北苑别录》、黄儒《品茶要录》。亨部收录八种:明代顾元庆《茶谱》,宋审安老人《茶具图赞》,明代陆树声《茶寮记》,宋陶谷《荈茗录》,唐张又新《煎茶水记》,明徐献忠《水品》,唐苏廙《汤品》

（《十六汤品》），明陈继儒《茶话》。利部列篇目四：明屠本畯《茗笈上》《茗笈下》及所附《茗笈品藻》，这三目实际上是同一书；明田艺蘅《煮泉小品》。贞部收录喻政自己所编（也可能是其属下或友人所编）的《茶集》及所附《烹茶图集》。实共十七种。

初编本出版一年后，再出增补本。增补本由原来的四部增为五部，增收明代茶书八种：张源《茶录》、陈师《茶考》、屠隆《茶说》、许次纾《茶疏》、罗廪《茶解》、龙膺《蒙史》（分上、下）、徐《别记》［即《茶癖》和《茶谭》（《茗谭》）］。共二十五种。

就具体内容而言，此书并无任何原创性，但将其放到中国茶学史上观照，却可以体现出原创性：它是中国茶学史上第一部丛书，它首次将此前几乎所有的重要茶学著作搜罗汇为一编。这对保存、传播中国茶学文献，无疑是有重大意义。

其十二，明代周高起有《阳羡茗壶系》，阳羡为江苏宜兴的古称，此为第一部宜兴紫砂壶之茶器专著。对了解明中晚期紫砂壶的基本情况颇多益处。

其十三，明代黄履道撰，清代佚名增补的《茶苑》，在现存的历代茶书中，《茶苑》的篇幅位居榜首；此外，作者对全书的编排依据因类相从的原则，条理更清晰。总体观之，此书资料之丰富在此前茶书中无与伦比，且编排有序，结构严谨。全书二十卷，具体如下：

第一卷论茶之名；

第二卷论茶之产地与种类；

第三卷论茶之采摘；

第四卷至第八卷论茶之品名；

第九卷至第十一卷论烹茶用水；

第十二卷论茶具；

第十三卷论藏茶、论茶之烹点、论茗饮；

第十四卷论茗饮、好尚；

第十五卷论鉴赏、清韵；

第十六卷为诗文；

第十期卷为诗词；

第十八卷为诗余、艺文；

第十九卷为杂志；

第二十卷为补遗,即补录此前各卷所遗漏的内容。

其十四,清代余怀著有《〈茶史〉补》,其序曰:

曼叟曰:"余嗜茶成癖,向著有《茶苑》一书,为人窃稿,几为谭峭《化书》……"

【六闲居华旭注】此或为茶史上一段公案。此前确实有黄履道撰《茶苑》一书。孰是孰非,难以论断,可惜《茶苑》也罢,《〈茶史〉补》也罢,多翻前人冷炙,乏见新意。

其十五,周亮工撰写《闽茶记》,其《闽茶》一节说:

武夷屴崺、紫帽、龙山,皆产茶。僧拙于焙,既采,先蒸而后焙,故色多紫赤,只堪供宫中浣濯用耳。近有以松萝法制之者,即试之,色香亦具足。经旬月,则紫赤如故。盖制茶者,不过土著数僧,耳语三吴之法,转转相较,旧态毕露。此须如昔人论琵琶法,使数年不近,尽忘其故调,而后以三吴之法行之,或有当也。

【六闲居华旭注】所谓松萝法,详见闻龙《茶笺》,主要在去尖与梗,用炒青法。但此处所言"故色多紫赤"应指茶叶,并非茶汤。如此颇近今日半发酵之特征。红茶及半发酵之乌龙茶究竟何时最早出现,目前尚多疑问,亦缺乏严谨著述。

其十六,吴骞作《阳羡名陶录》包括《阳羡名陶续录》,均为对明周高起《阳羡名壶系》的扩展补充。该书两卷,上卷分《原始》《选材》《本艺》《家溯》等四节,下卷分《丛谈》《文翰》二节。每节又分若干则。上下卷的内容、写法迥异。

第二节　分析解读明清之茶道

治学如治茶,应有整体观,应知行合一,敢于深入具体问题、面对具体问题,应足够敏感。可惜茶道延续至此,已彻底沦为书斋之清谈闲资。文人的视野越来越窄,一时之社会现实却是茶业之鼎盛:工艺之革新、品类之丰富、外贸之兴旺。

明清两朝可谓中华茶道的巨变时期,这所谓的巨变,至少可以从以下几个方面解读。

其一,江浙茶、皖南茶逐渐成为文人茶的主流,取代宋朝建茶在文人心目中的地位。明初太祖朱元璋改团茶为散茶,主流审美取向由宋之精细渐渐转为明之简约。长期以来,尤其是明清两朝,江浙、皖南地区文化昌盛。传统文人对本乡本土特产的嗜好,在所难免,有意无意之间强化产品的宣传与推广。江浙、皖南地区文风更趋清秀、柔美,茶道方面亦需要借助相应的茶品得以展示与体现。

与此同时,明清文人却明显漠视其余地区,其他茶品。明清文人对茶的研究,少有陆羽般心存宏观架构的,多拘泥于局部与细节的深挖,这不能不说是两朝文人眼界与思维方面的普遍局限。

其二,如同宋朝文人,明清文人少有涉语茶政及茶马贸易者,多着眼于茶道、茶文化的清赏雅玩一面,可谓只有小茶道,没有大茶道。明代已将西北、西南地区纳入版图,居于中央政权的直接管辖之下,对战马的需求远不及宋朝窘迫。西北及西南少数民族业已形成饮茶的习惯,茶已成为生活必需品。仅此而言,茶叶及茶叶边贸在密切与深化汉族与周边少数民族地区之间的联系,促进周边地区的稳定方面,意义重大。但文人对此明显关注不够。

其三,明清文人对茶叶外贸的意义及影响,明显麻木。明万历三十八年(1610年)茶叶传入欧洲①;在1834年,英国从广州出口的主要商品中,茶叶占据首位,达到3200万磅。②。清中期开始,茶叶取代棉布、丝绸成为对外贸易的最主要货品,这对沿海地区的经济影响巨大,可以说,明中后期至清晚期,江南沿海地区的繁荣富裕与这一地区的外贸发达密切相关,外贸的繁荣对当地经济的发展促进极大。可惜这些领域、这些内容较少进入传统文人的视野及思考范围,更多的资料留存于海外,或散见于地方志。这不能不说是这一时期及后来文人社会角色的严重缺失。

其四,重大技术革新在基层产生、完善并逐渐成为新的主流,但在对技术更新的敏感度方面,文人同样表现出明显的麻木与滞后。半发酵之乌龙茶、全发酵之红茶皆在明晚期清初这一期间产生于武夷山茶区。类似的重大技术革新不仅仅是江浙文人未曾关注,即使是闽地的资料亦难述其详,以致这些技术革新究竟是何时、何人在何种情况下、如何实现的,目前多已查无实据。

其五,我们对茶叶成为世界饮料的意义估计不足;对其影响,心理准备不

---

① [美]威廉·乌克斯:《茶叶全书》,东方出版社2011年版,第19页。
② [美]威廉·乌克斯:《茶叶全书》,东方出版社2011年版,第90页。

足,对由此可能引发的连锁反应麻木迟钝。正是这一时期,茶饮开始真正风行欧洲及北美,成为世界饮料;也正是这一时期,以英国人为代表的海外茶商,完成其借鸡下蛋,再以蛋孵鸡的全过程。首先,英国茶商借助中国茶开拓欧美市场,使欧美地区逐渐接受茶叶并形成茶饮的生活习惯;然后再从中国引种茶树至印度。在实践效果不佳的情况下,又转向搜寻开发印度本地茶种——阿萨姆种。通过对阿萨姆种的广泛种植,借以取代中国的重要供应商地位,至此完成由供货源至消费市场的全产业链控制。更进一步建立以其文化背景为依托的新的茶饮文化、消费习惯乃至由茶种的繁育、茶场的经营管理、茶叶生产、加工至经营分销的复合的立体模式,最终将中国茶在世界茶叶市场边缘化。

假如说当初我们的火药流传至西方,由此导致近现代西方火器的兴起,进而导致遭受 1840 年后西方坚船利炮的威胁,这还属于较为真切的切肤之痛,事后多少还有几位文人在尝试发问:为何面对同样的火药,我们想到的是烟花之娱乐,而西方却将其演进为全新的战斗力? 这类差异源自何处? 我们的问题究竟出在哪里?

有关茶叶的对外传播及演进何曾不是一个类似于火药的浓缩版? 至今又有几位文人在做类似的反思?!!! 宋人只有小茶道,而无大茶道;明清文人类似;今日之我们又何曾不是如此?!!! 在收集整理资料,准备写作此书的同时,我产生一种越来越强烈的冲动:我更想就大茶道,即有关茶的现实意义、社会性写一本书《茶的世界,世界的茶》。运用中西对比的方式,解读中西方两种文化背景下对茶的不同理解,以便从中找出破解我们现存茶业困局的办法。

第八章 近现代之巨变

在国家"一带一路"政策的感召下，听到不少茶商走出去的呼应。只是旧账未了，大量的基础工作未做，出去了能干什么？又打算干什么？

没有地基与规划，所搭建的不过是临时板房而已，经不住较强风雨的洗礼；将大脑与思维停留在农耕时代，脚步永远跟上现代社会的鼓点；"跟着感觉走，抓住梦的手"，这不是现代企业的经营理念。

第一节 分析解读近现代茶道之变局

1840年后，曾有英国外商评价：我们的政府打败了大清政府，但我们并未打败中国商人；是大清政府最终帮助我们打败中国商人，令我们真正收获最后的胜利。

此处所言近现代指1840—1949年，在此期间，茶叶市场的格局发生巨变。

首先，此前文人眼中只有国内环境，且多着眼于有限地区的有限茶品，多源自文化角度的解读，遑论世界眼光，就是成体系的，囊括全国的视野亦很缺乏，更不存在从商品角度、商业角度出发的解读。文人的有关思考研究多满足于挖古，在此期间有完成部分古籍资料的整理，但少有睁眼看世界的。但由于外销的急速增长，茶叶的商品属性、世界属性越来越明显，不容忽视。

其次，市场结构的突变。销往欧洲及北美、俄国等地的茶叶，在中国茶叶市场中所占份额越来越高。更由于欧美商人对其自身市场的主导，其话语权越来越重,对国内市场的介入程度亦越来越高。主要表现在以下两个方面。

其一,此时文人重点关注江浙茶,而外贸茶最初以武夷茶为主,以广州为主要出口港;1840 年之后,转至以厦门、福州为主要出口港。这对周边地区茶业的发展影响极大。这一时期闽茶的实际地位不减宋朝,并非因为文人,而是因为洋人。对红茶的认同以致推崇,最初亦非文人,同样是洋人。时至今日,国内不少重要的红茶,如祁门红茶、武夷红茶,其在海外的知名度及影响力远甚于国内。

稍后茶叶出口中心集散地再转移至上海,这又带动江浙、皖南茶业的发展。其中部分加工工艺因受外销要求的影响,同样有所改变。如炒制较熟,揉制较圆的珠茶,海外茶商习惯称之为"铅弹",其炒制、揉制工艺显然更符合外销要求,便于长期贮存、贩运。汉口作为茶叶出口的主要集散地、加工基地,其中相当部分针对俄国茶商、俄国市场。汉口集散地的成形拉动两湖地区之茶业,汉口茶市的没落又与俄国十月革命导致的茶路中断关系密切。由于缺乏国内市场的相关统计资料数据,国内茶业消费的总数很难确定,相反,同时期的外销数据在海外资料中较容易查到。

其二,中国茶商的话语权在国内一定时期内,一定程度上得以提高,这又主要源于几个方面。源于对外赔款的需要,源于支付平定太平天国运动等战争开销的需要,这些需要相当部分取自商人或外贸税收,"(鸦片战争)最后英国胜利时,就向中国政府索赔 600 万美元,中国政府责令行商负担此项费用。浩官(伍秉鉴)个人曾捐出 110 万美元"[1]。平定太平天国运动主要由曾国藩带领的湘军及后来的淮军完成,其中产生的军费相当部分通过在江南诸省新开征的"厘金"(其实就是地方苛捐杂税)转嫁到商人身上。其额度的确定主要通过相关行会与地方政府谈判达成,厘金的征收则通过行会系统完成。在此过程中行会的地位一定程度得以加强。这期间,茶叶成为江南地区及外贸主要商品,角色十分重要,茶商及茶商行会的角色同样十分重要。

1840 年至太平天国运动平定前后是茶商行会的巅峰时期。其内部组织得以强化,对外负责与政府展开集体谈判,确定"厘金"并代为征收;还负责与外商的集体议价。当时外贸茶叶的定价权还在华商手中,在茶商行会与外商

---

① ［美］威廉·乌克斯:《茶叶全书》,东方出版社 2011 年版,第 748 页。

确定当年茶叶的收购价钱之前,外商很难从国内市场上收购到茶叶。

之所以强调是"在国内一定时期内,一定程度上",主要是因为我们的商人与欧美商人不同,更习惯于坐在家中做外贸,而非走出去做外贸,我们始终不曾有意直接切入海外主要消费市场,而是一直满足于对国内货源的掌控。其结果是对国内货源的掌控能力日渐衰落。行会的高峰期主要在 1840 年至太平天国运动失败前后。更晚则由于政府"厘金"等摊派的层层加码,茶商等负担越发沉重,最终不堪承受,延续至清末,茶商行会的组织功能及核心影响力已基本丧失。

英国政府打败大清政府,但英国商人并未打败中国商人;是大清政府最终帮助英国商人打败中国商人,令英国商人真正收获最后的胜利。

此话未必全面、精准,但很深刻直接。

第二节 传统茶道的近现代化初探

一味地翻炒前人的冷饭以标榜传统的正宗,或一味地照搬西方的模式借以标榜现代,都是不可取的,也都无法破解当前的困局。我们所能做的,也必须做的,应是整合原有的传统茶文化与外部的茶文化,在此基础上完成原有茶文化的系统升级。

由于中西方社会结构、观念的差异,我们其实是在以各自熟悉的方式践行着文明的冲突。这一状况自明中后期即已展开,只是此前文人关注较少。茶及茶叶贸易仅仅为其中一部分而已,与细棉布等类似,皆极具代表性。

西方的社会结构简而言之,以政府为坚强的后盾,以冒险家为殖民开拓之先锋,以军事实力及商人势力为主要支持力量,展开海外拓展。他们已经构成一较为完整默契的系统,内部各股力量扬长避短,相互支持,各部分之间关系相对而言更趋公平、合理。

我们的社会结构则一直延续着大一统模式。很长一个时期,我们从这一模式中收获较大的长远利益,但在明中后期至清晚期这一时期,在诸多重要领域,其结构性弊端日益凸显,最终暴露无遗。

至少是从明中后期开始,我们以纯民间力量在海外开拓与贸易领域被迫进行着两线作战。一方面是政府的打压与掣肘,另一方面是在东南亚、日本等地区抗衡西方势力的介入。从最初的王直至后来的郑芝龙、郑成功,莫不如此。樊树志《国史十六讲》中援引山根幸夫《明帝国与日本》的看法:一是后期倭寇的主体是中国的中小商人阶层——由于合法的海外贸易遭到禁止,不得不从事海上走私贸易的中国商人;二是倭寇的最高领导者——徽商出身的王直——要求废止"禁海令",追求贸易自由化。[①] 郑芝龙兼具几类身份,既是东至日本南至南洋广大区域海上贸易的领袖人物,又是海盗首领,其间曾被朝廷招安,摇身一变为海军将领。这与部分西方海外冒险家的身份类似,西方冒险家有条件则做贸易,没条件即做强盗,更多时候是在与本国政府或皇室合作,政府或皇室更在意收益本身的多寡,而非利益之来源是否合理合法,这更像商人。可惜郑芝龙更多时候需要防范政府的剿灭与西方海上势力的偷袭。郑成功之所以能够凭借台湾一隅较长时间抗衡清朝政府,除了拥有较为强大的海上力量之外,海上贸易同为重要支持。虽然面临多方压力,在明中后期至清初,中国海上民间势力并未落下风,依旧能够在我国东部、南部海域与西方势力相抗衡,甚至在一时期一定区域内稍具优势。这一区域至今仍为海外华人的最主要聚集地,也与这一时期中国海外民间势力的活动密切相关。

但中国民间势力的单一阶层长期双线作战,与西方政府、商人、军人乃至全社会各阶层的综合性系统化全面推进之间存在着根本性差异。我们的落败仅仅是时间的问题,最终的结果也确实如此。从根本上说,我们不是败给海外的西方势力,而是败给我们自身,败给我们的精英阶层——文人士大夫阶层的麻木与懈怠。

传统社会结构属于超稳定性设计,社会结构秩序被设定为士农工商。士被定义为最高阶层,商人始终处于最低阶层。如此一来,再低级再弱智的官员也比最成功的商人更具影响力与话语权。商人即便再成功,仍难改变社会最底层的地位,难以获得广泛尊重与认同。伍秉鉴等十三行行官与地方官员之间的关系堪称典型。虽有商人行会凭借"同盟绝交"的形式在个别具体事项与要求方面获得政府官员的妥协,但根本上难以改变这一社会结构的基本性质。

我们的传统社会以政治为核心,近乎政治唯上,换而言之,是以吏为核心

---

① 樊树志:《国史十六讲》,中华书局 2006 年版,第 235 页。

及主流的社会,其基本结构由各级文人组成,以原有的文化为背景。我们的传统社会未能包容更广泛的社会阶层,如商人阶层、市民阶层。相反,日本社会在遭受西方势力突破国门之前,处于幕府社会末期,这一时期,其社会的精英阶层——大名及武士阶层的影响下降,町人(商人)的影响力上升,借助其经济实力介入政治,不少大名及武士必须通过向本地区町人借贷来维持自身势力的存在,明治维新是觉醒的大名、武士阶层与町人阶层联手打造的结果。明治维新之后,武士阶层退出历史舞台,仅其尚武精神以武士道的形态被保留下来,町人的社会地位得到进一步的提高。如此形成类似于西方社会的社会形态,西方社会以新兴的商人阶层为主,以骑士精神、贵族意识为魂的文化与社会形态极具开拓性。明治维新之后的日本则以町人阶层为主,以武士道精神为魂,同样的海洋文化背景,让他们拥有类似的开拓意识。这一时期,我们的吏—文人核心社会结构并未改变,文化背景、文人意识并未改变。我们依旧在以原有的小农意识,以一筐土豆的状态迎接西方社会文明高度组织的、系统的、持续的全方位冲击。

假如我们依旧拘泥于狭隘的小茶道,而不能将其置于现代文明、现代社会的大背景下解读、思考,原有的小茶道亦难以有效延续,其结果可想而知。

有关传统茶文化、茶道,内部必须纵向梳理,横向必须与欧美日等茶道对比解读。日本茶道的近现代化模式是一良好的参照蓝本,这里不仅仅指其演绎、表现传统茶道的现代形式,更包含其与现代社会的新的链接方式、内部组织形式及在现代社会的生存模式,还包括他们的严谨、认真的态度。

我们必须尝试建立大茶道的系统,而非局部的、单项的西方茶学技术的引进。过于迷信具体技术的引入,而无视新的体系的建立,正面与反面的经验教训皆很丰富,最典型的如洋务运动的失败,日本明治维新的成功。其实两家都主张旧学为体,西学为用,但我们丝毫未曾考虑系统融合升级的问题,更多还是满足于局部具体技术的嫁接式引进。明治维新的思路则是纵向梳理,东西对比,系统升级。其升级后的版本并非简单地接受西方文化,而是更着意于深层的融合,在原有文化的基础上,广泛对比、分析两种文化、乃至多种文化,在此基础上确定一新的包容东西的量身定做的现代版本。因此,我们在诸多领域,如现代企业管理等,都可接触到所谓的"日本模式"。当初英国人在面对茶叶的问题上又何曾不是如此,简单地在印度复制中国模式,显然既不可行,亦不可取,必须也只能参照中国的模式,梳理自身的各方优势,整合出最适合自己的道路。通常它既不同于原有的模式,也不同于别家的模式,只能是量身定制。一味翻炒前人的冷饭以标榜传统的正宗,或一味地照搬西方的模式借以标榜现代,都是不可取的,也都无法破解当前的困局。

我们所能做的,也必须做的,是整合原有的传统茶文化与外部的茶文化,在此基础上完成原有茶文化的系统升级,亦可称之为"传统的现代化"。其实不仅仅是茶,诸多的传统领域皆面临类似的挑战与困惑。

附　录

品鉴录（六十一则）

第一则　幼居湘西，初中时，学校安排采茶劳动，每人一天定额五斤，忙碌一日，方知采茶五斤之不易。湘西所产属黑茶类，本地同学解释，"文革"前"破四旧"之时，寺庙之泥菩萨遭人摧毁，有心人收集其腹中之陈茶，据云可医眼疾。彼时不知有黑茶，只知有绿茶，痛斥同学胡说八道："茶皆嗜新，焉有嗜陈者？茶虽明目，焉能入药？"待识黑茶后，颇觉当日之可笑！亦常见茶人似旧时之可笑！焉知明日复视今日之我，不再感觉可笑？感觉可笑为妙？抑或不觉可笑为妙？！！！

第二则　家父嗜茶，所饮多为老家浙江诸暨所产石笕茶。本人最早之品饮，始于高中，多为分享家父之故乡滋味。每逢老家新茶至，倍感其清透鲜爽，一杯下肚，如坐云端，百骸松泰，心境空灵。待置三月后，则颜色暗黄，滋味顿减，不及半老徐娘。如此既知新茶之妙，更知贮茶之难。江浙之茶，炒制火工不乏偏轻者，其妙在鲜香清透，不妙则在贮存之难，龙井茶系较为典型。

此后借回乡之际，询贮藏之技，答曰："新茶以干爽之保鲜袋数层包裹，置于瓦盆中，四周覆以熟石灰，密封。"又于当地某茶馆见其所售之春茶，虽经数月，鲜嫩如新。询问贮藏细节，馆主示一陶瓮，置于干燥处，其内一包茶叶一包熟石灰交错摆放。

再后查阅明清茶学资料，见江浙茶人颇能细说新茶之贮藏，多取炭灰，作法类似，颇繁缛。

　　浙江所寄偶有珠茶，即揉制如铅弹之平珠茶也。其新茶不及石笕茶，然三月后成色未见稍减，却不逊石笕茶。其炒制火工较重，故贮藏较易。其后偶得知此茶英文名直译回来即为"铅弹"，当初外销茶之主要品种也。近翻阅威廉·乌克斯之《茶叶全书》，闻说中国绿茶如何如何，暗笑此老外被国人所忽悠也。最初中国茶叶运至欧美，航期多在半年至数月，焉可以轻火嫩制供之？自然选取重火工者，如平珠茶一类。上品佳茗未曾入洋人之口也！

　　【石笕茶】产自浙江诸暨东白山。

　　第三则　某次放学回家，见桌上有已冲泡好之茶，温热适宜，牛饮。入口即已感觉与往日所品滋味不同，错愕之余询问母亲，得知此为母亲出差所购之庐山云雾茶。所品应非其中之上品，其味不及石笕茶之新茶，较平珠茶稍胜。从此更在意体验不同茶之精微处。

　　第四则　家父偶从四叔处获赠川茶，乃四叔得自四川茶叶研究所之同乡领导。某次寄赠，中有一小袋，仅够二三泡，皆为齐整之雀舌，袋上标示仅有"雅安"二字。知为极品，虽垂涎而不敢夺家父所爱，然家父虽嗜茶，不精品鉴。数日后放学至家中，见小妹初次试作品饮状，所饮正是极品"雅安"，几欲吐血，愤而斥之。小妹懵懂然，答曰："知为好茶，故有品尝之欲。"家父见状，一笑置之。吾急索其余，细细品之。确为极品！兼取平原绿茶与高山绿茶精品之妙，既得平原茶之柔，又得高山茶之劲，制作精工到位，拿捏适度，清透醇和，持久耐泡。此滋味铭刻在心，记忆永恒。经年后翻阅茶书，有见"蒙顶甘露"之记载，始信即为所品之"雅安"，其为千年之贡茶，自当不负盛名，堪称绿茶之极品典范。

　　第五则　大学毕业后，至广东入台资厂。工厂四老板中，除大表舅为湘籍，其余三位皆为浙江籍。进厂不久，所带茶叶告罄，急！幸于办公室茶水间，发现两包浙江茶。龙井类，茶甚佳，而包装甚简陋。疑为某老板之同乡送老板之物。老板恐误于外包装，视为劣品，故弃置茶水间。私藏，滋味佳，聊以度茶荒月余。

　　第六则　后转投某公司，初被派驻某台资厂，又遇茶荒，四处强索，勉强得某袋泡茶半盒以度日,颇惊讶于其不同于一般所饮之袋泡茶,品质不逊,香气极佳,然后知为锡兰高山绿茶。

第七则 知我有品茗之好,所驻工厂之台干叶某每次自台湾返回,皆以台湾茶馈赠。受多有愧,许以篆刻印章一枚。石未彻底磨平,即操刀以缶翁(吴昌硕)意急就。印初成,视之甚佳。未平之旧刀痕恰成并笔之妙,未再做任何修饰,送叶某。自许曰:"得意之作,当不负君之茶叶也"。稍后,欲拿回多做几枚印拓。叶某不许。此时颇好台湾高山茶之香气。

第八则 得知某工厂文员家中为信阳毛尖茶茶农,有请代购。所购茶至,该员解释道:"此茶芽尖炒制稍焦,乃以牺牲品相以全火候。有品相俱全,实则火候不及者。若兼取火候与品相,炒制师傅之工钱倍值,摊销至茶价惊人。"此茶皆为茶芽,然不齐整,滋味鲜嫩清爽。应属农家自制之经济实惠茶也。

此后再次品饮信阳毛尖,乃熟人所赠。包装虽精,茶芽亦齐整纤细,然为机器制作,火候稍欠,搁置太久,茶味全失,不堪品饮。

第九则 初识茶友唐俊于珠海,斗茶为戏。同品某绿茶,皆断言为雨后茶。再考较品鉴方法。

俊曰:"看茶型。雨后茶难免有雨前采摘后留下的当年生嫩梗,雨前则无"。

吾曰:"凭感觉。雨前、雨后同为春茶,鲜嫩之处所差甚微。但雨前茶孕育一冬,养分充足。雨后稍逊,故三泡后,雨后茶稍稍有回水涨肚之感觉。雨前茶当无此弊。"

凭此半招之利,于唐俊处得品不少好茶。然于泡茶一技,去唐俊仍远矣。

第十则 再与唐俊品鉴绿茶。茶为我所携带,未曾细说出处。三泡后,俊笑曰:"此茶产地海拔不逾八百米。"所言极准。甚惊,三思后豁然开朗。八百米以下应属平原茶,以上可归入高山茶。环境不同,其味异矣!善品者自知。

第十一则 绿茶之冲泡,我曾常以江浙法,以玻璃杯或瓷杯冲泡。就常品之石笕茶而言,不足之处在汤色易老,一泡二泡三泡之间,不必品饮,目视即可鉴。唐俊却以潮汕功夫茶方式冲泡,烹水、冲泡手法更为精细。如此不但汤色、口感更趋均匀,另至少多出三泡。责其繁缛,曾放手一试,茶味顿失,此即茶人所谓冲破茶胆也。惟以潮汕功夫茶法冲泡绿茶,对技法之要求较冲泡半发酵茶更高。此冲泡技巧,我逊于唐俊甚远。

第十二则 曾携三颗梅花之冻顶乌龙斗茶于唐俊处。俊出正宗铁观音。评鉴曰:"所谓茶之色、香、味。首要在味,然后香,最后在色。台湾茶为保清香,多发酵不够。故入喉之后稍有涩味,此媚于外行之商业行为,不足为圈内人道也。"对比品鉴,方悟正宗铁观音之中正平和。

此局负于唐俊。再后有缘品评唐俊依自家法定购之台湾茶,大异于此前所品。始知原茶不劣,所异者,工也。十余年后,再品两颗梅花之冻顶乌龙,大异于从前,滋味醇厚许多,明显不见涩味。台湾茶的制作亦根据市场消费口味之变化而调整。

【冻顶乌龙】产自台湾南投县鹿谷乡。鹿谷乡冻顶茶叶生产合作社每年举办春、冬优良茶比赛各一次,评出特等茶王奖、特等壹～陆奖、头等奖、贰等奖、叁等奖、三朵金梅、二朵金梅、优级奖等八个等级。

第十三则 凡经产茶区,多有品购。唯一例外,当属武夷之行。虽品未购,且于心中暗讥大红袍之盛名不实。偶于唐俊处品武夷山茶叶研究所所赠第三代大红袍,惊曰:"果非凡品,不负盛名。"再细述于武夷山所品第二代、第三代大红袍之味道。俊笑曰:"造假甚!汝所品者为滩茶也,产于溪边之沙质土。武夷之劣品。稍好者当为岩茶,应种于风化之岩石上,俗称烂坷土。"由此可知,今大陆所品之好茶也,仍多为关系茶。

第十四则 曾于唐俊处闻:粤北丹霞山有产一异茶,俗名兰花茶。传为某人所钟爱。茶园广种兰花。春茶吐芽之际,兰花盛开。茶叶自然吸收兰花之香气,远非熏香可比。有缘当为汝求之。

一日突至俊处,落座品饮。惊!呼:"此为汝所言之兰花茶乎?"

俊笑曰:"好嘴。未言已被君知矣!今春雨水过多,兰花味偏淡,仍为君所察。君确不负此茶。"

次年春,再聚于俊处。二次品饮此茶,兰花香味极佳。俊曰:"今春少雨,茶好因此。"

又，两次作丹霞游。搜求此茶于当地人。闻者皆惘然。

【补记】：查《中国茶经》第 167 页有记："安徽省舒城、桐城、庐江、岳西一带盛产兰花茶……兰花茶名的来源有两种说法：一是说，芽叶相连于枝上，形状好像一枝兰草花；二是说，采制时正值山中兰花盛开，茶叶吸附兰花香，故而得名。"疑于唐俊处所品者应为舒城兰花。

第十五则　唐俊赠雨前西湖龙井约十泡，皆为单泡包装。细品之下，感觉鲜嫩类雨后龙井，三泡后耐泡度及滋味更佳。龙井之口感，私以为平原茶中最近高山茶者。平原绿茶多轻柔有余，质感、劲道稍逊；高山绿茶多得质感、劲道之优势，稍逊于绵柔。龙井则属于平原茶中质感够味，劲道较足者，底色不失绵柔。其受推崇或源于此。

第十六则　谋稻粱于外企，借出差之际，偷闲品饮于唐俊处，一次品饮五种，逐一品鉴，点评优劣。我与唐俊皆为老茶客，虽曰品五种，持续半日而无碍睡眠。随行之公司司机不知此中奥妙，出于好奇，一同品饮，归而彻夜难眠。致电欲"骚扰"，却不知我有睡前关机之习惯，再致电其小妹处。其小妹为我之同事，第二日上班即接其电话投诉："君为老茶客，但饮无妨。我哥平日不善饮茶，随饮而不得眠，致电君处，君关机，却于凌晨四点多钟骚扰于我，实在害人匪浅。"

第十七则　每于唐俊处品饮各种茶后，唐俊皆询喜欢何种，择我喜欢之茶品打包赠送，以供平日品饮。我常作两类选择，精品少许，口味较重者较多。

初，唐俊不解："君即知其中之优劣，为何不尽取精品，而多取普品？"

答曰："日常品饮之状态不同于君。普品饮于工作之际，平常忙乱之时，取其口感刺激提神。如若取饮精品，即困于其绵柔，不够刺激，又无暇细品其中精妙，纯属浪费，不如普品适用。精品少许，留待闲暇清静之际独饮，细品其中之精妙，兼可回味你我之交谊。"

唐俊曰："君视茶如人，爱茶惜茶如此，乃真茶客也。"

第十八则　于唐俊处获赠铁观音鲜茶，口感极佳。既有绿茶之鲜嫩，又有传统铁观音之厚重；既有酸黄味铁观音之清透，而又绵柔醇厚，无其苦涩。可

惜保存不易,必须置于冰箱冷藏。居家尚可,携带不便,离开冰箱不及半日即
易变味。

第十九则 唐俊兄曾提醒:"如需茶叶,尽管过来;如若不方便,给个电话,
快递与汝亦可。若碍于面子,或是用于送人,实在要去买茶,建议不要购买包
装好的,以汝品饮水平,直接品鉴散茶,然后择优购买,如此更保险。茶商多将
陈茶密封包装出售。"

第二十则 休假,由广州直飞黄山市,仅于飞机上稍食甜点。落地后,先
至酒店,放下行李即行访茶。皖南多名茶,季节亦合适。茶叶店允许先品饮,
然后决定是否购买,随即选取五种佳茗,逐一品饮。服务员投茶量足,新茶味
道诱人,更因惜茶,不忍略饮即弃,因此一小时左右,各饮三泡,共计十五杯。
空腹,茶新,贪杯,平生第一次醉茶。

第二十一则 暮春之际,出差泉州,经友人介绍,寻访铁观音于当地。虽
推荐当年之优质春茶,品饮难入上品,三泡后多有回水涨肚之感。知本年春季
雨水较足,因而如此,择其稍佳者购买少许。携归广东,品饮于珠海唐俊处,略
说遗憾之所在。三泡后,唐俊弃此茶而易以店中之铁观音。品质既佳,又耐
泡,甚惊讶!

询问唐俊曰:"今年春雨过多,铁观音品质不佳皆源于此。君之茶何以无
此弊端,耐泡如此?"

唐俊笑而不答:"喜欢就好,走时记得打包。"

第二十二则 游杭州,访茶叶博物馆。诘难其茶艺小姐曰:"既事茶艺,雨
前雨后之茶可鉴别乎?"

茶艺小姐答曰:"不能。焉有真能鉴雨前雨后者乎?"

答曰:"不止能鉴,方式至少有二。且不必品饮,细说卿即可知。"

于是细说雨前雨后之辨二法,此即为当初斗茶于唐俊处之二法也。茶艺
小姐豁然开朗。

第二十三则 曾于休假之际,携日常品饮之铁观音至浙江,以当地之水冲

泡,味道明显不及在广东所品,怀疑本地之水不宜于铁观音之茶。又于六和塔品饮龙井茶,茶叶较新,品级一般,但水宜,不但茶香袭人,口感上佳,且明显耐泡许多。所购之西湖龙井,品级更佳,携回岭南,以岭南之水冲泡,香气、口感、耐泡度明显不及六和塔所品饮。细细感觉分析,以为江浙水质轻柔,闽粤水质较重,龙井等江浙绿茶质感亦属轻柔,铁观音之类质感重厚。以轻柔之水冲泡轻柔之茶,合;以轻柔之水冲泡重厚之茶,不易出味;以重厚之水冲泡轻柔之茶,茶味如煮过,减色不少;以重厚之水冲泡重厚之茶,合!

第二十四则 同事多知我好茶饮,较熟者自老家回来多以其地所产名茶相赠,部分名头未必极响亮,品级、品质甚佳。

江西籍同事以"狗牯脑茶"相赠,成色犹在此前所品各类江西茶之上。江西茶多逊于底色,清秀稍欠,所品数品唯此"狗牯脑茶"例外,或许高山环境,不但口感佳,底色之清秀不逊江浙所产名茶。

安徽籍同事赠以"敬亭绿雪",颇近江浙绿茶,兼得高山茶与平原茶之长。犀利不及黄山毛峰,轻柔清秀犹在平原茶之上。或因海拔关系。

河南籍同事赠以"六安瓜片",此为袁世凯所好之茶,口感不及江浙名茶之秀,却稍胜于绵柔。

陕西籍同事赠以"紫阳茶",极佳。此应为西南最北部所产之茶,出自终南山南麓,口感极轻柔。

以上四品为印象较深者,其余虽有品饮但印象较浅者尚多。

第二十五则 平日办公室常自备三种茶——优者、良者、较普通者。优者自饮,待客以何种茶,不决定于职务之高低,而取决于品饮水平之高低,善品者从优、从良,不善品者待之以较普通茶。厌恶不善品饮而强索好茶者,尤恶其中不知惜茶者。较多妥协于女士,多因其智慧,而非外貌。

第二十六则 曾于黄山吴惠光女士处几次获赠黄山毛峰、太平猴魁、黄山野茶,皆上品,其中黄山野茶口感极佳。此非真野茶,乃于农业大生产时期人工种植于偏远山区,此后荒废,少有人工打理,颇近于自然生长状态,仅于每年春茶采摘之际,上山采茶制作。

第二十七则　几次于出游江浙之际及工作于上海之时，品饮碧螺春，堪称清秀、柔美之典范。

第二十八则　于温州某配合工厂饮一绿茶，上佳。询问名称，乃知为温州当地名茶"乌牛早"。毫不手软，打劫一空。

又，出差青岛，顺游崂山，于农家乐就餐之际，品饮当地之崂山绿茶，口感颇佳，其以豌豆香为代表之绵柔味独特。敲诈配合厂商两罐。

第二十九则　游雁荡，购当地雁荡山茶数种，回驻地细品，或因所购非上品，感觉中等，并不十分精彩、独特。此茶旧有盛名，所品感觉已非昨日桃花。

游南岳衡山，经历类似。

第三十则　周宁姐之婆婆为安徽省府老干，退休后雅好丹青。曾治印一枚相赠，因此获品佳茗经年，其中有黄山毛峰、霍山黄芽、祁门红茶，多数包装一般，但茶为上品。更获赠谢四十监制之"老谢家茶"，可惜所采时间不佳，为十月底。细品其中滋味，感觉已将黄山毛峰之犀利柔化，口感更近平原绿茶。单以制作技术而言，此为高手。以中正平和审美而言，更趋平和。但若以黄山毛峰之个性而言，私以为折损稍多，常忆黄山毛峰之小野劲儿。

周宁姐出差土耳其，赠以土耳其红茶。我于红茶用心较少，稍嫌其小资情调偏多。

今年获赠之黄山毛峰为明前春茶，质地尚好，可惜炒制稍过。为便于贮存，其茶之含水率偏低，因此如以潮汕功夫茶方式冲泡，较难出味，改以瓷杯江浙方式久泡，更容易出味道。味稍淡，耐泡尚好，滋味稍似黄山野茶，而"野劲儿"稍逊。

第三十一则　有《田黄学概论》之读者，通过出版社讨要地址，寄赠安吉白茶、西湖龙井及金华野茶。安吉白茶品质上佳，西湖龙井虽非明前，质地口感同样上佳。金华野茶为其友人手工采制，产量较少。此野茶类似黄山野茶，非为真正之野茶。滋味上佳，但用心品饮尚可辨别底色之稍稍亏欠于清透。第二年又获赠金华野茶，质地口感稍逊于前一年所赠。询问是否损于当年春季雨水过多。释曰："不仅雨水过多，更因天气多骤变。恰逢开采之际又遇大晴天,皆为天气不利之因素,因而今年之茶品确实不及去年。"

第三十二则　应约赴厦门,会饮于某房地产老板处,品饮一茶,初误以为武夷岩茶,老板解释为铁观音。鉴茶底,确实为铁观音。此为炭焙铁观音,且为高手制作,品质上佳,此前未曾品饮,有此误会。

至林德景处,再品炭焙铁观音,虽略逊色于此前所品,仍不失上品,当面敲诈一盒携归细品。

与小林有《田黄学概论》之合作,相熟无忌。小林更因田黄生意,常游走于豪门显贵之间,每近茶荒,则明目张胆敲诈于小林。小林所赠多收罗于豪门,包装虽佳,品质或佳或不佳。每获佳茗,则表示感谢;每遇劣茶,则斥以恶语。

第三十三则　每至厦门,多承启楠兄接待。君知我好饮且嘴刁,每每招饮于相熟之茶馆,品饮数种,择我所好相赠。曾讨饮秋茶,所品不佳。细说曾品之佳品秋茶铁观音滋味,店主答曰:"君所品者乃冬茶也,并非秋茶。"

再出店中冬茶品鉴,果然如我此前所品饮之佳品秋茶。

我所言之秋茶,乃以阳历计度为秋季所产,多在十月之后。彼所言之秋茶,乃以阴历计度,多为九、十月所产,口感更近于我所品之夏茶。

第三十四则　好友赠以老家大围山土茶。初品恶其油烟味,知非专门之锅炒制,乃洗净常用之锅。两泡后,油烟味基本去掉,底色初现,知其茶底不错。此类茶性价比较高,茶底亦佳,唯品饮之初,最好洗茶两遍。

第三十五则　应约至某山庄会所小聚。山庄环境清幽,很受用。晚餐后主人再以普洱茶招饮,甚反感于其既不善茶,又好冒充风雅。性格使然,难免语夹讥讽。主人颜面无光,急电某茶商前来救场。三言一泡之间,知茶商乃真知茶也。该茶商主营普洱,对普洱茶之诸多细节尤为清楚。与茶商多投机处,相谈甚欢,主人面上依旧无光。

第三十六则　与普洱茶商品鉴老树乔木茶与台地茶。彼之方法颇为简单,看茶底。台地茶多为人工驯化繁殖,老树乔木皆为野生茶种,二者之叶脉分布特点不同。我借黄山野茶等之体验,综合而成。台地茶人工栽培管理,多为无性繁殖,无主根,多须根,因此茶叶表层养分充足,而底气不足,初泡口感较为丰富,几泡之后,底气之弱逐渐呈现;老树乔木野生环境自然生成,有性繁殖有主根,且主根深入地下,因此表面养分未必丰富,但底气足,耐冲泡,数泡后,其滋味依旧绵绵不绝。所试之老树乔木茶多能挺住二十泡而不漏气,滋味不减最初。

第三十七则 某有心习茶,曾携五种至六闲居试品。逐一试过,点评一二曰:"此五种出处应在南岭以南,此地以北,选料尚佳,但茶底稍嫌浑拙,略欠清透,皆为普品。"某所携茶品诸种皆无标签,某闻言折服,曰:"所言皆中。四品购自粤北,一品出自从化。"再询问价格如何。答曰:"所品多为朋友馈赠,于市场价格并不敏感。就一般行情而言,零售约在某某价格上下。"更惊曰:"确为低廉之茶,所估价格误差未出三十元。"从此专心习茶。

第三十八则 与某同至清远白沙某茶馆,某为此熟客。店主以本地新茶待客。把盏闲谈片刻,店主易以另一品新茶。某品后惊呼:此前曾于此购得佳茗,记忆深刻。此后数次所购皆不及当初所品。今日有幸寻回当初之滋味。

此为本地绿茶之秋茶。此行恰逢新茶上市,且为近几年品质最佳,店主所更换之新茶又为当年最佳之秋茶。

归程与某分析曰:"绿茶重春茶,少有产秋茶者。多恐伤及茶树,影响春茶产量。其地地处岭南,因此产秋茶。本地之茶茶底稍逊于清透、细柔,若以春茶比,优势不显;若以此秋茶论,尤显清冽之特性,一如清寒之秋风。君之所爱,正是此清冽之秋茶味。"

茶馆店主待客有道,首先需快速判断来客之品鉴水平及购买力,挑选合适价位种类之茶待客。来者品鉴水平高,若待之以较低品质之茶,容易令人以为店内无好茶;来者品鉴水平低,如待之以精品茶,来者难以品鉴出茶之精妙,心理价位提升不起来。二者皆容易导致生意流失。此次与店主闲谈之间,彼已知我为老茶客,因此改换精品茶待客。

第三十九则 近几年应某所约,足迹遍及粤北、粤东等周边地区。初意重在寻石赏景。所访山岳渐多,我常备小桶汲泉以佐茗。某初不在意,稍后待其渐知寻石之理,再向其解释问泉之道,曰:"其实,寻石与问泉之理一也。古人

有言:山泉为上,江水次之,井水为下。更有细言石乳、竹根等等者。此仅为前
人经验之谈,需与今日科学知识互为印证,其中多有相通之处,更易梳理出其
中合理所在,最终还需求证于实践、实证。此中敏感度、思路同为关键。切不
可人云亦云。"某似懂,再就实际细细分解,请其亲自尝试。"果然,同为山泉
水,口感差异明显,有甘甜、绵柔、清透之别。"某感叹。此后,更备大桶四个,以
供两人汲泉所用。

再细说何处可能出好水,何处水病何在,汲泉细处应如何选取,更对比于
问石之道,果然基理一也。某亦豁然开朗。因此鉴泉一度曾疯狂于我。

花都周边之水已被我等品第优劣,因就近汲取方便,亦选定常汲泉处。其
中第一者,甘甜极显。

一山之中变化差异最大者,当属南丹山,相距不及一里,而口感差异明显。

常见之水病,多不在山泉本身,而在二次污染。

石乳忌取喀斯特地貌所出,水病常在涩味稍重,应为碳酸钙偏高所致。

佳山多有好水出。此话有理,例外者,有采矿处慎汲。

第四十则 数过阳山,三次品饮野茶,品质价位参差不齐。第一次购于大
山深处游玩之际,价高工艺不佳;第二次无意间购于阳山市场,味近生普,质感
较常品之生普稍细稍柔,耐泡,力道足,性价比很高。曾闻唐俊收购粤北茶仿
制普洱类生茶,应属此类。第三次于第一次附近,品鉴另一款野茶,红茶制法,
味道不错,较绵柔。私以为如改用炭焙,应更佳,可惜叫价偏高,无意购买。

第四十一则 国人饮茶,以纯茶为主,忌讳将不同产地、批次之茶混置一
处品饮。例外者普洱,普洱茶多有拼配的做法,以求达到较理想之口感。部分
商家出于商业考虑,亦有混置之事。如某茶卖至货尾,将其混入类似之新茶。
如见茶底颜色差异较大,不乏此类现象。国外则多有拼配之事。

第四十二则 今人品茶,多凭耳或眼,少有凭口舌者。应朋友之朋友约
饮,开口即曰"五百年之老树普洱",一品之下疑为台地茶。离开后,私语朋友
曰:"此非真茶客,实乃以耳鉴茶者。"朋友亦曰:"此人只卖贵的,未必对的。"

第四十三则 初品凤凰单枞为清香型经济茶,感其味近清香型铁观音,香

气奇佳,性价比较高。稍后又饮炭焙乌崠单枞,感其味厚耐泡。曾遇行家取上品老树乌崠亲试,确实能耐二十泡而滋味犹存。细品玩此中技巧,茶以有性繁殖之老树为妙,无性繁殖之台地茶、低地茶耐泡较弱;茶以春茶初道为首选,冬茶亦佳,雨后春茶较弱;炭焙增其味厚,耐泡,清香型较弱;投茶多胜少;把握留水时间,令茶中滋味能够逐次较均匀释放;注意各次注水时间之间隔,不宜太短,以便将茶内的物质充分释放。乌崠一系,其二十泡之间变化丰富,很值得玩味。另有与人亲自品鉴老树普洱,同样可耐二十泡,但所品其二十泡之间变化不及所品乌崠丰富。

第四十四则 曾于某茶庄品某款蜜兰香乌崠单枞,口感甚佳,顺购一罐。回去后细品,感觉不及当初,味稍异。分析再三,发现罐内之塑胶袋存有异味,污染至茶叶。再至茶庄,与店主说及此事,其承认这批塑胶袋为新到货,异味未及散除便急于包装,因而如此。

第四十五则 近来乌崠单枞以炭焙重火为盛,不乏借以标榜传统正宗者。曾应约品鉴两款,我言甲为佳,乙稍逊。庄主不解,我解释曰:炭焙易增其味厚,但过重,把握不当,其质感稍粗,口感不够细润,类似稍粗之砂纸。之所以认为甲稍胜于乙,正是因为甲之底子够细,而乙稍粗。

第四十六则 单枞秋茶、冬茶滋味独特。曾于阳历十一月获佳华兄转赠之单枞秋茶名曰"雪片",清香型,口感极佳。再品阴历正月类似做法之冬茶,更佳,如体验南方山区初冬凌晨之清寒,题咏。三品类似之茶,不佳,烘焙火候不到位,涩味偏重,口感稍浑浊。此类茶为突显其清透、青涩,多取电火烘焙,少有用炭焙的,然火候不济,去草青不到位,则难免过涩、稍浊。

第四十七则 获赠某单枞茶,桂花味明显,疑为熏香茶。携茶请教于某单枞行家,品鉴后告知:"此为原茶香,非为熏香,乃单枞之'群体香'。"得其细说此品茶之缘由。

私以为,桂花香型浓郁,油性重,与茶香并不契合,茶香多为清香型、水性。稍后有机会再品另一款群体香,感觉桂花香明显不及前一款浓郁,香型自然契合,此应为更地道之群体香。

第四十八则　曾经数品"大红袍",仅于唐俊处所品第三代大红袍够味,岩韵明显,耐泡,不负盛名。另有官家所赠,明显非手工烘焙,乃机制且烘焙不到位,留水稍长即现明显之酸味,毫无岩韵可言;另一次于行家处所品亦不够味,不但未品出岩韵,更兼茶底粗拙,这类多为冒用大红袍之名号者。武夷茶区何以自败名声如此?!!!

第四十九则　朋友推荐一款十年陈普,试品,感觉质量、性价比不错。干仓保存,保存环境较好,陈化效果较理想。今人多迷信普洱保值,而不知存放条件之严苛,因此常有闻言自藏数年之普洱,而陈味、霉味较重,数洗而不去,此被普洱所误也;其次茶底、陈化效果不错,口感明显较为绵柔。另有一朋友受托代为寻找合适之普洱茶。携两饼推荐,结果却不理想。细聊之下得知,托其代寻茶者多为工厂同事,用做日常品饮,不必绵柔,绵柔不够劲儿;多求较生涩刺激之口感,以便醒神提味。此类所好,近年广东茶人所制之较生之生普更合适。这类作法近半发酵茶,条索完整,压制偏轻,颜色多青绿,滋味较生涩。茶不仅有优劣,更有合适与否。

第五十则　每日品茶甚多,常借晴天丽日晒制茶底,用以填充枕芯。有朋友小憩于六闲居,甚喜欢茶香入梦,回家仿制。不过半发酵之铁观音、单枞、岩茶更为合用,绿茶之芽茶不合用,更宜添作花肥。

第五十一则　平日品饮绿茶、半发酵茶等多不洗茶,更易品出其原味,如鉴儿童,三岁看老;即便细泡能至二十泡者,日常品饮难以精细,常至六七泡而嫌其味淡。弃之不舍,食之乏味。因而另泡新茶;旧茶或集两次一用,或添水后待其完全冷却再饮。如此余味多能呈现,且未必淡薄。如此品茶如品味人之一生,由幼年而至暮年,体验更趋丰富、完整、真切。茶台上因此常有两三个杯子同时冲泡。

第五十二则　见婺源微友展示其自采自炒之野茶,顿生歹意,持书强索。获寄赠后,品饮,感觉其鲜嫩、轻柔很够,但未感觉到野茶的骨感,且后劲儿稍弱。与此前所品黄山、金华野茶差异明显,更近于中高山人工茶之口感。再者,皖南茶底子劲透,以黄山毛峰为代表;江西茶底子整体稍拙,较出色之例外者狗牯脑而已,曾品之庐山云雾亦难免(或许无缘品及其上品)。此茶更近皖南茶,却又较多带有平原茶或低山茶的轻柔。求证于寄赠者。

其坦言:兄所品准确,野茶皆被老客户拿走,只好以自家较好之茶代替。

第五十三则 近几年所品之铁观音质量多见参差,不乏以陈茶复焙后再以炭焙面世者。曾就此现象探讨于专售铁观音者。答曰:"铁观音本为安溪特产。今所售伪劣者多外地所产,冒名铁观音而已。非安溪不惜铁观音之名,地域局限,鞭长莫及。安溪一地虽有加强产地标示、质量之管理,而外地之冒名依旧,其本地政府熟视无睹。此非仅茶弊,实乃时弊。"

第五十四则 曾阅茶书及游历茶区,闻各地茶人之间攻讦之言甚为滑稽。龙井自持清帝之偏爱,常以老大自居。然其历史早不过明初。蜀有茶曰蒙顶甘露。自唐进贡朝廷,确为千年贡茶也。惜今非善品著者寡闻。又有好铁观音者,多垢龙井茶系味不够厚。好龙井者则多戏言品功夫茶为吃草,因其茶为嫩叶,较大,非芽也。间有好黄山毛峰者亦有不服,自持为高山茶,得天地山川之灵气。对比铁观音而妙在嫩,对比龙井而优于厚,理当为中国茶之代表。

中华文明之丰富多样,于此中可见一斑;国人之长于内斗,于此中亦可见一斑。

第五十五则 古人论茶,鲜有不论及水者。所论甚杂且玄,较一致者:"龙井配虎跑,君山银针配柳毅井,碧螺春配无锡惠山泉……"此其然也,未道及其所以然。六闲居主人窃以为,西方论水——H_2O——言以蔽,此理论之水,非现实之水也。现实之水出处各异,所含之诸项微量元素等亦异也,而未知之成分则更异。上述佳茗所配之水,多出于产茶区附近。植物之生长仰赖于从地下水中吸取各类养分。水分不同,养分亦不同。然同一区域植物之养分,应与本地水分多有一致之处。如此,相近之水冲茶,当易激活化学元素及养分;相反,较远之水冲茶,不但无法激活元素,反易产生中和作用,淡化味道。

此非理论,六闲居主人臆断也!

第五十六则 某年春,忙碌于昏天黑地之际,忽接唐俊电话:"春茶上来了,过来喝杯茶吧。"仅此一语,如品佳茗,又如醍醐灌顶,从头到脚全身舒泰。

此语若可比拟于茶,当是平生所品之最佳者。后得诗一首《品茗忆唐俊》(平水韵),曰:

> 独坐阳台闲品茗,遥思唐俊渐温情。
>
> 凉风难拂胸中暖,茶韵花香一样清。

诗成犹觉不及此情之万一。

第五十七则　日本茶道,源于中国唐宋品饮方式而更形式化。中华茶道则本着"天人合一"的精神,不断发展。陆羽之前的茶似粥饮,陆羽时代将茶中的其他佐料剔除、纯化,此为一大进步。由唐宋之煮茶、点茶,至明之沸水冲泡,及发展出以品芽为主的龙井茶系,此又是一大进步。由绿茶渐至绿茶、乌龙茶、红茶等诸类茶品齐备,更属一大进步。其发展轨迹明显、丰富。越发突显的是茶的本味与优势,及其中所蕴含之山林气。此等情形,不谙茶道者,不足以道也。

有某文化人旅日,见日式茶道,大为倾倒,返,广为宣传。此外行看门道。

又有某日本茶道高手来华,考证日式茶具中某壶于何时传入日本,在华原型如何?该壶嘴与持手呈九十度角,华人亦用。反复调查后,证,此原为华人熬中药之壶也,日人引为茶具,实属误会。

或某古人有汲泉品茗之旅,恰童子忘携烧水之壶,暂寻山野人家之药壶一用。此本权变也,或逢日人有在场者,只取其形,而失其本意。遂有此误乎?六闲居主人再臆断也。

第五十八则　六闲居主人曾于网上发帖论茶并言:"当前大陆之佳茗多为关系茶,鲜有从市场购得者。"

某网友问疑曰:"君品茗甚有心得,当属高官。请问几品?"

六闲居主人答曰:"布衣。"

第五十九则　主管谭某附庸风雅,某日与六闲居主人语茶,曰:"有名茶曰乳前茶(雨前之误也),乃处女于采摘后,藏于乳前制成。君善品茶,曾饮乎?"

怒斥曰:"尔国语不准,兼无知无畏,不配论茶。回家喝奶去。"

第六十则　公司季度大会常选在五星级酒店召开。六闲居主人无时不可无茶。然酒店纵有，亦多为袋泡之红茶、绿茶。甚劣。每愤愤难平，不得不自备佳茗。

若是国人开星级酒店于欧美，敢有不备咖啡，或所备咖啡不佳者？如是，鲜有不被人挑牌砸店。

然老外开店于此，既不知茶为华夏国饮，更不识中华茶文化之精妙。或无茶，或劣茶。而每答复客人，却甚气壮曰："无。或仅此茶。"

此真乃无知兼无畏也。亦见时下所谓西方文明体系之无赖与狂妄。

第六十一则　曾于五星级酒店公司召开季度大会之际，以茶责难于酒店，出自带之茶冲泡，不幸遭遇几同事讨茶分羹，极反感，二次而出恶言：即好品饮，焉有不自备茶者？

其中一位反唇相讥曰：曾以一罐赠君，何以小气至此！

三思而忆及曾从彼处获赠"六安瓜片"一罐，且成色不错，急以笑脸易恶脸曰：与君纯属误会，但饮无妨。

六闲居主人茶咏

唐俊兄赠紫砂梨皮素壶一把，甚爱，喜题（平水韵）

有容偏小性孤高，独善平生远俗嚣。

常取山中一掬水，纵情新绿酿春潮。

品茗（新韵，平水借词韵）

无暇空叹春山远，有幸茶香漫草庐。

细品闲情共野趣，平生半入紫砂壶。

惠光女士赠以黄山野茶，其味素淡天成，甚爱，诗酬雅意（新韵）

自在平生何谓野？芸芸谁鉴素心纯？

知茗多被浮名累，唯有清泉尚较真。

甲午生日，欣逢家中铁观音茶花初放，戏题（平水韵）

偏好观音韵，移来乞嫩芽。

蜜蜂才报信，生日即开花。

常共玉川饮，初逢素蕊斜。

喜迎卿贺寿，仍惑奉何茶？

品乌岽单枞(平水韵)

岁岁烟云勤供养,奇珍炭焙韵绵长。

携来古树春消息,玉盏新温鉴茗香。

独饮(平水韵)

清幽兰待放,独饮亦无妨。

才品观音韵,又烹老树王。

温情漫野逸,滋味醉茶香。

也叹浮生短,何人不瞎忙。

题自藏乳源彩石茶台(新平两合)

感怀叠嶂影婆娑,恍若深渊涵碧波。

相伴清茶闲共我,何妨半世静消磨。

丁酉正月,应约品鉴乌岽新茶(平水韵)

丝许新寒清透凉,幽柔雪片蜜兰香。

情浮岽顶岚深处,如约佳人寻月光。

品黄山毛峰老谢家茶(平水韵)

常忆毛峰稍许烈,感同蒙顶味绵柔。

深渊空谷烟岚涌,如品黄山云海浮。

独品春雪单枞,再题(新平两合)

元月云生处,轻拈仅数箪。

晨曦初见日,薄雾漫侵峦。

浅露春心暖,犹存岽顶寒。

独斟回味久,卿解我辛欢。

参考资料

1.黄小寒:《世界视野中的系统哲学》,商务印书馆 2006 年版

　　该书系统介绍系统哲学产生的背景,与传统哲学的关系;北美、西欧、前苏联、东欧以及亚洲系统哲学思想概况;系统哲学的基本理论框架;系统哲学在世界哲学中的地位与作用等。简而言之,系统哲学是在二战期间及二战后,西方学术体系遭遇深层的、结构性困扰之际,西方哲学家在原有的西方哲学及新兴的系统科学的基础上,吸收、借鉴东方古典哲学,包括中国、印度古代哲学思想,整合而成。其主要指向原有学术体系及研究方式的如下问题:过于关注局部,忽视整体;对局部与整体之间、局部与局部之间、整体与局部之间关系的研究、表述不够全面、深刻;过于关注静态剖析,忽视动态研究等等。

2.吴觉农:《茶经述评》(第二版),中国农业出版社 2005 年版

　　作者早年留学日本,回国后即投身振兴农业和茶业,前后共计 70 余年。生前曾任中央农业部首任副部长兼中国茶叶公司经理。兼备传统茶学、西方农学茶学两方面的理论修养;长期从事茶业,实践经验丰富;久任重要领导职务,眼界开阔,思维敏锐。《茶经述评》以陆羽之《茶经》为核心,一方面向内展开深入、详细、全面的解读;另一方面中西对比,纵向梳理。引入西方植物学、茶学等现代科学知识实现对《茶经》的现代科学解读,同时将后世的有关茶学著作、资料与《茶经》纵向梳理,借以理清中国茶学的发展脉络。本书体系庞大,内容丰富,材料扎实,论述严谨。书中一处观点或待商榷,即认为机械化是茶业现代化的必然模式。英国人当初正是借此模式在印度实现了对中国茶的赶超。但日本、台湾地区茶业

的近现代化模式显然不似英国人在印度那样倚重机械化,而是较多专注于传统模式的更新,类似的还有水稻种植技术等。中国的情况更近于日本、台湾地区,而不是印度。

3.杨东甫:《中国古代茶学全书》,广西师范大学出版社 2011 年版

　　　本书收录了自唐代陆羽的《茶经》,至清代朱濂的《茶谱》共计 85 篇历代茶书,几乎囊括中国历代重要茶学著录。如需了解中国茶学历史的演进过程,这是一部很重要的参考著录,相关内容难以回避。本书五、六、七章所点评之各茶学著录多以此书选本为蓝本,个别文字、断句参考其余资料。文言文阅读能力过关者,不妨直接阅读此书,否则不妨选读中华书局的"中华生活经典"丛书系列,但此系列仅收录了《茶经》、《大观茶论》(外二种)、《茶谱 煮泉小品》、《阳羡茗壶系 骨董十三说》等有限的数本。类似资料之解读最好能够参考现代相关科学知识及品鉴实践,如仅仅满足于文字层面的解读,难免隔靴搔痒,乃至误人误己。

4.〔美〕威廉·乌克斯:《茶叶全书》,东方出版社 2011 年版

　　　本书与中国唐代陆羽的《茶经》、日本建久时代荣西和尚的《吃茶养生记》并称为世界三大茶书经典。本书英文版首版于 1935 年,当即引起全世界茶业界的重视,各产茶国和消费国均视本书为茶叶必读书之一。由吴觉农先生主持,曾于 1949 年 5 月整理完成了本书的中译本,并交付上海开明书店正式出版,可惜仅仅印刷 1000 部。东方出版社于近年有组织另行翻译。本书以世界的视角,就茶叶的历史、技术、科学、商业、科学、艺术等诸多方面作出较为完整、系统的表述。世界的视角、对商业的高度敏感是此书一大特点,明显不同于国内的相关书籍;对涉及中国,尤其是中国历史的资料,较为粗浅,甚至不乏误读,此为其短。但无论如何,这是一本很值得中国茶人认真阅读并反思之巨作,但其在中国实际所产生之影响远不及其应产生、足以产生之影响。

5.陈宗懋:《中国茶经》,上海文化出版社 1992 年版

　　　此书为集 50 余人历时三年完成,目前已有新版本出版。这类集体创作书籍较难深入,但涉及国内茶叶基本层面之资料较为完备。属于必备之工具书。

6.〔日〕荣西禅师:《吃茶记》,作家出版社 2015 年版

　　　此即为《吃茶养生记》,由施袁喜译注。荣西此著在日本或为首创,但

远不及同时代之宋茶著录精细雅致深入，更不及唐茶著录之宏大深远。截取中华唐宋茶道之只言片语标新立异于日本，其作为或多在于推广。与另两书并称为世界三大茶书经典，明显过誉，权充日本茶道之祖宗牌位而已。

7.叶乃兴：《茶学概论》，中国农业出版社 2013 年版

目前市面上有关茶学、茶道及茶文化的书籍可谓林林总总，但其中相当部分属于通俗读物一类，且伤于严谨，缺乏应有的内在逻辑与体系，多为经验之泛谈。如真有心于茶道及茶文化不如从此类教材入手。这类书籍更为全面、系统、严谨。

跋

好茶久矣！已成生活之一部分，正所谓"平生半入紫砂壶"。在长期与各类茶人交往的过程中，也发现一些问题。

首先，许多茶人并非基于自己的敏感度、口感对茶作出判断，而是用"耳朵"判断，这是很致命的问题。

茶的质量、滋味如何，这是一客观存在，但我们的品鉴与讨论必须基于已知的资讯，并且应是可证、已证的资讯，其中的部分可以通过科学仪器分析获得，但这部分多局限于茶叶作为饮品或食品的基本资讯，其余相当部分仍需通过主观方式获取。如果品鉴者的敏感度不够，同样的品饮，其所能够从中获取的资讯与客观存在的资讯之间距离差异过大，则此类判断将远远背离实际。本人主张茶的品饮，必须注意敏感度的问题，必须基于自己真实、真切的口感，茶人应努力地持续地改善自己的敏感度。如此主张与陆羽等前朝茶人的基本主张是一致的，西方茶人的作法亦如此，其余行业如白酒、啤酒、西方的葡萄酒、咖啡品鉴同样如此。可惜目前我们对此普遍正视不足，尤其是涉及茶文化传播与茶叶销售的从业人员。

其次，整体观的严重缺失。

中国茶业发展至今，已如一棵大树，根深叶茂，各地各类茶正如这大树的一枝。相当部分长期从事茶叶种植、加工者，并不缺乏敏感度，至少对自己长期接触的这部分茶叶，其敏感度还是较高的。但这类茶人中的部分又容易陷入另一怪圈：以一家之法衡量天下，即过分强调自家茶叶的优点与特点,而不能正视他人茶品的优劣所在。我们缺乏一公共话语平台与背景,缺乏针对不同茶品之间关系的基本梳理。而这一现象不仅存在于我们的茶业,而是普遍存在于我们传统文化领域,如书法、国画、收藏等领域,并且由来已久,绝非始于当下。

因为缺乏公共话语平台,我们的赞美渗入太多的主观色彩与随意性,部分最终都可归纳为一句话:我家的茶最好,其余的都不如我家的。这很不真实,也势必从根本上摧毁我们的茶文化。更因如此,我们被外部世界、世界主流日益边缘化。最基本的游戏规则就出问题了,就与世界主流背离了,别人如何跟你玩?套句玩笑话来概括西方世界看待我们的心态:你们继续窝里斗吧,先打出一个老大来,再与我们谈。可事实是,如此的内耗模式,不但打不出一老大,反而会将我们自己逐步推向衰落与灭亡。

再者,有关中华茶道的解读,明显呈现出两极化倾向,一类是形式化、表面化,就如中国武术的舞蹈化;另一类是与传统文化的生拉硬拽,并未梳理清楚其中内在的关联与脉络,仅仅出于某种自我标榜的需要,拉大旗作虎皮。这类内在的、基础工作的严重缺失,导致后续的,实操层面的工作多落无实处。

以上这些感触成为我写作此书的初衷。

在进一步收集、解读相关资料,尤其是海外资料的过程中,基于自己二十余年外企工作所养成的敏感,自己有留意到此中所蕴含的更深层的、更广泛的社会寓意。不仅是针对茶业,更是以此为切入点,有关中西文化、理念、社会的综合对比解读,亦是自己一贯秉持的"中西对比,纵向对比"的学术主张的具体落实。

目前中国将再一次大规模走向世界,"一带一路"已经成为世界范围内的热门议题。但我们究竟该以何种态度,何种模式走向世界?!我们是否有就以往的历史经验教训认真做一番梳理?我们是否有就东西文化、市场、经营模式、理念作出认真的对比与分析,以便整合、规划出一较清晰明确完备的方案?还是依旧以"跟着感觉走，抓着梦的手"的方式再次走向世界？这促使我有心就茶的社会性、商品属性，在世界背景下另著专述《茶的世界 世界的茶》予以更清晰表达。佛教有小乘、大乘之分，前者求自度，后者不仅自度，更以度人为目标。在此我先以此作尝试自度，再以另一部探求共济吧。

　　保持独立性是研究与治学的一重要的基本立场，我正是基于这样的独立立场展开相关研究的，但我们目前的社会环境，维持独立性、坚守底线的成本是很高的。我在坚持，在此过程中夫人周宣、妹妹华敏以及周宁姐等亲友给予我很大的帮助。书中同样凝聚了她们的汗水与心血，在此一并表示感谢。

　　书中纰漏在所难免，欢迎广大读者、同好批评指正，详情请联系新浪博客"六闲居"，http://blog.sina.com.cn/u/1964843774.

《中华茶道探微》完稿之际，感赋（平水借词韵）

二十八年如逝水，谁将心曲共瑶台。
浓茶细品恒温故，眼界初张难释怀。
去远荣光已昨日，行深园径没蒿莱。
欲求真谛济时困，愿借春风筹未来。

华旭

完稿于广州花都六闲居
2017/3/13－6/4 初稿
2017/11/6 二稿